图4-21　形体内假想的轴线

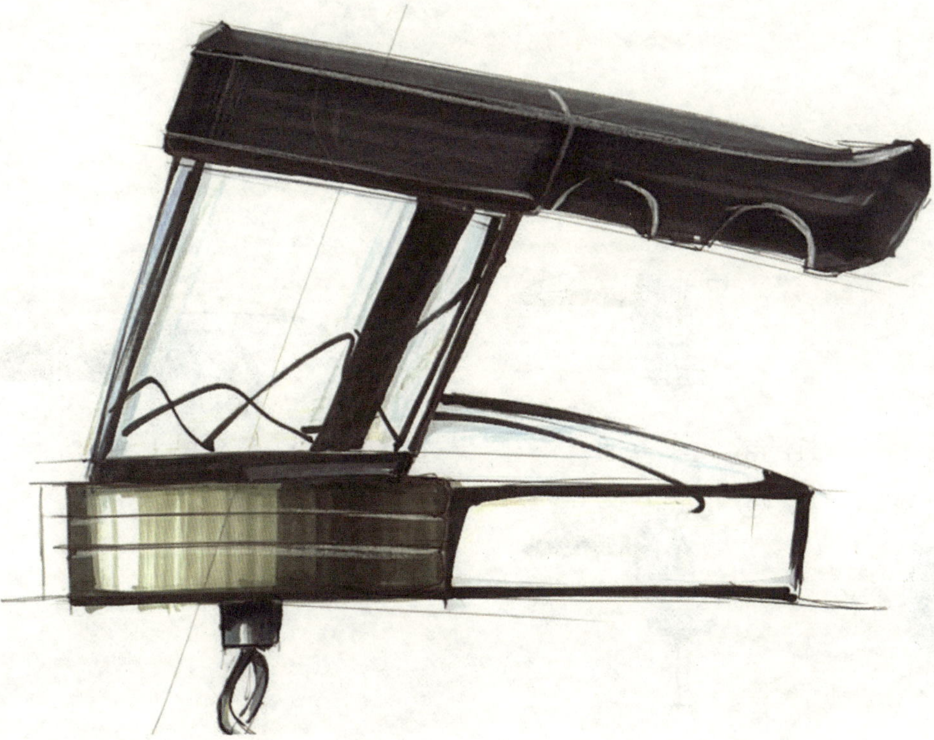

图4-82　镀铬材质与马克笔表现

图4-85　木材质感快速表现

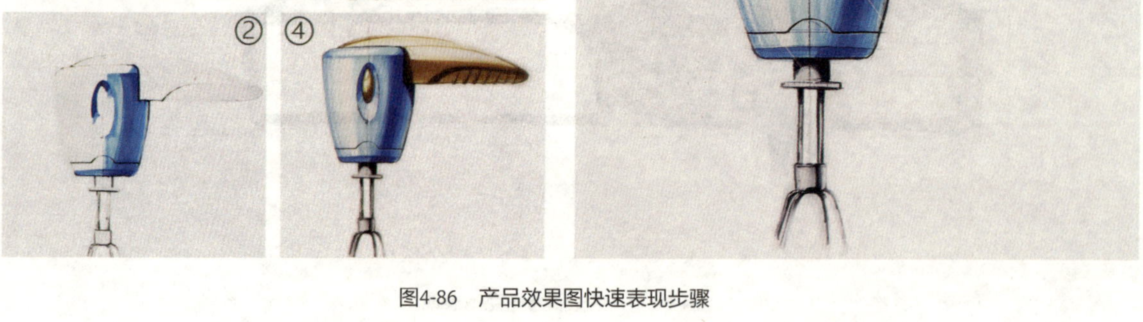


图4-86　产品效果图快速表现步骤

图4-87　产品效果快速表现

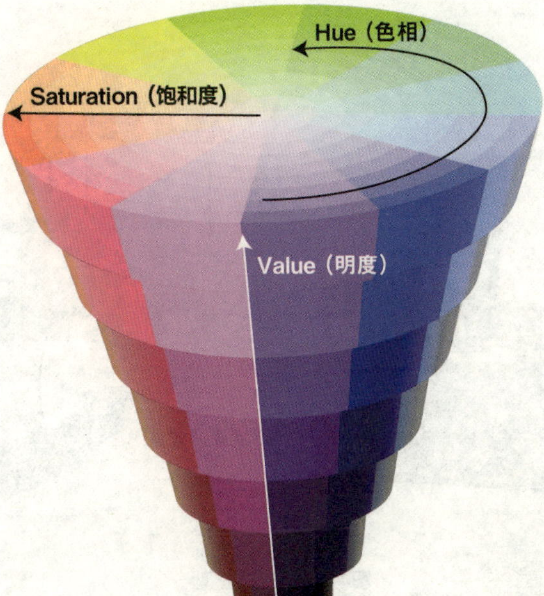


图4-114　色彩的三要素

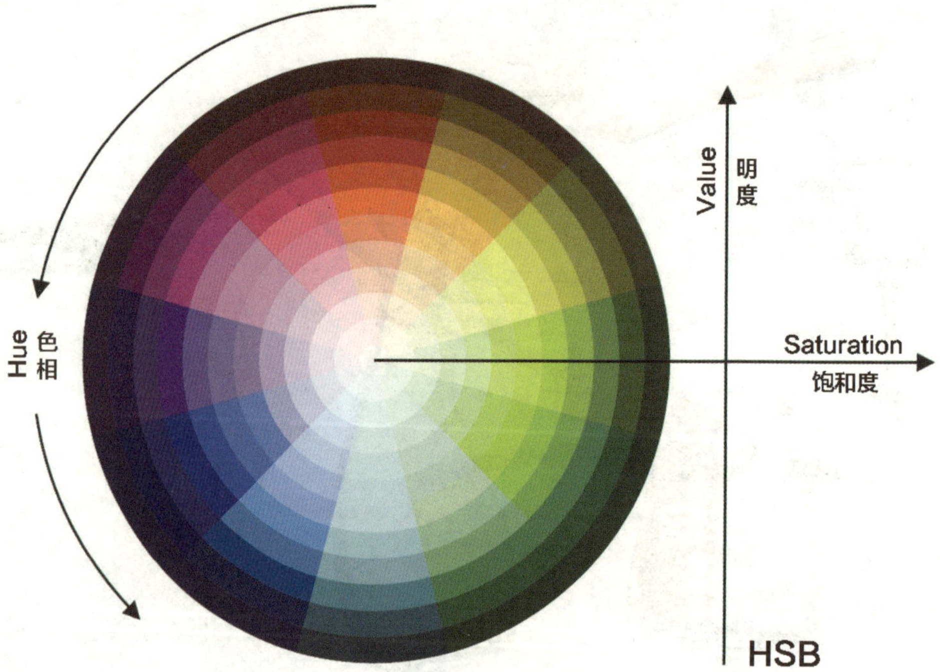


图4-115　伊顿色相环

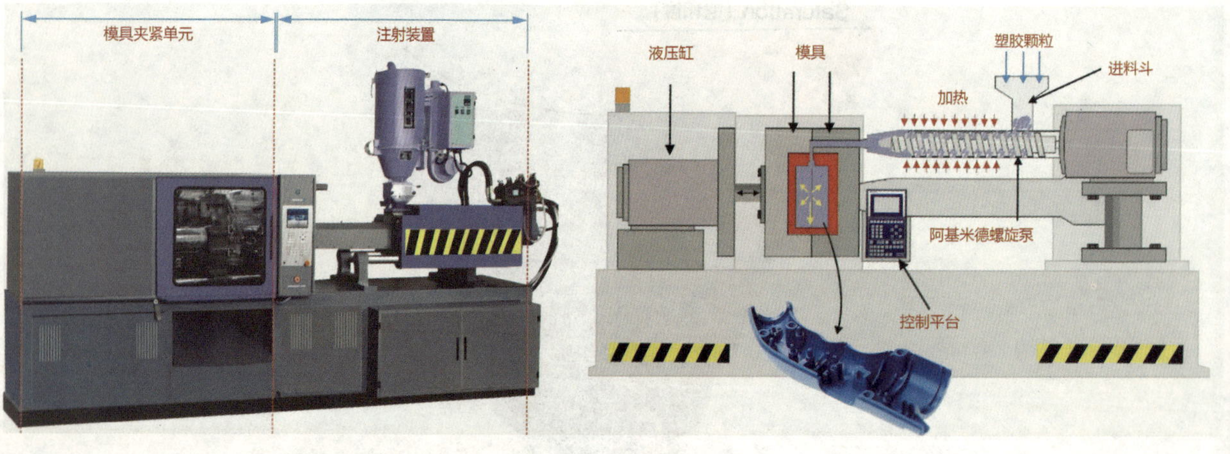


图4-116　注塑成型

全国高等教育自学考试指定教材

# 产品设计程序与方法

（2024年版）

（含：产品设计程序与方法
自学考试大纲）


全国高等教育自学考试指导委员会　组编

主编　唐林涛　潘洪凯

参编　黄雅琳　魏豪鹏

李静琳



机械工业出版社
CHINA MACHINE PRESS

本书从产品设计与设计学、产品设计程序、产品设计方法、产品设计基础、产品服务系统等方面详细介绍了产品设计师所需的核心知识，旨在帮助读者建立起一套合理的设计程序与方法框架，以便更好地应对复杂多变的设计挑战。本书强调理论与实践的结合，不仅介绍了各种主流的产品设计理论和方法，还通过丰富的案例分析和实践经验，帮助读者将理论知识转化为实际操作能力。读者通过对本书的学习，能够掌握一套行之有效的产品设计技能，为考试和未来的职业生涯奠定坚实的基础。

本书适合参加全国高等教育自学考试工业设计（本科）、产品设计（本科）、艺术设计（专科）等专业“产品设计程序与方法”课程考试的学生使用，也适合高等院校艺术设计专业师生使用，还适合产品设计爱好者、初级产品设计师、对产品设计感兴趣的读者阅读。

**图书在版编目（CIP）数据**

产品设计程序与方法/全国高等教育自学考试指导委员会组编；唐林涛，潘洪凯主编. --北京：机械工业出版社，2024. 7. --（全国高等教育自学考试指定教材）. --ISBN 978-7-111-76179-2

Ⅰ. TB472

中国国家版本馆 CIP 数据核字第 2024L5F364 号

机械工业出版社（北京市百万庄大街 22 号　邮政编码 100037）
策划编辑：宋晓磊　　　责任编辑：宋晓磊　王华庆
责任校对：曹若菲　牟丽英　　封面设计：鞠　杨
责任印制：常天培
北京铭成印刷有限公司印刷
2024 年 8 月第 1 版第 1 次印刷
184mm×260mm · 15.25 印张 · 2 插页 · 392 千字
标准书号：ISBN 978-7-111-76179-2
定价：51.00 元

电话服务
客服电话：010-88361066
010-88379833
010-68326294

网络服务
机　工　官　网：www. cmpbook. com
机　工　官　博：weibo. com/cmp1952
金　　书　　网：www. golden-book. com
机工教育服务网：www. cmpedu. com

# 组编前言

21世纪是一个变幻莫测的世纪，是一个催人奋进的时代。科学技术飞速发展，知识更替日新月异。希望、困惑、机遇、挑战，随时随地都有可能出现在每一个社会成员的生活之中。抓住机遇，寻求发展，迎接挑战，适应变化的制胜法宝就是学习——依靠自己学习、终身学习。

作为我国高等教育组成部分的自学考试，其职责就是在高等教育这个水平上倡导自学、鼓励自学、帮助自学、推动自学，为每一个自学者铺就成才之路。组织编写供读者学习的教材就是履行这个职责的重要环节。毫无疑问，这种教材应当适合自学，应当有利于学习者掌握和了解新知识、新信息，有利于学习者增强创新意识，培养实践能力，形成自学能力，也有利于学习者学以致用，解决实际工作中所遇到的问题。具有如此特点的书，我们虽然沿用了“教材”这个概念，但它与那种仅供教师讲、学生听，教师不讲、学生不懂，以“教”为中心的教科书相比，已经在内容安排、编写体例、行文风格等方面都大不相同了。希望读者对此有所了解，以便从一开始就树立起依靠自己学习的坚定信念，不断探索适合自己的学习方法，充分利用自己已有的知识基础和实际工作经验，最大限度地发挥自己的潜能，达到学习的目标。

欢迎读者提出意见和建议。

祝每一位读者自学成功。

全国高等教育自学考试指导委员会

2022年12月

# 目录

全国高等教育自学考试

# 产品设计程序与方法
# 自学考试大纲

全国高等教育自学考试指导委员会　制定

# 大纲前言

为了适应社会主义现代化建设事业的需要，鼓励自学成才，我国在20世纪80年代初建立了高等教育自学考试制度。高等教育自学考试是个人自学、社会助学和国家考试相结合的一种高等教育形式。应考者通过规定的专业课程考试并经思想品德鉴定达到毕业要求的，可获得毕业证书；国家承认学历并按照规定享有与普通高等学校毕业生同等的有关待遇。经过40多年的发展，高等教育自学考试为国家培养造就了大批专门人才。

课程自学考试大纲是规范自学者学习范围、要求和考试标准的文件。它是按照专业考试计划的要求，具体指导个人自学、社会助学、国家考试及编写教材的依据。

为更新教育观念，深化教学内容方式、考试制度、质量评价制度改革，更好地提高自学考试人才培养的质量，全国高等教育自学考试指导委员会各专业委员会按照专业考试计划的要求，组织编写了课程自学考试大纲。

新编写的大纲，在层次上，本科参照一般普通高校本科水平，专科参照一般普通高校专科或高职院校的水平；在内容上，及时反映学科的发展变化以及自然科学和社会科学近年来研究的成果，以更好地指导应考者学习使用。

全国高等教育自学考试指导委员会

2023年12月

# I　课程性质与课程目标

## 一、课程性质和特点

“产品设计程序与方法”课程是全国高等教育自学考试产品设计专业开设的必修课，是为培养自学考生掌握和运用产品设计程序与方法的基本理论，解决现实产品设计问题而设置的一门专业基础课程。

## 二、课程目标

通过本课程的学习，使考生了解、掌握产品设计程序与方法的发展趋势以及基本理论、方法，并使考生深入了解产品设计思维，熟练掌握产品设计方法和产品表现技法，为之后的学习和工作奠定坚实的基础。

课程目标如下：

1）初步了解产品设计程序与方法的发展脉络，熟练掌握几种常用的设计思维工具。

2）掌握基本产品设计方法，包括设计研究与定义、概念形成与表达、设计评估与细化等方法。

3）提升产品表现技法的熟练程度，包括产品手绘、计算机辅助设计等技法。

## 三、与相关课程的联系与区别

学习本课程前，考生应对产品设计有基本的认识并掌握一定的设计基础能力，包括平面构成、色彩构成、立体构成、材料工艺等基础课程知识。

本课程为学习产品设计系列课程打下基础，并能够帮助考生较好地完成毕业设计。

## 四、课程的重点和难点

本课程的重点内容包括：产品设计程序、用户研究方法、产品手绘技法、计算机辅助设计、服务设计等相关内容，以及熟练运用相关程序与方法进行产品设计的能力。

本课程的难点内容包括：关于产品设计程序与方法的理解，产品手绘技法的训练，计算机辅助设计与设计实践的结合，对产品设计基础的熟练掌握。

# II　考核目标

本课程在考核目标中，按照识记、领会、简单应用和综合应用四个层次规定其应达到的能力层次要求。 四个能力层次是递进关系，各能力层次的含义如下：

识记：要求考生记忆本课程中有关设计思维、设计程序、设计方法、设计基础等名词、概念、原理、知识的含义，并能正确认识或识别。

领会：要求考生能够领悟和理解本课程中有关用户研究、人机工程学、产品语义学等知识的内涵及外延，并能通过这些知识对设计问题进行逻辑推理和分析，例如产品的用户体验分析。

简单应用：要求考生能够根据用户和市场需求找出设计问题，并简单运用相关设计程序与方法，对设计问题进行梳理并生成简要解决方案。

综合应用：要求考生能将所掌握的产品设计程序与方法，合理解决现实中的产品设计问题，能够灵活运用多种设计思维工具，熟练运用用户研究、市场调研、产品手绘、计算机辅助设计、产品结构设计等具体设计方法，以产出针对特定需求的产品设计。

# Ⅲ 课程内容与考核要求

## 第 1 章 产品设计与设计学

### 一、学习目的与要求

通过本章的学习，了解产品设计程序与方法产生的背景及发展过程，明确本课程学习的目的和意义。

### 二、课程内容

1. 产品设计史概述
2. 产品设计与设计学概述
3. 产品设计程序与方法概述

### 三、考核知识点与考核要求

1. 产品设计史概述

识记：艺术与手工艺运动；现代主义设计的兴起与发展；包豪斯；乌尔姆。

领会：通过设计史感悟产品设计程序与方法的发展及演进趋势。

简单应用：将经典的设计风格简单迁移于自己的设计作品中。

综合应用：学习设计史中产生的“设计经验”，并将其灵活应用于具体的设计实践中。

2. 产品设计与设计学概述

识记：设计的定义；设计的门类。

领会：设计概念的发展变化。

简单应用：简单表述产品设计的概念及相关设计学门类。

综合应用：熟练表述产品设计专业的发展情况及相关概念。

3. 产品设计程序与方法概述

识记：明确产品设计程序、产品设计方法、产品设计基础等基本概念。

领会：能够理解产品设计程序和产品设计方法的关系。

简单应用：简单表述产品设计程序与方法的宏观框架。

综合应用：熟练表述产品设计程序与方法的宏观和中观框架。

### 四、本章重点与难点

本章重点：产品设计程序与方法在设计史中的发展脉络；产品设计程序与方法的基本概念。

本章难点：理解产品设计程序、产品设计方法、产品设计基础之间的关系。

## 第 2 章　产品设计程序

### 一、学习目的与要求

通过对本章的学习，能够掌握多种设计思维工具，明确产品的设计程序，对产品的设计流程有清晰的理解。

### 二、课程内容

1. 双钻模型

2. IDEO 设计思维模型

3. 代尔夫特设计策略

4. 其他设计思维模型

### 三、考核知识点与考核要求

1. 双钻模型

识记：设计探索期思维路径；设计定义期思维路径；设计发展期思维路径；设计交付期思维路径。

领会：双钻模型所体现的设计思维脉络。

简单应用：联系实际设计问题并简单应用双钻模型。

综合应用：在设计项目中灵活应用双钻模型，以获得设计创新。

2. IDEO 设计思维模型

识记：共情方法；定义需求方法；构思方法；原型方法；测试方法。

领会：IDEO 设计思维模型背后的设计思想。

简单应用：联系实际设计问题简单应用 IDEO 设计思维模型。

综合应用：在设计项目中灵活应用 IDEO 设计思维模型，以获得设计创新。

3. 代尔夫特设计策略

识记：基本设计周期；产品创新流程。

领会：代尔夫特设计策略背后的设计流程。

简单应用：联系实际设计问题并简单应用代尔夫特设计策略。

综合应用：在设计项目中灵活应用代尔夫特设计策略，以获得设计创新。

4. 其他设计思维模型

识记：谷歌设计冲刺模型；通用产品设计程序。

领会：拓展并延伸学习其他设计思维模型。

简单应用：联系实际问题并应用不同设计思维模型进行设计创新。

综合应用：在设计项目中灵活应用多种设计思维模型，以获得设计创新。

### 四、本章重点与难点

本章重点：熟练运用双钻模型、IDEO 设计思维模型等产品设计程序，灵活运用多种产品设计程序解决设计问题。

本章难点：理解产品设计思维和产品设计程序的区别；通过设计实践灵活运用多种产品设计程序；不局限于用某种产品设计程序解决具体设计问题。

## 第 3 章　产品设计方法

### 一、学习目的与要求

通过对本章的学习，能够掌握多种产品设计方法，包括设计研究与定义方法、概念形成与表达方法、设计评估与细化的方法，以及设计实践所需的经验及法则，从而更好地进行产品设计工作。

### 二、课程内容

1. 设计研究与定义

2. 概念形成与表达

3. 设计评估与细化

4. 设计实践法则

## 三、考核知识点与考核要求

### 1. 设计研究与定义

识记：系统研究方法；用户研究方法；设计定义方法。

领会：明确思维导图、行为地图、故事板、意向板等设计研究方法。

简单应用：简单运用各种设计研究方法分析现实设计问题。

综合应用：综合应用各种研究方法进行设计研究，能够发现设计问题并能通过设计研究明确设计定义。

### 2. 概念形成与表达

识记：概念发散与收敛；设计表达方法。

领会：明确设计创意的发散和收敛方法，如头脑风暴、身体风暴等创意方法；了解基础的设计表达方法，如原型设计、实体模型制作等。

简单应用：简单运用各种创意方法实现设计创新；熟悉多种设计表达方法来较好地诠释设计意图。

综合应用：灵活应用概念形成与表达方法获得创造性的设计创意；通过多种设计表达方法诠释出创新方案。

### 3. 设计评估与细化

识记：较好地掌握评估性研究、角色扮演、人体工程学分析等评估方法。

领会：领悟产品设计后期评估标准的重要性。

简单应用：简单运用多种评估方法对不同产品设计项目进行设计评估。

综合应用：综合运用设计评估方法对不同的设计阶段进行评估，并不断细化设计方案。

### 4. 设计实践法则

识记：从“提升使用性能”“表达美感”“创造情感意义”“贴合用户认知”“商业系统创新”等角度了解多种设计实践法则。

领会：明确不同设计法则的适用范围。

简单应用：简单运用多种设计实践法则以实现设计目标。

综合应用：批判性地运用多种设计实践法则，解决实际设计问题，提升产品的用户体验。

## 四、本章重点与难点

本章重点：熟知多种设计实践法则，如人机工程学、形式服从功能、恐怖谷。

本章难点：批判性地看待多种设计实践法则；灵活应用多种设计实践法则以解决现实设计问题。

# 第 4 章　产品设计基础

## 一、学习目的与要求

通过对本章的学习，对产品造型语言、产品表现技法、CMF 设计、产品结构设计等基础知识有较为深刻的理解和感悟，并能够熟练运用各种产品设计技法来表达设计思想。

## 二、课程内容

1. 产品造型语言
2. 产品表现技法
3. CMF 设计
4. 产品结构设计基础

## 三、考核知识点与考核要求

1. 产品造型语言

识记：产品语义学；产品造型语法；产品造型比例。

领会：对产品造型语言有深入了解，明确比例关系在产品造型中的必要性。

简单应用：简单运用产品语义学和设计几何学解决实际的产品造型问题。

综合应用：应用产品语义学和设计几何学进行设计创新，优化产品概念和造型方案。

2. 产品表现技法

识记：产品手绘表现技法；计算机辅助设计。

领会：产品透视基本法则；产品光影关系；产品设计建模基础；产品渲染基础。

简单应用：熟练运用产品手绘技法、计算机辅助建模、产品渲染等能力等准确表达产品设计思想。

综合应用：在实际设计项目中，灵活运用多种设计技法及时解决产品设计中的具体问题，以实现创新。

3. CMF 设计

识记：色彩搭配；材料选择；制造工艺。

领会：色相、明度、彩度搭配；材料选择；产品制造工艺。

简单应用：简单应用 CMF 设计知识，进行设计创新。

综合应用：根据实际设计项目合理搭配颜色，并合理应用材料的材形（材料的形状）、材性（材料的性能），进而选择合适的工艺将产品所需的各个部件制造出来。

4. 产品结构设计基础

识记：产品结构设计的总原则与特点；钣金类产品结构设计的基本原则；压铸类产品结构设计的基本原则；塑料类产品结构设计的基本原则；模具相关知识。

领会：产品结构设计的基本思想；材料的性能对产品结构设计的影响。

简单应用：简单应用产品结构设计知识，进行设计创新。

综合应用：灵活地处理产品结构与产品造型的关系。

## 四、本章重点与难点

本章重点：产品语义学；设计几何学；产品手绘表现技法；计算机辅助设计；CMF 设计；产品结构设计。

本章难点：通过大量的训练夯实产品设计基础；熟练运用产品设计基础表达设计创意。

# 第 5 章　产品服务系统

## 一、学习目的与要求

通过对本章的学习，能够从宏观角度了解服务设计、可持续设计、系统设计、设计管理等产品服务系统，并能够在设计实践中运用相关知识。

## 二、课程内容

1. 服务设计

2. 可持续设计

3. 系统设计

4. 设计管理

## 三、考核知识点与考核要求

1. 服务设计

识记：服务设计流程；服务设计方法。

领会：服务设计背后的设计思想，服务设计方法背后的创新思路。

简单应用：简单应用服务设计方法进行设计创新。

综合应用：综合应用服务设计思维进行具体的产品设计创新。

2. 可持续设计

识记：绿色设计；生态设计。

领会：明确绿色设计、生态设计等设计概念，认识到可持续设计在未来的发展趋势。

简单应用：简单运用可持续设计思维进行设计创新。

综合应用：将可持续设计观念融入实际的产品设计创新之中。

3. 系统设计

识记：系统设计的特点；系统设计的主要步骤。

领会：明确系统设计思维在设计创新中的重要意义。

简单应用：简单运用系统设计思维进行设计创新。

综合应用：将系统设计观念融入实际的产品设计系统创新之中。

4. 设计管理

识记：设计管理的定义；设计管理的功能；设计管理的范围和内容；设计管理的过程。

领会：明确设计管理在设计创新中的重要作用。

简单应用：简单运用设计管理方法进行设计创新。

综合应用：将设计管理思维应用于实际的产品设计创新设计之中。

### 四、本章重点与难点

本章重点：服务设计方法；可持续设计。

本章难点：从产品系统出发思考创意方案，不局限于单一产品设计。

# Ⅳ　关于课程自学考试大纲的说明与考核实施要求

### 一、课程自学考试大纲的目的和作用

课程自学考试大纲（以下简称“大纲”）是根据产品设计专业自学考试计划的要求，结合自学考试的特点而确定，规定了课程自学考试的范围和标准。因此，它是对自学、社会助学和课程考试命题的指导和规定。

大纲明确了本课程自学考试教材和辅导书的依据，是社会助学组织进行自学辅导的依据，是自学者学习教材、掌握课程内容知识范围和程度的依据，也是进行自学考试命题的依据。

### 二、课程自学考试大纲与教材的关系

大纲是进行学习和考核的依据，教材是学习掌握课程知识的基本内容与范围，教材的内容是大纲所规定的课程知识和内容的扩展与发挥。课程内容在教材中可以体现一定的深度或难度，但在大纲中对考核的要求一定要适当。

大纲与教材所体现的课程内容应基本一致；大纲里面的课程内容和考核知识点，教材里一般也要有，而教材里有的内容，大纲里就不一定体现。如果教材是推荐选用的，其中有的内

容与大纲要求不一致，应以大纲规定为准。

## 三、关于自学教材

《产品设计程序与方法》，全国高等教育自学考试指导委员会组编，唐林涛、潘洪凯主编，机械工业出版社，2024 年出版。

## 四、关于自学要求和自学方法的指导

大纲的课程基本要求是依据专业基本规范和专业培养目标而确定的。课程基本要求还明确了课程的基本内容，以及对课程基本内容掌握的程度。课程基本要求中的知识点构成了课程内容的主体部分。因此，课程基本内容掌握程度、课程考核知识点是高等教育自学考试考核的主要内容。

为有效地指导个人自学和社会助学，本大纲已指明了课程的重点和难点，在每章的基本要求中一般也指明了本章内容的重点和难点。

本课程共 3 学分(不包括实验内容的学分)。

根据成人业余自学的情况，结合产品设计专业的要求和“产品设计程序与方法”课程的特点，考生在进行产品设计程序与方法的学习中，应注意对产品设计程序，产品设计方法，产品设计基础的内容、方法和相关理论的学习，还应注意自学方法的掌握。具体方法包括：

### 1. 全面、系统地学习教材内容

全书的基本框架：全书分为五章，共三大核心部分。

第一部分：基础知识，包括产品设计史概述、产品设计与设计学概述、产品设计程序与方法概述，体现在第 1 章内容中。

第二部分：核心知识，包括产品设计程序（第 2 章）、产品设计方法（第 3 章）、产品设计基础（第 4 章）。产品设计程序包括双钻模型、IDEO 设计思维模型、代尔夫特设计策略以及其他设计思维模型；产品设计方法包括设计研究与定义、概念形成与表达、设计评估与细化以及设计实践法则；产品设计基础包括产品造型语言、产品表现技法、CMF 设计、产品结构设计等内容。

第三部分：拓展知识，包括服务设计、可持续设计、系统设计、设计管理等设计知识，主要为第 5 章内容。

### 2. 理论结合实际，深化教材知识

本教材中的设计知识需要考生通过大量的实践加以运用，从而对教材中的设计知识进行理解和内化。对于初学者可能无法接触到实际的设计项目，可以从概念设计入手，对教材中的设计知识进行应用，然后再根据实际的设计项目不断深化对教材内容的认知。

### 3. 突破重点和难点

本教材中关于计算机辅助设计、产品手绘技法等的内容，初学者需要进行大量的练习才能掌握；教材中关于产品设计程序的工具、产品设计方法的内容，读者需要结合实际不断思考和

内化。同时初学者也应注意，学习本教材的目的是设计实践和设计创新，而不是仅仅熟读或背过教材中的一些设计知识。

### 五、对考核内容的说明

1）本课程要求考生学习和掌握的知识点内容都作为考核的内容。课程中各章的内容均由若干知识点组成，在自学考试中成为考核知识点。因此，大纲中所规定的考试内容是以分解为考核知识点的方式给出的。由于各知识点在课程中的地位、作用以及知识自身的特点不同，自学考试对各知识点分别按三个或四个认知层次确定其考核要求。

2）在考试之日起六个月前，由全国人民代表大会和国务院制定或修订的法律、法规都将列入相应课程的考试范围。凡大纲、教材内容与现行法律、法规不符的，应以现行法律、法规为准。

3）课程主要分为四部分，分别为产品设计程序、产品设计方法、产品设计基础、产品服务系统，考试试卷中所占的比例大约分别为：30%、30%、30%、10%。

### 六、关于考试方式和试卷结构的说明

1）本课程的考试方式为闭卷，笔试，满分 100 分，60 分及格。考试时间为 150 分钟。

2）本课程在试卷中对不同能力层次要求的分数比例大致为：识记占 20%，领会占 30%，简单应用占 30%，综合应用占 20%。

3）要合理安排试题的难易程度，试题的难度可分为：易、较易、较难和难四个等级。必须注意试题的难易程度与能力层次有一定的联系，但二者不是等同的概念。在各个能力层次中对于不同的考生都存在着不同的难度。在大纲中要特别强调这个问题，应告诫考生切勿混淆。

4）课程考试命题的主要题型一般有单项选择题、多项选择题、判断说明题、简答题、论述题和手绘设计题等。

在命题工作中必须按照本大纲中所规定的题型命制试题，考试试卷使用的题型可以略少，但不能超出本课程对题型的规定。

## 附录　题型举例

### 一、单项选择题（在每小题列出的备选项中只有一项是最符合题目要求的，请将其选出）

1. 共情（Empathize）、定义（Define）、构思（Ideate）、原型（Prototype）、测试（Test）所强调的设计程序是（　　）。

A. 代尔夫特设计策略　　B. 双钻模型

C. IDEO 设计思维模型　　D. 谷歌设计冲刺模型

2. 下面哪个设计方法是指把收集的图片、插图或品牌图像拼贴在一起，形象地描述设计意图的特定美学、风格、观众、情境或其他方面？（　　）

A. 商业模式图　　B. 5W1H 分析法

C. 要求清单　　D. 意向板

**二、多项选择题（在每小题列出的备选项中至少有两项是符合题目要求的，请将其选出。错选、多选、少选或未选均无分）**

3. 双钻模型中的设计流程包括（　　）。

A. 探索　　B. 定义

C. 发展　　D. 交付

E. 销售

4. 金属成型工艺主要包括（　　）。

A. 铸造　　B. 锻造

C. 挤出　　D. 冲压

E. 机加工

**三、辨析题：判断正误，并说明理由**

5. 设计思维模型就是指 IDEO 设计思维模型。（　　）

6. 折弯是一种钣金类产品结构设计工艺。（　　）

**四、简答题**

7. 简述人机工程学。

8. 简述产品语义学。

**五、论述题**

9. 举例阐述三种常用的产品设计程序。

10. 请论述产品设计中常用的用户研究方法。

**六、手绘设计题**

11. 我国已逐步进入老龄化社会，请分析老龄化社会中出现的一些问题，利用相关设计研究方法进行分析，采用手绘的方式呈现分析过程，思考相关解决方法，画出三个初步解决方案并选择三个方案中的一个进行深化。

要求：（1）标注产品的材料、工艺、结构，体现出产品的色彩及表面肌理等细节。

（2）呈现出设计说明和产品三视图。

# 大纲后记

《产品设计程序与方法自学考试大纲》是根据《高等教育自学考试专业基本规范（2021年）》的要求，由全国高等教育自学考试指导委员会艺术类专业委员会组织制定的。

全国高等教育自学考试委员会艺术类专业委员会对本大纲组织审稿，根据审稿会意见由编者做了修改，最后由全国高等教育自学考试指导委员会艺术类专业委员会定稿。

本大纲由清华大学唐林涛教授和清华大学博士研究生潘洪凯主编；参加审稿并提出修改意见的有清华大学杨冬江教授、中央美术学院王选政教授、北京工业大学刘洋教授。

对参与本大纲编写和审稿的各位专家表示感谢。

全国高等教育自学考试指导委员会

艺术类专业委员会

2023 年 12 月

全国高等教育自学考试指定教材

# 产品设计程序与方法

全国高等教育自学考试指导委员会　组编

# 编者的话

在这个日新月异的时代，产品设计已经成为推动社会进步和发展的重要力量。它不仅关乎产品的外观和功能，更涉及用户体验、市场定位、技术创新等诸多方面。因此，掌握一套科学、高效的产品设计程序与方法，对于设计师来说，无疑是至关重要的。

为适应我国高等教育自学考试教育发展的新形势，培养应用型人才，满足广大考生学习的需要，在全国高等教育自学考试指导委员会的指导下，我们编写了《产品设计程序与方法》一书，为参加高等教育自学考试的考生及其他设计工作者提供力所能及的帮助。

本书从产品设计程序、产品设计方法、产品设计基础等方面详细介绍了产品设计必备的核心知识，旨在帮助读者建立起一套合理的产品设计程序与方法框架，以便更好地应对复杂多变的设计挑战。

在编写过程中，我们强调理论与实践的结合。本书不仅介绍了各种主流的产品设计理论和方法，还通过丰富的案例分析和实践经验，帮助读者将理论知识转化为实际操作能力。我们希望，通过对本书的学习，读者能够掌握一套行之有效的产品设计技能，为自学考试和未来的职业生涯奠定坚实的基础。

本书由清华大学唐林涛教授和清华大学博士研究生潘洪凯主编，黄雅琳、魏豪鹏、李静琳参加编写，全书由潘洪凯统稿。

本书在案例收集和编写过程中，参考了许多专家、学者和互联网上未署名者的相关研究成果，吸收了许多观点，在此致以诚挚的谢意。本书在策划、编写和出版过程中，得到了全国高等教育自学考试指导委员会艺术类专业委员会的大力支持和帮助，谨表深切谢意。

由于时间、精力和水平有限，书中难免有不妥之处，欢迎广大读者和考生批评指正。

编者

2023 年 12 月

# 第 1 章　产品设计与设计学

## 1.1　产品设计史概述

本节将介绍产品设计史中重点的设计运动、设计风格、设计师以及经典设计作品，帮助读者从宏观角度明确产品设计的发展脉络，进而感悟产品设计程序和方法在历史中的演进趋势（见图 1-1）。

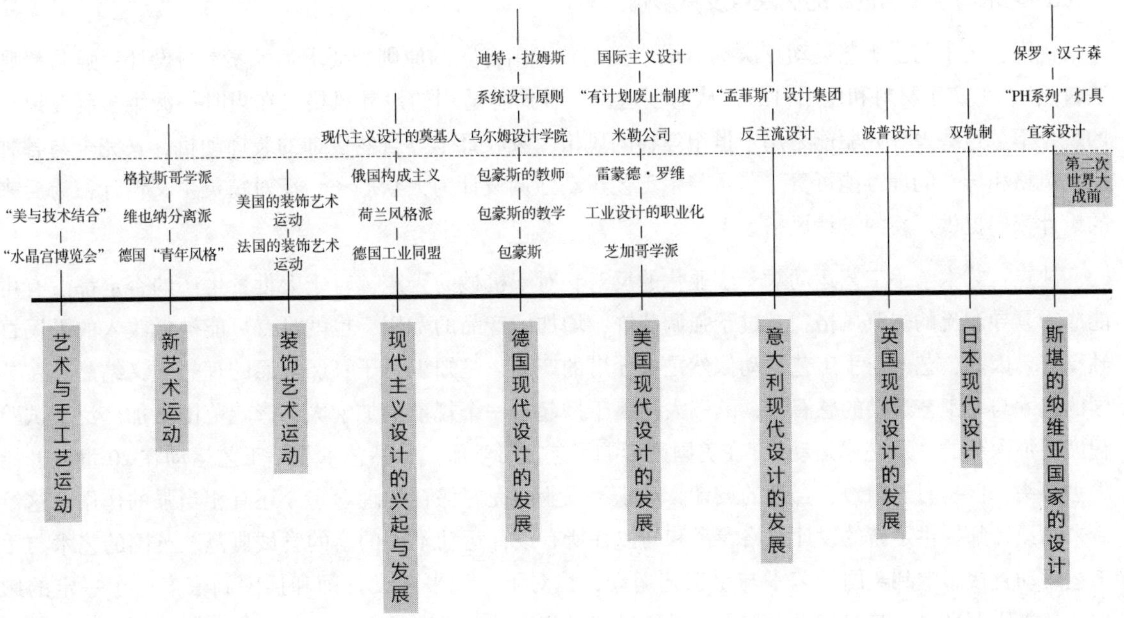

图 1-1　产品设计史简图

### 1.1.1　艺术与手工艺运动

#### 1. 水晶宫博览会

由英国发起的，从 18 世纪 60 年代持续到 19 世纪 40 年代的第一次工业革命堪称人类历史上继进入农业社会以后的第二次巨大变革。1851 年，在英国伦敦海德公园举行了世界上第一次国际博览会，旨在向世界展示英国在第一次工业革命中的成果。英国工程师约瑟夫·帕克斯顿运用"以钢铁和玻璃建造温室"的设计原理，大胆地把温室结构应用于这次博览会的展厅设计上，由于展厅全部采用钢铁和玻璃，故被称为"水晶宫"。"水晶宫"开创了采用标准构件、钢铁、玻璃设计和建造建筑的先河。然而，"水晶宫博览会"展览的绝大部分工业产品雕琢烦琐，其表面装饰极不和谐，集中暴露了技术和艺术分离产生的问题，而寻求问题的解决方案成为艺术与手工艺运动产生的直接原因。

#### 2. 艺术与手工艺运动的主要内容

艺术与手工艺运动又称为工艺美术运动，是19世纪末20世纪初起源于英国的一场设计运动，是针对家具、室内产品、建筑的工业批量生产所造成的设计水准下降而进行的设计运动。艺术与手工艺运动主张“美与技术结合”的原则，要求美术家从事产品设计，反对“纯艺术”，在工业设计史上起着非常重要的作用。这场运动的理论指导是约翰·拉斯金，主要人物是威廉·莫里斯。艺术与手工艺运动的特征：强调手工艺，明确反对机械化生产；在装饰上反对矫揉造作的维多利亚风格，以及各种古典的、复古的装饰风格，提倡哥特式风格和其他中世纪装饰风格，注重功能，讲究简单、朴实无华；在装饰上还推崇自然主义、东方装饰和东方艺术的特点；推崇自然的装饰纹样，主张艺术家“向自然学习”；主张设计的诚实和诚恳，反对设计上的哗众取宠、华而不实的趋向；在建筑设计上，强调以功能为主的设计原则，主张就地取材，利用本地的建筑方法和技术，尽量控制装饰。

#### 3. 艺术与手工艺运动的优缺点及其影响

优点：艺术与手工艺运动首次提出了“美与技术结合”的原则，要求美术家参与设计；强调“师法自然”，忠实于材料和使用目的，从而创造出一种简朴适用的设计风格。在当时一派维多利亚风格的现象下，这些设计先驱能采用中世纪淳朴的风格，吸收日本等自然装饰的装饰动机，又完全与各种历史风格相异，的确难能可贵。艺术与手工艺运动强调设计为大众服务，反对精英主义设计，为后来的设计家们提供了新的设计风格参考。

缺点：艺术与手工艺运动对于工业化的反对，对于机械的否定，对于大批量生产的否定都没有可能成为领导潮流的主流风格；其过于强调装饰，增加了产品的费用，也就没有可能被低收入的平民百姓享有。因此，艺术与手工艺运动依然是象牙塔的产品，是知识分子一厢情愿的理想主义结晶。在英国的艺术与手工艺运动的感召下，欧洲大陆终于掀起了一个规模更加宏大、影响范围更加广泛、试验程度更加深刻的“新艺术运动”，在美国则影响了芝加哥学派。虽然艺术与手工艺运动在20世纪开始失去势头，但是对于精致、合理的设计，对于手工业的完好保存的理念迄今还有相当强的作用。这给后来的设计师提供了新的设计风格参考和与以往所有设计运动不同的新的尝试典范。英国的艺术与手工艺运动直接影响到美国的艺术与手工艺运动，也对下一代平面设计师和插图画家产生了一定的影响。从本质上来讲，艺术与手工艺运动是通过艺术和设计来改造社会，并建立起以手工业为主导的生产模式，无疑是逆时代潮流而动，并没有解决大机器生产中产品形态与审美标准的问题，使英国设计走了弯路。

### 1.1.2 新艺术运动

新艺术运动是19世纪末20世纪初在欧洲和美国产生和发展的一次影响面相当大的国际设计运动。这场运动实质上是“艺术与手工艺运动”在欧洲大陆的延续和传播，在思想和理论上都没有超越“艺术与手工艺运动”。新艺术运动主要在法国、比利时、西班牙、德国、奥地利等国发展。

#### 1. 新艺术运动的主要特征

新艺术运动的主要特征有：强调手工艺，反对工业化；完全放弃传统装饰风格，开创全新的自然装饰风格；倡导自然风格，强调自然界不存在直线和平面，在装饰上突出表现曲线、有机造型，装饰的构思主要来源于自然形态；在具体设计中避免使用直线，注重从自然中获得自然形式，但还没有从功能、结构、形式的统一上进行产品设计；装饰上受东方风格影响，尤其是日本江户时期的装饰风格和浮世绘的影响；探索新材料和新技术带来的艺术上的可能性。

2. 新艺术运动的主要形式

新艺术运动在各国之间有很大的差异，在德国被称为“青年风格”，在奥地利被称为“维也纳分离派”。但各国在设计上追求创新、探索和开拓新的艺术精神是一致的。所以准确地说，新艺术运动是一场运动，而不是一种风格。

1）德国“青年风格”。德国的“新艺术运动”称为“青年风格”，因 1896 年德国艺术批评家朱利·梅耶·格拉佛创办的周刊《青年》杂志而得名。“青年风格”从 19 世纪 90 年代开始兴起，与欧洲其他国家的“新艺术运动”在设计风格上相似，反对机械化和工业化，重视自然主义的装饰手法，表现为曲线、流畅的有机形态，但后期有几何造型和注重功能的倾向。“青年风格”在德国的发展，意义不仅在于“新艺术运动”本身，更重要的是直接影响到后来德国现代工业设计的发展。“青年风格”的重要代表人物彼得·贝伦斯是德国现代设计的奠基人，被称为“德国现代设计之父”。

2）奥地利“维也纳分离派”。“维也纳分离派”成立于 1897 年，成员大多数为建筑师奥托·瓦格纳的学生，还包括建筑家、手工艺设计家、画家。因标榜与传统和正统艺术分道扬镳，故称“分离派”。风格特征：造型简洁明快，注重简单的直线、几何外形与自然形态的吻合，主张功能主义与有机形态的结合。与“新艺术运动”风格追求的自然主义有机形态相去甚远。维也纳分离派虽然追求把艺术、优秀设计与生活密切联系，但在实际设计中，与这种目标有很大距离，主要表现在：在工业生产极端发达的社会背景下，没有关心工业生产中艺术的问题，以及艺术与机器生产的关系问题；设计材料和工艺昂贵，无法大众化；对简洁和抽象形式的追求在本质上没有脱离“新艺术运动”风格，没有真正把设计形式与功能结合起来。

3. 麦金托什与英国格拉斯哥学派

格拉斯哥学派是 19 世纪末 20 世纪初以格拉斯哥艺术学院为中心的松散学派。该学派以麦金托什及其妻子等四人为中心，因此又被称为“格拉斯哥四人派”。与“新艺术运动”设计风格相反，麦金托什的设计主张直线和简单的几何外形，讲究黑、白等中性色彩。麦金托什的探索为机械化、批量化、工业化的形式奠定了可能的基础。他的一系列探索对德国“青年风格”和奥地利“维也纳分离派”的影响非常大，为现代主义设计的发展做了有意义的铺垫。他的代表作品：格拉斯哥艺术学院校舍、高背椅等。

### 1.1.3　装饰艺术运动

装饰艺术运动是 20 世纪二三十年代在法国、英国和美国等国家开展的一场设计运动。这次艺术运动的风格追求华丽的装饰，以满足人们对产品形式美感的需求，但其性质仍是一场形式主义运动。装饰艺术运动主张采用新材料，如钢铁、玻璃等，还主张机械美，采用大量的新的装饰手法使机械形式及现代特征变得更加自然华贵。装饰艺术运动的造型语言表现为采用大量几何形、绚丽的色彩，以及表现这些效果的高档材料。这场设计运动受到同时产生在欧洲的现代主义设计运动的影响，但它强调为上层顾客服务，与强调设计的社会效用的现代主义设计立场大相径庭。装饰艺术运动依旧是一种精英主义设计，不是真正的大众化、民主化的设计。

### 1. 法国的装饰艺术运动

法国是装饰艺术运动的发源地，巴黎是装饰艺术运动的中心。法国的装饰艺术运动的设计内容非常广泛，包括家具与室内设计、陶瓷器皿设计、漆器设计、玻璃器皿设计、时装设计等设计领域。

家具与室内设计：法国的家具设计以豪华著称于世，装饰艺术运动的家具和室内设计偏重采用豪华与贵重的材料，家具造型夸张、变形，利用纺织品创造豪华和绚丽多彩的装饰效果，甚至把东方情调引入室内设计中。造型上使用简单明快的几何形，与复杂的表面装饰形成强烈对比，这种简练造型与繁复装饰融为一体的形式是法国装饰艺术风格的特色。

陶瓷器皿设计：法国陶瓷器皿的装饰艺术风格主要体现在装饰纹样上，采用人物的几何变形图案作为装饰。陶瓷器皿的造型受到古埃及器物造型的影响，而釉彩方面又从中国的瓷器中获得启迪。

漆器设计：从20世纪20年代起，巴黎的一些设计师开始尝试使用漆器作为装饰和设计的手段，特别是利用漆器来设计屏风、门、家具以及其他装饰构件。代表人物是让·杜南和艾琳·格雷。让·杜南设计的邮轮“诺曼底号”的室内就使用了大量的漆器屏风，装饰图案非常精细，采用埃及、日本或其他国家的古典的装饰手法进行处理。

玻璃器皿设计：玻璃也是装饰艺术风格设计师所热衷的表现手段，利用玻璃可以创造复杂多样的艺术表现效果。雷尼·拉里克是玻璃器皿设计的杰出代表，其作品被冠以“没有时间限制的风格”。

时装设计：巴黎有“时尚之都”的美称，围绕时装及其配套产品的设计是其设计产业的重要内容。法国在1905年前后出现了具有现代意识的时装设计，保罗·布瓦列特成为法国第一个具有现代意识的时装设计师，开创了女性时装设计的新纪元。一些设计师把装饰艺术运动对埃及、日本、中国、波斯（今伊朗）等东方艺术的借鉴引入到首饰设计之中。这种设计到20世纪二三十年代达到了高潮，形成了一种造型简单、几何化、色彩绚丽的设计艺术风格。

### 2. 美国的装饰艺术运动

美国的装饰艺术运动主要集中在与建筑相关的室内设计、家具设计等方面，与大众生活密切相关，具有较强的民主色彩。装饰艺术运动在美国的发展与流行与美国20世纪20年代的社会经济条件和消费群体有密切关系。

1）本土风格：20世纪20年代中期以后，美国西海岸洛杉矶和加利福尼亚州一些城市设计师开始探索适合本地区风土人情的改良型“装饰艺术运动”风格。本土风格强调简单的几何特征，采用曲折线形和流线型的结构，使建筑具有时代感、速度感、运动感，洛杉矶的可口可乐公司大厦是这种风格的代表。

2）好莱坞风格：20世纪20年代末30年代初的经济大危机，使人们把电影作为一种最好的减压方式，好莱坞电影空前繁荣，电影院被称为“梦的宫殿”。好莱坞风格多采用富有梦幻的色彩、夸张的方式，大胆应用几何纹、卷草纹、动物纹，以对比强烈的、闪亮的霓虹灯点缀，形成繁华梦幻的装饰效果。

## 1.1.4 现代主义设计的兴起与发展

现代主义设计在20世纪初产生，与装饰艺术运动同时兴起。这是一场真正的设计革命，通过这个运动，设计才第一次成为为广大民众服务的，为工业化、批量化的生产服务的活动。

现代主义设计的特点：设计是为社会总体服务的，而不是为少数权贵服务的；设计是经由大批量机械化生产而转化为产品的，是与大工业化密切相连的，而不再是依附于手工业生产的活动；现代主义设计带有浓郁的民主色彩和高度的理想化特征。

德国工业同盟、荷兰风格派、俄国构成主义等组织和运动，以及沃尔特·格罗佩斯、路德维希·密斯·凡·德·罗、勒·柯布西耶、阿尔瓦·阿尔托等大师对现代主义设计的发展起到了很大的推动作用。

### 1. 德国工业同盟

德国工业同盟，全称“德意志工业同盟”，是 1907 年 10 月 6 日成立的旨在促进设计的半官方机构。该同盟的奠基人和开创者是赫尔曼·穆特修斯。德国工业同盟的宗旨：明确提出艺术、工业、手工业应该结合；通过教育、宣传，提高德国设计水平，提升艺术家、工业设计师和手工艺匠师合作的水平；走非官方路线，避免政治对设计的干扰；大力宣传和主张功能主义和接受现代工业；主张标准化和批量化生产，以此为设计的基本要求；反对任何形式的装饰。在德国国内，德国工业同盟首创了工业设计的活跃局面，奠定了德国工业设计的发展基础，确立了工业设计的基本理论，真正预示了设计艺术新时代的来临。德国工业同盟影响和培养了一代新人，如沃尔特·格罗佩斯、路德维希·密斯·凡·德·罗、勒·柯布西耶等。

### 2. 荷兰风格派

荷兰风格派是 1917—1928 年以荷兰为中心的现代艺术流派，成员包括画家、设计师、建筑师，他们通过《风格》杂志交流各种思想。其中核心人物有画家、设计师特奥·凡·杜斯伯格，画家皮特·蒙德里安，设计师格里特·托马斯·里特维尔德。

荷兰风格派的基本特征和原则：在设计上，追求一种终极的、纯粹的实在，追求以长和方为基本母体的几何体；用这些几何结构单体或者元素，形成简单的结构组合，但在新的结构组合中，单体依然保持相对独立性和鲜明可视性；深入研究与运用非对称形式，追求形式的变化性；强调运用纵横几何结构、三原色和中性色，把色彩还原为三原色，形态变直角、光滑、无装饰，用抽象的比例和构成代表绝对、永恒的客观实际。这种造型观念很快扩展到了家具、室内设计和建筑上去，对建筑形式的发展起到了巨大的促进作用。荷兰风格派对世界现代主义风格形成起到了很大的影响作用，它的简单的几何形式，中性色彩为主的几何色彩，以及立体主义造型和理性主义特征在两次世界大战之后成为国际主义风格的标准符号。

### 3. 俄国构成主义

构成主义又称“结构主义”，是俄国十月革命胜利以后，在一批激进的知识分子中产生的前卫艺术运动和设计运动。俄国构成主义出现在雕塑领域，也发展到建筑设计、产品设计等领域。

俄国构成主义的设计特点：设计通常采用非具象的简单造型，如圆形、矩形和直线；利用新技术、新材料来探讨“理性主义”；研究建筑空间，采用理性的结构表达方式，对功能表现进行探索，以结构的表现为最后的终结。

俄国构成主义的代表人物：

1）卡西米尔·塞文洛维奇·马列维奇是俄国构成主义最重要的代表人物之一。他在立体主义和未来主义的基础上，成立了“至上主义小组”，目的是在物质和结构的基础上，探索全新的造型语言。

这种语言采用抽象的几何，利用最少的色彩，一般只用黑和白，有时只将具有动感的几何母体置于单色背景上。

2）弗拉基米尔·塔特林是俄国构成主义的另一代表人物。他将机械精神和设计艺术结合，强调设计与工程的紧密联系。他赞美技术，崇尚工程结构。他为“第三国际”设计的纪念塔是其构成主义思想的代表作，隐喻革命的胜利，使用通透的钢架，使其螺旋上升，抽象而富有动感，内部包括国际会议中心、无线电台等，充分反映了他赞美技术、崇尚工程结构的美学思想。

俄国构成主义的影响：俄国构成主义以结构为设计的出发点，通过抽象的手法，探索事物的实用性，以及技术条件下产品设计和技术如何结合的新问题，对新设计语言的产生和现代工业设计的发展具有革命性的影响。俄国构成主义传到包豪斯，在包豪斯掀起了一场构成主义运动，对扭转伊顿的神秘主义和建立包豪斯构成教育体系有至关重要的作用。俄国构成主义比荷兰风格派更加贴近社会实际，具有更坚实的社会生活基础。当然，“构成主义”也带有某些乌托邦的色彩和庸俗的社会学色彩，与当时俄国工业环境不相适应，受到了众多批评。

#### 4. 现代主义设计的奠基人

现代主义设计的奠基人主要有：

1）沃尔特·格罗佩斯，德国著名建筑师，包豪斯的创办人，设计艺术教育家与活动家。1910—1914 年他自己创办了建筑设计事务所，在此期间与汉斯·迈耶合作设计了著名的法古斯鞋楦工厂，这是欧洲第一座真正的玻璃结构的建筑。1925 年，包豪斯迁到德绍后，沃尔特·格罗佩斯设计了新校舍。沃尔特·格罗佩斯主张设计与工艺的统一、艺术与技术的统一，倡导全面提高人类生存环境质量的系统化设计，强调功能、技术与经济效益，强调批量化、机械化、标准化、大众化，主张将理性主义与功能主义相结合。他的代表作品：法古斯鞋楦工厂、包豪斯德绍校舍、哈佛大学研究生中心。

2）路德维希·密斯·凡·德·罗，德国著名建筑师，德国工业同盟的重要成员，设计艺术教育家，包豪斯的重要成员。1907 年，他与沃尔特·格罗佩斯同在彼得·贝伦斯的设计事务所工作，受到彼得·贝伦斯的很大影响。他提倡纯粹简洁的设计，并设计了巴塞罗那世界博览会德国馆，突出地运用了现代主义建筑几乎全部基本特征，特别是著名的现代主义经典椅子——巴塞罗那椅，充分表现了德国的民族文化精神，成为现代设计史上的一座丰碑。作为包豪斯的第三任校长，他首先结束了学校长期受到泛政治思想干预的状况，努力把学校改造成一个单纯的设计教育中心。1938 年，他移居美国，任伊斯诺理工学院建筑学院教授，通过自己的设计实践，奠定了明确的现代建筑风格。他的代表作品有图根哈特别墅、范斯沃斯住宅、西格拉姆大厦等。“少即是多”是路德维希·密斯·凡·德·罗在 1928 年提出的著名的“功能主义”的口号。“少即是多”即指流动空间，好的功能就是美的形式。“少”是针对当时建筑界仍很流行的古典装饰手法而提出的，因为古典的烦琐装饰阻碍了建筑的工业化进程；“多”则揭示了在大工业生产条件下，可以创造出建筑上简洁而丰富的效果和最大的使用空间。

3）勒·柯布西耶，法国现代主义建筑运动杰出代表，20 世纪著名建筑师与设计艺术理论家，其建筑的新理念和城市规划思想有非常独到之处。他的主要贡献是提出建筑的五要素：底层架空、屋顶花园、自由空间、横向长窗、自由立面。他在《走向新建筑》一书中提出“住宅是供人居住的机器”的著名论断，使其成为机械美学理论的奠基人。勒·柯布西耶强调以数学计算和几何计算为设计的出发点，强调科学性、理性。他是第一个提倡把立体主义艺术形式引入设计的人。代表作有萨伏伊别墅、马赛公寓等。

4）阿尔瓦·阿尔托，芬兰现代主义建筑师，人性化建筑理论的倡导者。他在强调功能、民主化的同时，探索了一条更加具有人文色彩，更加注重人的心理需求满足的设计方向，奠定了现代斯堪的纳维亚设计风格的理论基础。人文主义原则的追求是阿尔瓦·阿尔托对现代主义设计的最大贡献，他强调建筑应该具有真正的人情味，对斯堪的纳维亚国家现代设计风格产生了深远影响。他强调设计要遵循地区性、民族性的特点，主张建筑中自然材料与现代材料综合应用，建立了既现代又民族的新“有机功能主义”风格。他在设计中始终贯穿整体设计的思想，在现代设计普遍缺乏人情味的设计中独树一帜。他的代表作品：芬兰萨纳萨诺市政厅，伊马特拉教堂，阿尔托花瓶等。

### 1.1.5　德国现代设计的发展

#### 1. 包豪斯

包豪斯是 1919 年在德国成立的一所设计学院，也是世界上第一所为发展设计教育而建立的学院，创始人是德国著名的建筑家、设计理论家沃尔特·格罗佩斯。包豪斯主张“艺术与设计的新统一”，强调设计的目的是人而不是机器，认为设计必须遵循自然与客观的法则。包豪斯由于其锐意探索、大胆创新，对现代主义设计风格的形成产生了重大而直接的影响，成为现代主义设计发展和现代主义设计教育之路上的里程碑。

1）包豪斯发展的三个阶段。第一阶段：魏玛时期（1919—1925 年）。沃尔特·格罗佩斯任校长，抱着“艺术与技术的新统一”的思想，担负起培养 20 世纪设计家和建筑师的使命。沃尔特·格罗佩斯广纳贤能，采取形式导师与工作室导师共同授课的形式，并开设实习工厂，形成艺术教育与手工制作相结合的新型教育制度。但由于政府的干涉，1925 年 3 月底，包豪斯被迫关闭。

第二阶段：德绍时期（1925—1932 年）。包豪斯在德绍重建，并进行课程改革，实行了设计与制作教学一体化的教学方法，取得了优异成绩。1928 年，沃尔特·格罗佩斯辞去校长职务，由建筑系主任汉斯·迈耶继任。在汉斯·迈耶担任校长后，包豪斯面临越来越大的政治压力，最后他不得不于 1930 年辞职离任，由路德维希·密斯·凡·德·罗继任。接任的路德维希·密斯·凡·德·罗面对着来自纳粹势力的压力，竭尽全力维持着学校的运转，终于在 1932 年 10 月纳粹势力占据德绍后，被迫关闭学校。

第三阶段：柏林时期（1932—1933 年），路德维希·密斯·凡·德·罗将学校迁至柏林一座废弃的办公楼中，试图重整旗鼓。但包豪斯精神为德国纳粹所不容，面对刚刚上台的纳粹政府，路德维希·密斯·凡·德·罗终于无力回天，于 1933 年关闭包豪斯，结束了其 14 年的艰难发展历程。

2）包豪斯的教学：包豪斯的教学体系完全是根据沃尔特·格罗佩斯的主张建立起来的。沃尔特·格罗佩斯坚决反对艺术与技术的分离，主张艺术家、建筑家、技术人员应该充分合作，抛弃纯理论知识和单纯书本的教学方法，主张“艺术与技术”“教学与实践”相结合的教育制度。包豪斯教学体系的建立分为两个阶段，即魏玛时期和德绍时期。魏玛时期是包豪斯教学体系的创建期，教学上采用“双轨教学制度”，每一门课程由一位“造型教师”（形式导师）和一位“技术教师”（工作室导师）共同教授，使学生共同接受艺术与技术的双重影响。“形式导师”负责教授形式内容，如绘画、色彩与创意思维的内容；“技术教师”负责教授技术、手工艺和材料学内容。

1925 年，包豪斯迁到德绍后，自己培养的技术与艺术兼备的学生加入教学阵营，原来的“双轨教学制度”宣告结束，成熟的教学体系逐渐形成。在沃尔特·格罗佩斯的指导下，包豪斯形成了一套完整的艺术设计教育思想：在设计中强调自由创造，反对模仿因袭、墨守成规；将手工技术同机器生产结合起来；强调各艺术之间的交流融合；教学中理论和实践相结合，培养既有动手能力、又有理论素养的人才；将教学同社会生产相结合，使教学成果付诸实践。

包豪斯的课程以实用指导和正式指导为基础。实用指导包括材料研究和工作方法两个方面。正式指导分为三部分：观察课，自然与材料的研究；绘画课，几何研究、结构练习、制图、模型制作；构成课，体积、色彩的研究与设计。包豪斯的课程基本涵盖了现代设计教育所包含的造型基础、设计基础、技能基础等三方面知识。为了贯彻知识与技术相结合的教学理念，包豪斯教学实行“工厂学徒制”，结合教学设立了不同的实习工厂，包括编织、陶瓷、金工、木工、纺织、玻璃等工厂，以便学生把学到的知识运用到实践中去。

3）包豪斯的教师。1919—1924 年，沃尔特·格罗佩斯先后聘请了 9 位基础课教师对学生进行形式训练，称之为“形式导师”，包括约翰·伊顿、瓦西里·康定斯基、保罗·克利、莫霍里·纳吉、罗沙·什莱耶、里昂内·费宁格、杰哈德·马克斯、乔治·穆什、奥斯卡·施莱莫，其中八位是画家。以下对其中四位教师进行简要介绍：

约翰·伊顿，瑞士画家。他的教学有两个方面至关重要：一是强调色彩、材料、肌理研究，特别是平面或立体形式研究；二是通过对绘画的分析，找出视觉规律，特别是韵律和结构规律，培养学生对自然事物观察的视觉敏感性。约翰·伊顿还最早把色彩体系引入现代艺术教育的教学之中，但他的神秘主义色彩给包豪斯的教学带来了负面作用。

瓦西里·康定斯基，俄国画家，抽象主义艺术和美学的奠基人。他的《艺术中的精神》《关于形式问题》《点·线·面》等都是抽象主义艺术理论的经典之作。瓦西里·康定斯基到包豪斯之后，建立了自己独特的基础课。其教学将抽象的内容和具体的设计结合起来。他对包豪斯基础课的主要贡献体现在“分析绘画”和“色彩与形体的理论研究”两个方面。

保罗·克利，瑞士画家，抽象派绘画大师，包豪斯基础课教学的奠基人之一。1920 年，他受沃尔特·格罗佩斯之邀到包豪斯当基础课教师，并在包豪斯开设自然现象分析，以及造型、空间、运动和透视研究等课程。他的一个主要贡献是把理论课和基础课、创作课联系起来，使学生得到最大启发。

莫霍里·纳吉，匈牙利画家，是一位自学成才的设计家、艺术家。他受俄国构成主义影响强烈，作品具有强烈的理性特征，绝对抽象。莫霍里·纳吉十分重视机器，他把包豪斯注重艺术、手工艺转变到强调理性思维、技术知识的教育上。在他的影响下，包豪斯的教学方向开始朝大工业生产转化。

在包豪斯培养的学生中，有一些人对包豪斯和现代设计的发展起到了重要作用，马谢·布鲁尔和郝伯特·拜耶是其中最有代表性的两位。

马谢·布鲁尔，出生于匈牙利，1920 年曾在维也纳艺术学院学习，后成为包豪斯第一期学生，毕业后任包豪斯家具部门的教师，主持家具车间。他早期的家具设计具有表现主义色彩和原始主义特征，后受到荷兰风格派的影响，具有明显的立体主义雕塑特征。马谢·布鲁尔在包豪斯的最大贡献是充分利用材料特性，创造了一系列简洁、轻巧、功能化并适于批量化生产的钢管椅，造型轻巧优雅，结构简单。世界上第一把“钢管皮椅”（瓦西里椅子）即出自这时期。1932—1934 年，他主要在瑞士从事家具的设计。1935年开始致力于胶合板成型家具、标准化模数单元家具、室内设计以及标准化模数的单元住宅等方面的研究。

郝伯特·拜耶，出生于奥地利，在绘画、摄影、平面设计等领域取得了一定成绩。1925—1928年，他负责包豪斯的印刷设计系，设计了大量的广告路牌、促销广告、标志等。他的字体设计别具一格，一般采用非常简单的字体。他创造的无衬线体成为世界字体中最重要的类型之一，其版面设计采用非对称方式，明显受到荷兰风格派的影响。

2. 乌尔姆设计学院

乌尔姆设计学院创建于1953年，是继包豪斯之后德国历史上又一座著名而影响巨大的设计学院，创始人是爱歇·舒尔。由马克斯·比尔担任院长。乌尔姆设计学院以理性主义设计、技术美学思想为核心，倡导系统设计原则，致力于培养新一代设计师，其设计思想被德国重要的家电公司布劳恩公司广泛实施。乌尔姆设计学院把设计理论和实践密切结合，形成了“系统设计原则”的设计理念。在乌尔姆设计学院的设计理念的影响下，德国产品逐渐以理性、可靠、高品质、功能化的特点闻名于世。

1）教育体系：乌尔姆设计学院强调把现代设计完全建立在科学技术基础之上，培养科学型的现代设计师，提高工业产品设计、建筑设计、平面设计等的总体水平，为德国工业发展服务。

乌尔姆设计学院的首任院长是包豪斯的学生马克斯·比尔。他在很大程度上遵循了包豪斯的理论学说，在教学中注重探讨产品的形式与功能、技术之间的关系，在设计中强调“形式服从功能”。1957年，由托马斯·马尔多纳多接任院长，他认为设计是理性的、科学的、技术的，于是完全抛弃了艺术课程，代之以各种社会科学和技术科学课程，其基础课程也注重学生理性视觉思维的培养，从而发展成为理工型的设计教育典范。由于种种原因，乌尔姆设计学院在1968年被迫关闭，但其设计艺术思想、设计方法论以及设计审美观对德国现代设计界的影响很大。

2）系统设计原则：乌尔姆设计学院在设计理论方面的主要贡献是系统设计原则，该理论的提出为德国工业设计树立了里程碑。所谓系统设计原则就是指以高度秩序化的设计整顿混沌的人造环境，将纷乱的客观物体置于相互关联的环境中，使产品在某方面建立一种联系，从而使杂乱无章的环境变得具有关联性和系统性。系统设计原则的核心是理性主义和功能主义，常以基本单元为中心，形成高度理性化的形式，带有整体感强而具有冷漠和非人情化的特征。有两位设计师在系统设计思维中起到了举足轻重的作用，他们是汉斯·古格洛特和迪特·拉姆斯。

迪特·拉姆斯是汉斯·古格洛特的学生。1957年，他首创录音机与扬声器分离的音响系列产品，这是现代组合音响的最初尝试。随后出现的各种高保真组合产品都是在此基础上发展起来的。此后，他又提出“产品家族”概念，即立志于为系列产品创造一种连续的风格、统一的形象，以强化公司自身的形象。

迪特·拉姆斯的设计理念是“less，but better（少，但是更好）”。他提出了好设计的十个准则：好的设计是创新的（Good design is innovative）；好的设计是实用的（Good design makes a product useful）；好的设计是符合美学的（Good design is aesthetic）；好的设计使产品更易懂（Good design helps a product to be understood）；好的设计是含蓄的（Good design is unobtrusive）；好的设计是诚实的（Good design is honest）；好的设计是经久耐用的（Good design is long-lasting）；好的设计是细致的（Good design is thorough to the last detail）；好的设计是环保的（Good design is environmentally friendly）；好的设

计是极简的（Good design is as little design as possible）。

3）乌尔姆设计学院的影响。在设计思想方面，乌尔姆设计学院以理性和社会性为原则，反对为美的造型而设计物品。因此，乌尔姆设计学院倡导的功能主义比包豪斯更具理性色彩。乌尔姆设计学院实现了设计的“最低消耗、最高成效”，所有设计都达到了至简的程度，形成了一种高度淳朴的纯粹主义的美学风格。乌尔姆设计学院在继承包豪斯设计精神的前提下，进一步发展了功能主义美学思想，建立了高度理性化的系统设计理论。在此基础上，乌尔姆设计学院依然遵循功能主义的美学原则，强调美产生于逻辑结构，而结构又明晰地反映着功能关系。于是，冷峻、简洁、富有条理的设计风格成为乌尔姆设计学院的鲜明风格。在设计教育方面，乌尔姆设计学院的设计教育是一种现代性的、开放式的教育，它为现代设计教育建立了一个坐标。与当时盛行的强调感性的设计造型教育不同，乌尔姆设计学院强调的是理性、科学性和现代性，其课程的一半是新的科学知识、方法，包括人文学科的内容，这不只是为了培养出高素质的造型设计工作者，也让学生发展出批判性的社会和文化意识。

### 1.1.6 美国现代设计的发展

#### 1. 芝加哥学派

芝加哥学派是19世纪70年代在美国建筑界出现的设计学派。芝加哥学派以大胆的现实主义态度和符合工业化时代精神的设计艺术理念，在设计史上占有重要地位，尤其是在高层建筑的发展上做出了卓越贡献。芝加哥学派的代表人物是路易斯·沙利文。芝加哥学派的风格特征：注重内部功能，大胆使用新材料；强调结构的逻辑表现；立面简洁、明确，采用整齐排列的大片玻璃窗，突破了传统建筑的沉闷之感，形式服从功能。

芝加哥学派在设计发展上的主要贡献表现在：建筑材料上，大胆使用新材料；建筑形式上，大胆采用钢架结构的高层建筑形式；建筑理念上，追求“形式服从功能”。作为最早解决高层办公建筑设计的芝加哥学派，树立了高层建筑早期造型基本风格，并在设计艺术理念上谋求艺术与技术的有机结合，给后来的现代主义建筑奠定了理论和实践基础。但由于美国长期的文化自卑心理，芝加哥学派一直未得到重视，直到20世纪初其价值才被欧洲人重新发现。

#### 2. 工业设计的职业化

美国的设计运动沾满了实用主义的商业气息，在第二次世界大战（以下简称“二战”）后欧洲的设计观念和美国市场结合后，形成了国际主义设计运动。强烈的竞争是美国现代设计的发轫点，美国对全世界最为突出的贡献是发展了工业设计并使之最早职业化。从20世纪20年代美国开始出现工业设计师后，设计师逐渐从生产中独立出来而职业化。二战后欧洲开展的现代设计运动，其成果在美国迅速发展。美国现代设计的发展首先得益于其未受到战争的破坏，所以美国的生产没有因为战争而中断。其次，美国是一个移民国家，没有传统需要打破，对机械化的生产方式没有抗拒的心理，他们建立的民主制度也成为现代设计发展的良好基础。再次，美国还是一个商业味极浓的国家，销售至上的原则也为现代设计提供了发展的契机。然后，包豪斯被迫解散时，很多教师（包括沃尔特·格罗佩斯）和学生都来到美国，他们把现代设计思想带到美国，从而迅速带动了美国的现代设计运动，使美国很快成为战后现代设计发展最快的国家。最后，经济的发展导致中产阶级的增多，20世纪50年代，美国进入富裕社会，为了满足人们求新求异的消费心理，通用汽车公司制定了有计划废止制度的设计原则，通过在短时间更换汽车外观淘汰旧的车型，以此吸引消费者并占领市场，使设计偏离了其实用目的而误入了过度追求外观的歧途，但在一定程度上促进了美国工业设计职业化的来临。

美国工业设计职业化的代表人物有：

1）沃尔特·提格，美国最早的工业设计师之一，早期从事平面设计。他在 1936 年为柯达公司设计了“班腾”照相机，并在 20 世纪 30 年代参与了美国波音 707 客机的内部设计。他的设计造型简洁，结构合理，考虑与人体结构的关系。他是最早考虑人体工学在设计上应用的设计师。1940 年，他出版设计专著《今日设计——机械时代的设计程序》，最早形成并出版现代工业设计产品开发的程序与方法。

2）雷蒙德·罗维，美国著名工业设计师，美国工业设计的重要奠基人之一。雷蒙德·罗维把流线型运用到交通工具的设计之中，提高了运行效率，降低了能耗，但后来又错误地运用到与空气动力学无关的领域，受到消费者的批评。1929 年，美国企业家格斯特纳委托他进行复印机的新设计。他将原来裸露的部件巧妙地置于胶木壳中，使其造型大大改观，获得巨大成功，这次设计成为其设计事业的转折点。20 世纪 30 年代，他为可口可乐公司进行系列设计：瓶子、标志、标签等。1968 年，他为壳牌石油公司设计企业形象与标志。

3）亨利·德雷福斯，原为舞美设计师，后来改行并开设自己的工业设计事务所，其设计生涯与美国的贝尔公司紧密关联，为影响现代电话形式最重要的设计师之一。他在设计中强调产品的高度舒适性，提出了“从内而外”的设计原则。他曾为贝尔公司设计的 300 型电话机将人体工学与设计结合，奠定了现代电话机的造型基础和结构方式。1961 年，他出版《人体度量》，为设计界奠定了人体工学的学科基础，为设计活动提供了基本的人体数据。

### 3. 二战后的美国设计

20 世纪五六十年代，美国设计界始终保持两种不同的发展路线：一条是国际主义的、大企业的、大众的、主流的；另一条是独立的设计事务所，并开始走向新的设计领域，即企业形象系统设计。

美国的办公家具和用品设计最能代表这一时期设计发展形势，其中最重要的设计和生产厂商是诺尔集团和米勒公司。二战后美国家具设计的一系列成就几乎都与诺尔集团和米勒公司有密切关系。他们在现代家具设计的材料运用、批量生产、家具与生活密切结合等方面做出了开创性的工作。此外，纽约现代艺术博物馆对美国现代家具设计的宣传和推广起到了很大作用。

1）米勒公司与查尔斯·依姆斯。米勒公司是美国著名的家具和室内设计厂商。20 世纪 40 年代末期，米勒公司从传统的家具生产转向现代家具设计生产，逐渐成为美国西部家具设计生产的中心。

在米勒公司的设计实践中，逐渐形成了自己的设计哲学：设计是企业的有机组成部分，不可或缺；设计应在市场竞争中经受考验，要符合经济法则；产品必须诚实，反对抄袭、模仿他人和古人的作品；由设计师自己决定自己设计什么，充分尊重设计师的主动权是米勒公司的最大特色；相信好的产品设计必然会有市场。

查尔斯·伊姆斯，1936 年毕业于克兰布鲁克艺术学院，是美国著名家具与室内设计大师之一，对米勒公司家具设计的发展起到了决定性的作用。他采用新材料、新的生产技术和生产方式，使家具真正与现实生活紧密结合。查尔斯·伊姆斯设计的“铝系列”椅，结构合理、轻便、舒适耐用，被商业和居住环境大量使用。1960 年，查尔斯·伊姆斯获“考夫曼国际设计奖”。

2）商业主义设计与“有计划废止制度”。“有计划废止制度”最初是由通用汽车公司的总裁艾尔弗雷德·斯隆和设计师哈利·厄尔共同提出的，主张在设计新的汽车式样的时候，必须有计划地考虑在以后几年之间不断地更换部分设计，形成一种制度，使汽车式样最少每两年有一次小变化，每三四年有一次大变化，有计划地使样式“老化”。这种主张的目的是让消费者为了追逐新的流行式样，放弃旧式样，通过新式样占领市场。“有计划废止制度”是非常典型的美国市场竞争的产物。

“有计划废止制度”对当今的设计界是非常有意义的。尽管这种设计体系不断被设计界推崇，并不断遭到环境保护主义者的抨击，却已经从20世纪30年代开始在美国的工业界生根，同时影响到世界各国。当然“有计划废止制度”不单纯是式样方面的“废止”，更重要的是在结构设计、功能设计、新材料的使用等多方面进行“废止”。美国之所以能一直领导世界设计新潮流，与设计上“有计划废止制度”的不断丰富和发展有着密切关系。日本把这种制度做了更加具体的应用，许多日本企业做到了“销售一代，存储一代，研制一代”的设计和生产策略。

3）国际主义设计。现代主义设计经过在美国的发展成为二战后的国际主义设计，这种设计风格在20世纪六七十年代以来发展到登峰造极的地步，影响到了世界各国的设计风格。国际主义设计首先在建筑设计上得到确立，路德维希·密斯·凡·德·罗的西格莱姆大厦和吉奥·庞蒂的佩莱利大厦成为国际主义设计建筑的典范。国际主义设计具有形式简单、反装饰性、系统化的特点，设计方式上受“少即是多”原则的影响较深，在20世纪50年代后期发展成为形式上的减少主义特征。瑞士国际主义平面设计、乌尔姆-布劳恩体系的产品设计都是在国际主义设计影响下的产物。

国际主义设计与现代主义设计的联系：从根源上讲，美国的国际主义设计与战前欧洲的现代主义设计是同源的，是包豪斯领导人来到美国后结合美国实际发展出来的新的现代主义设计；从设计风格上讲，二者是一脉相承的，都具有形式简单、反装饰性、强调功能、高度理性化、系统化的特点；从设计形式上讲，国际主义设计受到路德维希·密斯·凡·德·罗的“少即是多”主张的影响，在20世纪50年代发展成为形式上的减少主义特征，为达到减少主义的形式，甚至可以漠视功能的要求，因而开始背叛现代主义设计的基本原则，仅仅在形式上维持和夸大了现代主义设计的某些特征。

国际主义设计和现代主义设计的区别：从意识形态来说二者有很大的差异。现代主义设计具有强烈的社会主义民主色彩，是典型知识分子的理想主义运动，是将设计为上层权贵服务转变为大众服务的一种手段，这种探索是进步的。它强调设计的目的性和功能性是第一位的，这种以形式为结果而不是为中心的立场，是现代主义设计的初衷。现代主义设计到美国后，“少即是多”的主张受到欢迎，钢筋混凝土的预制件结构与玻璃墙结构得到协调的混合，成为国际主义设计的标准面貌，而现代主义设计中的社会性、大众性则逐渐被抛弃。原本的民主色彩变为一种单纯的商业风格，变成了为形式而形式的形式主义追求，单单剩下了一个减少主义，一个“少即是多”的形式躯壳。因此，国际主义设计的发展非常脆弱，并在20世纪80年代以后开始消退，简单理性、缺乏人情味、风格单一、漠视功能引起青少年一代的不满是国际主义设计式微的主要原因，从而被20世纪60年代末70年代初的各种后现代主义设计风格挑战。

### 1.1.7 意大利现代设计的发展

意大利设计艺术发展起步较晚，最早可追溯到20世纪初期建筑领域的未来主义。但这并不意味着其设计艺术的落后，相反意大利的设计艺术在世界上占有非常重要的地位。特别是在二战之后，在短短的十几年之内，意大利的设计艺术迅速崛起，在家具、汽车、服装、电子产品、家用电器等领域的设计赢得了国际市场的认可。目前，意大利设计几乎成为“杰出设计”的同义词。

### 1. 意大利现代设计的发展阶段

意大利现代设计的发展可分为三个阶段：第一阶段为二战前的现代主义设计萌芽阶段；第二阶段为战后重建时期（1945—1955 年）的设计；第三阶段为 20 世纪 60 年代的反主流设计和后现代主义设计，此阶段也是意大利设计艺术多元化发展的阶段。

1）二战前的现代主义设计萌芽阶段。20 世纪初到二战前，意大利受欧洲现代主义设计思想影响，开始进入现代主义设计阶段。1983 年，在米兰举办的“意大利设计回顾展”把 20 世纪 30 年代以前的设计称为前设计阶段。这一阶段，“七人小组”设计组织和“诺瓦西托”设计运动起到了重要作用。“七人小组”设计组织于 1926 年起发起意大利现代主义设计艺术运动，主张以低廉的建筑形式解决城市化住房紧张的问题，具有典型的意大利文化特征。“诺瓦西托”设计运动产生于 20 世纪 30 年代，主张借助现代主义建筑的结构和材料，采用具有浓郁装饰意味的外观形式。

2）战后重建时期。这一时期奠定了意大利在世界艺术界的重要地位。二战后，意大利受美国财政援助，现代主义设计呈现出美国特征的倾向。但同时又强调理性主义与意大利传统文化的结合，以及设计的人文主义等重要意义，为意大利设计艺术摆脱理性主义，走向后现代、多元化、个性化奠定了基础。20 世纪 50 年代，意大利现代设计风格形成。

3）意大利反主流设计和后现代主义设计。后现代主义是 20 世纪 60 年代以来在西方出现的具有反西方近现代体系哲学倾向的思潮。这个思潮在设计领域被称为后现代主义设计，具体体现在建筑、平面、产品等设计领域。在后现代主义设计方面，意大利的“反主流设计”具有较强的代表性。“反主流设计”最早出现在意大利，所谓“反主流”就是反现代主义，也是伴随西方反主流艺术发展起来的，随后波及整个欧洲和美国，并出现了一些标新立异的组织，其中著名的有阿基佐姆、阿基米亚等设计集团。20 世纪 60 年代出现了一批激进的设计师，他们反对现代主义倡导的理性主义思潮，反对 20 世纪 50 年代后期意大利产品设计越来越追求豪华、奢侈，讲究装饰的设计趋势，反对只为消费者的使用，而忽视对社会、经济、环境以及大众文化影响的设计艺术思想。他们开展了一场反对大规模工业生产、反对“技术时尚”风的设计艺术运动，被称为反主流设计或称“反叛设计”，有的也称激进设计。代表人物有爱多尔 · 索特萨斯，主要组织有阿基佐姆集团、三人设计组等。三人设计组 1969 年设计的“充气”椅被认为是反主流设计的典型代表。1970 年该组织又推出了“裘”沙发。

### 2. 意大利现代设计的代表人物和组织

1）阿基米亚和“孟菲斯”设计集团。1978—1979 年，在意大利重要的工业城市、设计中心米兰，一群青年设计师成立了激进设计组织“阿基米亚”，这个组织通过与意大利的设计大师爱多尔 · 索特萨斯和亚里山德罗 · 门迪尼合作，成为世界上最著名的激进设计组织之一。之后爱多尔 · 索特萨斯离开阿基米亚，并于 1980 年 12 月与七位设计师成立“孟菲斯”设计集团，“孟菲斯”设计集团的设计尽可能地去表现各种富有个性化的文化意义，表达了从天真滑稽到怪诞、离奇等不同的情趣，也派生出关于材料、装饰及色彩等方面的一系列新观念，开创了一种无视一切模式和突破所有清规戒律的开放性设计思想，从而刺激了丰富多彩的意大利新潮设计。“孟菲斯”设计集团的产品以家具设计为主，由爱多尔 · 索特萨斯在 1981 年设计的一件博古架是其典型作品。

2）吉奥·庞蒂。吉奥·庞蒂是意大利第一代设计家，也是意大利伟大的现代主义设计大师。他憎恨烦琐，倡导“艺术的生产”，使“实用加美观”成为意大利设计的主导原则。吉奥·庞蒂的设计思想影响了与他同时代的设计师和年轻一代的设计师，也极大地推动了意大利现代主义设计风格的发展。他的设计包罗万象，既包括公共建筑、室内装潢，也包括家具、陶瓷制品、灯具、金属及玻璃制品等。他还创办了著名的设计杂志《多姆斯》和《风格》，发起并组织了意大利蒙扎设计双年展和米兰设计三年展。他还是一个非常高产的设计理论家，长期担任米兰理工大学的设计工作。他在二战后最重要的建筑作品是与著名工程师纳尔维合作的皮瑞利大厦，该作品可以说是路德维希·密斯·凡·德·罗的西格拉姆大厦的欧洲版本，是国际主义建筑的重要作品，具有非常重要的影响意义。

### 1.1.8 英国现代设计的发展

#### 1. 现代设计在英国的发展背景

英国具有悠久的设计历史，“工艺美术运动”就发源于英国。然而二战后英国工业设计逐渐落后，原因主要有两个：其一，“工艺美术运动”之后的争论一直继续，没有解决好工业生产中艺术与技术之间的关系，缺乏设计实践的探索；其二，第一次世界大战之后，世界的艺术和工业生产中心逐渐由欧洲转到美国。1932 年，“英国设计与工业协会”公布了第一份工作报告《现代工业设计》，报告中全面提出了自己的设计宗旨，推翻了威廉·莫里斯坚持的“产品丑陋的根源是机械生产”的错误理论，这是英国工业设计发展的转折点。1944 年，“英国工业设计协会”成立，旨在通过政府行为提高工业设计的水平。到了 20 世纪 50 年代，由于政府的重视，英国工业设计得到了长足发展。

#### 2. 反现代主义设计——波普设计

波普设计受波普艺术的影响，在 20 世纪 60 年代起源于英国，表现为年轻设计师对于传统，包括现代主义的传统没有多少依赖的感情，更加重视自己这一代的习惯、喜爱和个性消费心理。它从产品、服装、平面三个设计艺术领域寻求突破，打破传统束缚，寻找代表自己的视觉符号，设计作品表现为造型奇怪、装饰图案非常特殊化等特点。它代表 20 世纪 60 年代工业设计追求形式上的异化及娱乐化的表现主义倾向。

波普设计最大的特点是，利用现实生活中的任何视觉源泉，从最常见的工业产品和生活垃圾（如罐头盒、汽水瓶、包装纸），以及电影明星的形象等作为设计的素材和模仿形式，然后采用夸张、变形的手法运用到产品式样的设计之中。这些产品形象诙谐、轻松，常常是象征性图案，色彩艳俗，强调色彩和图案的平面效果，摆脱正统和强调实用的设计形式，表现出强烈的通俗、乐观和可消费性。

### 1.1.9 日本现代设计

日本自 1868 年明治维新以后，才逐渐走向工业化，开始了自己的现代化运动。日本现代设计最早可追溯到大正时期（1912—1926 年），但是走在世界前列却是在 20 世纪 70 年代之后。

#### 1. 现代设计意识的确立与现代设计艺术教育体系的初步建立

1945—1952 年，日本经济逐渐从战争的废墟中恢复过来。在这个过程中，日本逐渐意识到工业设计对国民经济和世界贸易的重要意义，政府、产业界、设计师纷纷携手展开一场全方位的现代工业设计运动，主要表现在：设计杂志的大量出现、设计组织的建立和西方设计家大量到日本进行设计活动。日本派大量人员到美国进行工业设计考察，邀请著名设计师到日本讲学，如弗兰克·赖特、雷蒙德·罗维等。

2. 日本现代设计的成长期

20 世纪 50 年代，借助美国强有力的支援，日本经济迅速发展，一些工业产品已经跃居到世界前列，汽车、家电、照相机等逐渐走向国际市场。此时，日本在设计领域力图摆脱模仿美国和德国的状态，建立自己的设计文化。日本通过强化设计教育，完善和建立自己的设计教育体系，同时，通过人员交流和举办展览，来促进日本和西方设计艺术交流。

3. 走向世界的日本现代设计

日本现代设计是伴随着日本工业化和战后不断学习西方而逐渐发展起来的，但并不是西方设计模式的复制。20 世纪 60 年代后，日本的电子工业、造船业、汽车工业、机器制造业等迅速发展，并在世界市场上迅速站稳脚跟。20 世纪 60 年代之后的日本设计的一个非常重要的观点是传统和现代双轨并行。从传统的日本设计看，它吸收了中国和韩国等东方国家的文化内涵，而从现代和前卫方面看，则更多是追随和模仿美国、德国、意大利的设计，这些加上日本民族独有的传统文化特征，形成了它与众不同的风格——日本风格。20 世纪七八十年代，日本企业在世界设计市场树立了良好形象，形成了两条新的设计原则，即：有弹性的专业特征，文化的多元特征。到了 20 世纪 80 年代，现代设计在日本已奠定了自己的产业基础，并取得了惊人成就。

### 1.1.10　斯堪的纳维亚国家的设计

斯堪的纳维亚国家是指欧洲北端的瑞典、丹麦、芬兰、挪威、冰岛。斯堪的纳维亚国家的设计艺术特征具体表现在以下几点：注重现代与传统，机械化与手工艺、理性主义与人情味的巧妙结合，即将现代主义设计思想与传统的设计文化相结合，从而产生了一种富有人文主义气息的现代美学；风格简朴、典雅、明快，合理运用自然材料并突出材料自身的特点，其朴素有机的形态，以及自然的色彩和质感在国际上大受欢迎；注重形式与功能的统一，强调产品高度理性主义的实用性；富有大众化的民主传统，强调产品的经济法则，致力于发展大众的产品。斯堪的纳维亚国家的设计具备丰富的人文内涵和温情脉脉的情调，开创了一种经典的现代设计风格，取得了传统工艺与现代设计之间的平衡点。

以下简要介绍瑞典、丹麦、芬兰的工业设计：

1. 瑞典工业设计

瑞典是北欧最早进入工业化的国家，也是最早发展工业设计的北欧国家，在国际设计界占有重要地位。20 世纪 30 年代，包豪斯的设计展览使得现代主义设计思想在瑞典广泛传播，涌现出一大批优秀设计师。瑞典在坚持现代主义设计艺术原则的同时，强调图案的装饰性和自然材料的合理利用，并对人体工学因素充分考虑，注重安全性、舒适性和方便性。

瑞典的家具设计最为发达，是最早发明弯木技术、生产弯木家具的国家。瑞典家具形式简单、颜色淡雅、强调功能，较多地运用木材、纺织品或胶合板。二战后，瑞典除了在传统优势设计领域在世界上占有一席之地，在汽车、家用电器等领域也迅速发展。SAAB 和 Volvo 等汽车公司在世界上占有重要位置，家用电器巨头伊莱克斯和信息产业巨头爱立信，以及宜家的产品，具备优良的设计和良好的人体工学考虑，受到各国消费者青睐。

2. 以人为本的丹麦工业设计

丹麦进入工业化的时间要比瑞典晚，早期以陶瓷设计而闻名。丹麦的设计风格简朴、造型简洁、功能实用，开创了现代陶瓷设计的先河。二战后，丹麦的家具设计、家庭用品和室内设计都达到了世界先进水平，在设计上把传统的设计风格与功能主义相结合，创造出既简洁明快又颇具人情味的作品。在家具和室内设计中，设计师们大量采用北欧国家特有的自然材料，特别是木材，如桦木、榉木等。

丹麦工业设计的代表人物有：

1）汉斯·瓦格纳是丹麦家具设计师，1944 年设计了具有浓郁中国明代家具风格的“中国椅”。

2）安恩·雅各布森在坚持功能主义的同时，注重赋予设计作品新颖、美观的外形，在探索家具设计新型材料和新技术等方面进行了富有成效的尝试。他设计的“蚁椅”“天鹅椅”和“蛋椅”，均采用热压胶合板技术整体成型，是现代家具设计的经典之作。

3）保罗·汉宁森是丹麦著名的灯具设计师，其设计的“PH 系列”灯具以其柔美的照明效果，成为丹麦二战后设计的精品。

3. 芬兰工业设计

在北欧各国中，芬兰是最晚实现工业化的国家，二战以前的工业设计几乎空白。二战后是芬兰工业设计发展最快、最辉煌的时期。究其原因有二：其一，芬兰把设计艺术作为国家的策略和手段；其二，二战后芬兰高质量的设计艺术教育为设计发展培养了大量的设计艺术人才，普及了全民的设计意识。由于芬兰气候寒冷且植被丰富，适合抵御寒冷所需要的产品以及具有浓郁自然风格的产品就成了设计的重点。20 世纪二三十年代是西方现代主义设计艺术的成熟阶段。20 世纪 30 年代“白色”的芬兰设计主题就是现代主义设计艺术在芬兰发展的体现。二战后，芬兰设计随着其经济的发展，迅速从北欧国家中脱颖而出。芬兰设计师在设计中将传统与现代相结合，强调设计中典雅的意味和人情味，使设计产品很快在国际设计界获得公认，并在 20 世纪五六十年代的“米兰三年展”上获得成功。

## 1.2 产品设计与设计学概述

### 1.2.1 设计的定义

从 19 世纪英国的“艺术与手工艺运动”，到德国魏玛包豪斯的创办，“设计”以其糅合理性主义和实用主义的“现代性”品质，作为一种提升工业化大生产效率、提供与之相适应的现代生活方式，并作为加速资本全球流动的工具迅速发展和传播。这一进程中，设计学应运而生，其在现代学科框架下主要讨论在工业化、城市化和全球化的背景下的设计行为及其学术规范。

然而，随着时间的推移，设计领域经历了重大的变革。对过度工具理性和实用主义的反思、新技术的不断革命与迭代，以及在全球化背景下对地方文化和历史遗产的重新发现，使设计逐渐脱离了仅仅是现代性工具和手段的角色，转而进入更为复杂的社会和文化领域。全球设计价值体系也随之发生了转变，重要的概念变革和新的范式不断涌现，设计学的范围和边界变得越发模糊。设计学逐渐具备了更强的“跨学科”属性，例如，在1969年的著作《人工科学》中，赫伯特·A. 西蒙（Herbert A. Simon）率先将“人造物”引入人工科学语境进行深入探讨。

国际工业设计协会、国际平面设计协会协作成立的国际设计联盟（IDA）则对广义的设计进行定义：设计是一种创造性活动，其目的是在整个生命周期中，从多个方面，提升对象、过程、服务及其系统的质量。

理查德·布坎南（Richard Buchanan）认为：“设计是为了实现任何个人的或集体的目的，在构思、计划以及制造等方面为人类服务的人之力量所在。”

国际设计理事会（ico-D）认为设计是“一门研究和实践的学科，侧重于人（用户）与人造环境之间的互动，同时考虑美学、功能、背景、文化和社会因素”。

麻省理工学院媒体实验室教授内里·奥克斯曼（Neri Oxman）这样描述自己在设计、科学、工程和艺术交叉点上的工作：“科学将信息转化为知识，工程学将知识转化为效用，设计将效用转化为环境中的文化行为，艺术采用这种文化行为并质疑我们对世界的看法。”

尹定邦提出：“设计就是设想、运筹、计划与预算，它是人类为实现某种特定目的而进行的创造性活动。”

柳冠中在《中国工业设计断想》一书中提到：“设计是人类第三种智慧系统，其组成的子系统或要素含有科学和艺术。设计是人类为主动适应生存环境等外因系统从而进化形成的一个新知识结构系统，是人类重组生存结构的智慧性创造。”

李砚祖则认为：“设计是人类改变原有事物，使其变化、增益、更新、发展的创造性活动。设计是构想和解决问题的过程，它设计人类一切有价值的创造活动。”

从上述的定义可以看出，这些定义的核心主要围绕着创造性思维，强调发现问题并解决问题，强调以人为本进行设计创新。

### 1.2.2 设计的门类

从强调实践的门类设计学来看，设计的门类主要包括：

1）视觉与媒体设计。视觉与媒体设计主要研究的领域涉及平面和数字技术媒体，专注于解决在视觉传播中出现的设计问题。这一学科强调信息在对象之间的有效传递和沟通，强调交互和体验，最终旨在实现高度综合的艺术性、人文性和技术性。目前，视觉与媒体设计不仅包括传统的字体设计、印刷设计、书籍设计、广告设计、包装设计、标志设计等，还涵盖了图形与图像设计、认知与体验设计、交互与沟通设计、界面和多媒体设计等方面。同时，根据不同媒介形式和信息传播需求，出现了诸如品牌设计、信息设计、导视设计等具体方向的拓展。

2）工业设计。工业设计主要聚焦于解决工业时代和工业化生产条件下的设计问题，它涵盖各个产业，被视为一门复合型学科，也被称为“产业设计”。工业设计的核心任务是创造出适合批量生产的人工制品，以价值创新和优化为目标，通过原型创造或产品改良来实现这一目标。在早期的学科和专业设置中，工业设计与艺术设计分开考虑，但在交叉学科的设计学中，工业设计成为设计学的杰出代表，具有多学科交叉的特征，并能够广泛应用于各种领域。它要求涵盖艺术、科学、经济、技术以及社会学等多学科的知识，并将其交叉融合。基于这一基础，工业设计延展出多个兼具实用性和艺术性的设计领域，包括产品设计、机械设计、展示设计等。这些领域在不同的实践应用场景内形成独立的专业设计体系，丰富并拓展了工业设计的应用范围。

3）环境与景观设计。环境与景观设计致力于优化人类居住环境，涵盖建筑设计、景观设计、风景园林设计、室内设计、城市规划设计等重要领域，同时延伸至博物馆设计、公共空间设计、社区设计等具体方向。环境与景观设计强调以建筑为核心，通过对建筑内外环境的策划、安排和设计，综合运用多学科技术，打造出适宜人类生活的空间。此外，环境与景观设计还要求全面考虑生态与环境、功能与成本、材料与构造、设施与结构、绿化与植被等多方面因素，注重系统与融通的设计概念以及控制与协调的工作方法。

4）服装设计。作为典型的艺术与工科交叉领域，服装设计与工业设计存在一定的交汇之处，然而，由于其在人类历史中的独特价值和意义，使其与工业设计有所区别。除了需要掌握相对基础的服装设计知识，如服装史、服装工艺、服装面料与材料、人体工程学等，今天的服装设计师还需要具备对传统手工艺、特殊和高新面料、前沿服装制造技术等方面的深入了解。同时，他们需要具备一定的服饰产业管理、时尚策划与管理，以及对服饰在社会中产生的效应和价值评价的能力。基于不同的语境、目的和作用，服装设计可以进一步细分为民间服饰设计、戏服设计、印花设计、首饰设计、珠宝设计等多个领域。这种多样化的分支使得服装设计既能迎合不同需求，又能在各自的领域内深化专业化的研究和实践。

5）手工艺设计。手工艺设计研究包括对历史以及当前手工艺领域设计问题的深入探讨。人类手工文明的创造过程是一个丰富的造物智慧的源泉，而中国工艺美术史中则遍布着陶瓷、金属、玉器、青铜器、髹漆、印染、织绣等传统手工艺制品，它们不仅是中国历史文化的珍贵结晶，也是对造物传统的最佳见证。手工艺设计在传承和弘扬传统工艺生产方式的同时，也在当代重新焕发勃勃生机。这些宝贵的设计思想和手工艺技术，在现代技术和新需求场景的滋养下，进一步发展为中国视觉图景中的重要组成部分，同时也是产业发展的关键推动力量。与此同时，手工艺设计还催生了非物质文化遗产设计、文化遗址设计等细分领域。这种多样化的发展使得手工艺设计更具深度和广度，既承袭传统智慧，又在当代社会中找到新的发展方向。

6）信息与交互设计。信息与交互设计是研究互联网和智能技术融合的设计学领域，着重探讨数字智能技术对设计的推动和促进作用，专注于研究人类未来的交流、行为和创造模式。总体而言，信息与交互设计基于信息学、组织行为学、自动控制理论等学科研究，利用数字化的信息采集、分析和统计技术构建相关理论模型，展开设计与实验研究。在数字智能技术的支持下，这一设计领域迅速发展，并新拓展出人机感应、人机对话、人机互动、机器设计等新型交互模式与设计领域。

此外，21 世纪以来，设计学科还涌现出许多新的研究方向与领域：在建筑设计领域，可持续建筑设计、建筑的适应性再利用和建筑与数字化制造等研究方向崭露头角；而在工业设计边界上，社会创新设计和服务设计等新的设计范畴也逐渐崭露。这些趋势反映了设计领域中不同话语和要素的重新组合，其目的在于更充分地推动新技术与旧主题的耦合，从而产生创新的解决方案，更好地应对现实中涌现的新问题。

### 1.2.3 产品设计

产品设计或狭义的工业设计是设计学中的一个具体门类，其设计对象包括消费电子、家电、医疗设备、大型装备、机器人等具体产品，设计内容包括产品的前瞻创意、外观造型、产品结构、样机设计等。产品设计的基本目的在于通过设计创新为人们提供良好的体验。产品设计涉及工程学、材料学等“物质性知识”，也涉及经济学、心理学、语言学、艺术学等“人性的知识”，其具备较强的交叉属性。

产品是人类生产制造的有形财富，是由特定物质材料通过特定结构形式组合而成，并具备特定功能的客观实体。它是由人工制造，不是自然生成的物质，也不是抽象的精神产物。产品凝聚了材料、技术、生产、管理、需求、消费、审美和社会经济文化等多方面因素，是特定时代、特定地域的科技水平、生活方式、审美情趣等信息的承载者。正确理解产品的内涵有助于深刻理解产品设计的实质。

值得注意的是，产品设计既不同于机械传动设计、电气产品的电子线路设计等工程设计，也不仅仅是对产品外形进行美化装饰，而是涉及对产品造型、结构和功能等各方面的综合性设计，旨在制造出实用、经济、美观的产品，以满足人们的需求。从广义上讲，产品设计包括人类所有的创造活动。通过产品设计，可以解决产品系统中人与物之间的关系问题，例如产品的造型、操作舒适性以及色彩匹配等方面的问题。

## 1.3 产品设计程序与方法概述

本书将重点介绍工业产品设计的基本程序与方法，并培养学生发现问题、定义问题与解决问题的能力：一方面介绍基本的设计思维过程和设计程序，使学生明确通用的设计思维工具，了解灵感、顿悟与直觉产生的来源；另一方面介绍产品设计方法以及相关基础能力。本书强调培养学生观察、理解人与物之间的动态关系，并从中发现问题，然后深入地理解与定义问题，最后解决问题的能力。

### 1.3.1 本书涉及的三个基本概念

#### 1. 产品设计程序

从产品开发的宏观层面看，产品设计程序可以指导具体的设计实践，进而实现设计战略。面对具体的设计项目，选用合适的设计程序可以取得较好的设计成果，本书将重点介绍几种设计程序，包括双钻模型、IDEO设计思维模型以及其他设计思维模型。

#### 2. 产品设计方法

产品设计方法是产品开发过程中的具体方法，是设计实践中的“术”。针对具体的设计项目，通过选用合适的产品设计程序和产品设计方法，勤于实践，便会产生良好的设计成果。本书将重点介绍用户调研、竞品分析、人机工程学、产品语言、计算机辅助设计等产品设计方法。

#### 3. 产品设计基础

根据设计战略，产品设计师需要选择合适的设计程序与方法指导设计实践。在具体的设计实践中，产品设计师还需要熟练掌握产品设计基础。产品设计基础就像篇章中的文字，而产品设计方法如同文字组合成句的语法，产品设计程序则是整体谋篇布局的规则。一个好的文章（产品设计）是用合适的文字（产品设计基础）、语法（产品设计方法）和篇章结构（产品设计程序），来诠释作家（设计师）的意图（设计战略），所以本书也将系统介绍产品形态的构成规律、产品的 CMF 设计、产品结构设计以及样机制作等产品设计基础。

### 1.3.2　本书结构

本书主要分为五章：第 1 章从产品设计史角度介绍了产品设计的发展情况，以及产品设计和设计学的关系，并对产品设计程序与方法进行了简要概述；第 2 章为产品设计程序，重点介绍了双钻模型、IDEO 设计思维模型、代尔夫特设计策略以及通用产品设计程序；第 3 章为产品设计方法，主要围绕设计研究与定义、概念形成与表达、设计评估与细化，以及设计实践法则等方面进行介绍；第 4 章为产品设计基础，包括产品造型语言、产品表现技法、CMF 设计以及产品结构设计基础等方面；第 5 章为产品服务系统，从宏观角度重点讲解了服务设计、可持续设计、系统设计、设计管理等。

## 小　结

本章介绍了产品设计在历史中的发展脉络，以及在设计学中的位置，并对产品设计程序与方法进行了概述。

## 习　题

1-1 请简述迪特·拉姆斯提出的“好设计的十个准则”。

1-2 请列举现代主义设计的奠基人，并思考其设计理念。

# 第 2 章　产品设计程序

本章主要介绍产品设计程序，包括双钻模型、IDEO 设计思维模型、代尔夫特设计策略等产品设计程序，它们可以帮助设计师明确设计项目的发展和演进过程，从而更好地进行设计创新。

## 2.1　双钻模型

双钻模型是思考设计问题和解决方案的一种思维方式，由英国设计协会（British Design Council）于 2005 年提出。该模型强调正确地发现问题并发现正确的解决方案，其围绕“以人为本”，寻找问题的解决方案，以更好地服务用户。双钻模型可以有效地帮助设计师将设计过程从模棱两可变为清晰明确，设计师可以利用该模型的灵活性和敏捷性，通过设定的思考框架将思考过程逐渐呈现出来（见图 2-1）。

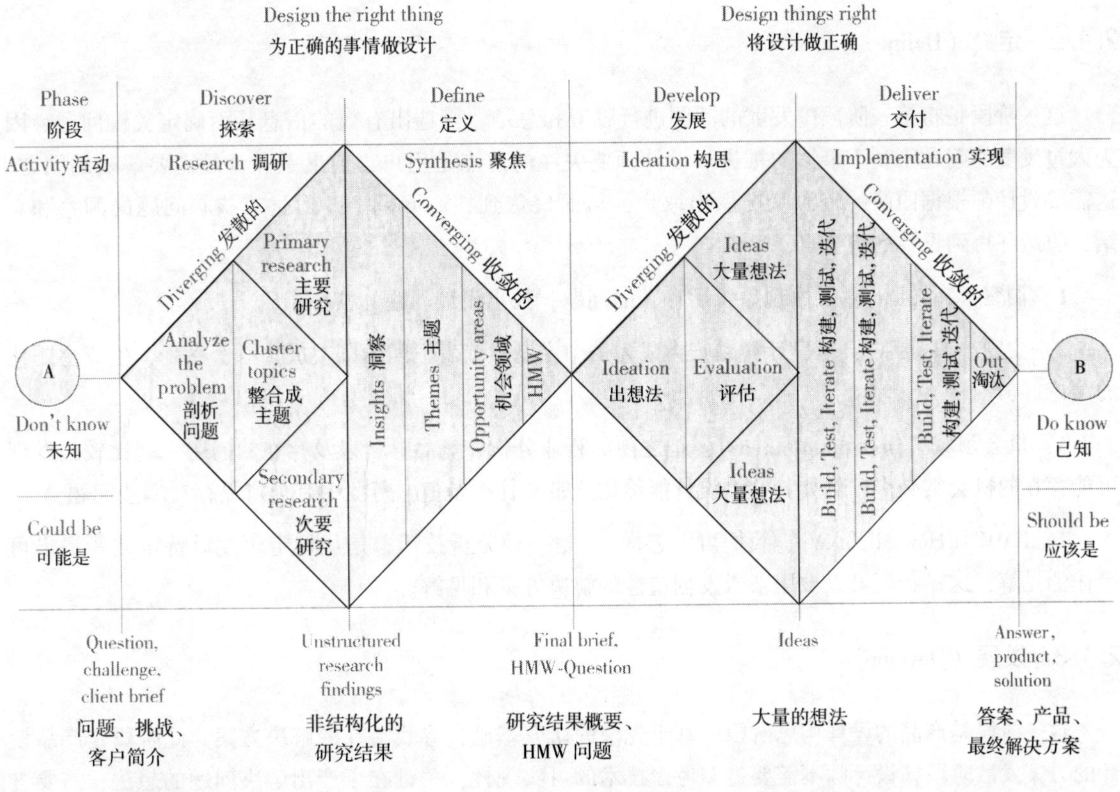


图 2-1　双钻模型

双钻模型的设计过程包括两大部分，钻石一为“为正确的事情做设计”（Design the right thing），钻石二为“将设计做正确”（Design things right）。双钻模型的设计共有 4 个阶段，分别为探索、定义、发展、交付，通过将问题发散、收敛、再发散、再收敛，经过两次循环将问题条理化、清晰化，进而找出正确的解决方案。对于实体产品来说，要想修改已经制造出来的产品代价极其昂贵，并且获得市场对产品的反馈需要漫长的时间等待，因此需要通过细致的设计流程来保证最后产出的解决方案尽可能完美。

### 2.1.1 探索（Discover）

这一阶段包括问题的收集和发散，探索并研究问题的本质，对现状进行深入研究，包括了解用户特征、产品当前状况、用户如何使用产品以及用户体验等相关问题。

1）剖析问题（Analyze the problem）：这个过程需要我们怀有质疑的态度，重新思考设计的问题，即：产品设计的需求是什么？产品的商业模式是什么样的？产品的用户群体有哪些？产品本身的定义是否合理？

2）整合成主题（Cluster topics）：列举用户可能遇到的真实场景中的元素，包括地点、时间、人物、故事，梳理出整个设计的流程和节点。

3）主要研究、次要研究（Primary research、Secondary research）：针对问题进行研究，例如用户访谈、问卷调查、竞品分析、行业分析等，最终得到一系列的研究结果。

### 2.1.2 定义（Define）

这一阶段是将第一阶段中发散的问题进行思考和总结，筛选出有效的信息从而确定关键问题，因为太过发散的问题不利于事情的推进。设计师要关注的焦点是用户当前最关注、最需要解决的问题，这需要设计师根据团队的资源状况做出取舍，从而聚焦到核心问题上。通过对核心问题的洞察和总结，收敛并得到设计的机会点。

1）洞察（Insights）：洞察现象背后存在的问题，找出设计问题的核心矛盾。

2）主题（Themes）：把设计问题归类成为一个主题，或者把问题归类成为一个系列，生成主题化的结论。

3）机会领域（Opportunity areas）：把之前的行业分析、竞品分析以及存在的问题一起比较，发现可能存在的机会突破点，例如：这个设计能给用户带来什么价值？行业中其他产品存在哪些问题？

4）HMW（How Might We，我们可以怎样）：是一种分析技巧，是从特定角度对特定问题提出可操作的见解，这一技巧可以被用来激发创造性的解决方案和见解。

### 2.1.3 发展（Develop）

这一阶段是产品的设计构思阶段，基于先前的研究基础，寻找潜在的解决方案。此阶段是产品设计的方案发散阶段，设计师不需要过多考虑技术的可实现性，关键在于产出解决问题的想法，需要进行大量设计创意的发散。此阶段属于前瞻性设计阶段，因为在后续环节，一些看似有很大技术瓶颈的方案，可以逐步演化为可施行的方案。

1）出想法（Ideation）：这一步需要把问题具体化，可以参考流行的设计趋势与风格特征以及解决问题的途径，并构思自己的设计。在条件允许的情况下，可以让不同部门、不同专业的人员一起参与设计创意的发散，如硬件产品经理、结构工程师、电子工程师，从而保证产品样机在测试中出现更少的问题。在这个步骤中，产品设计师可以通过概念草图、纸板模型、泡沫模型等进行前期方案的推敲。

2）评估（Evaluation）：如果在出想法的过程中产生了很多的设计方案，可以通过草图和初步模型对不同的设计方案进行评估，包括材料工艺的可实施性、产品的基本结构和装配方式、电子电路设计及 PCB 板尺寸、模具费用、产品的整体造价等。

3）大量想法（Ideas）：在对设计方案进行评估之后，最终根据设计需求保留几种可行性设计方案。

### 2.1.4　交付（Deliver）

对上一个阶段所保留的可行性设计方案进行逐个的分析验证，选择出最适合的一个或多个设计方案。

1）构建、测试、迭代（Build，Test，Iterate），将可行性设计方案进行设计细化，包括外观结构、装配方式、内部结构等，并进行产品样机的制作；对可行性的产品外观样机和功能样机进行多次测试和商业评估，通过测试进行迭代和优化。

2）淘汰（Out）：淘汰不合理的想法和设计方案，如成本过高、工艺复杂等影响设计战略的方案，最终输出最合适的设计方案。

## 2.2　IDEO 设计思维模型

IDEO 是全球领先的创新设计咨询公司，通过以人为本的方式，致力于运用设计创造积极的影响。IDEO 的设计思维模型来源于斯坦福大学设计学院，它与全球众多公司合作，将斯坦福设计思维模型商业化，帮助企业解决疑难问题。

### 2.2.1　设计方法

IDEO 具备一套运行高效、不断优化的方法，根据具体项目的特性有针对性地运用这套方法，大致分为以下 5 个基本步骤：

1）了解现状：对市场、客户、技术以及问题的限制进行深入了解。虽然在后续规划中，设计师需要不断挑战这些限制，但首先理解当前状况是至关重要的。

2）用户研究：在现实生活中观察人们，了解他们的需求、困扰、喜好和不满足的需求。这有助于捕捉用户真实的想法和情感。

3）构思新观念：想象新兴的观念以及应用这些观念的客户。这一步被认为是在预测未来，也是创新过程中集体讨论的一个关键阶段。IDEO 通常使用计算机辅助设计以描述或模拟创意，但为了满足客户需求，它有时会采用虚构情景等方法。

4）评估和提炼设计模型：在一系列高效的工作中对设计模型进行评估和提炼。设计团队不应固守最初的几种设计模型，因为这些模型是可变的。设计团队关注各种因素，包括有效和无效的因素、造成混淆的因素以及人们似乎喜欢的东西，然后通过内部团队、客户、学者等多方获取信息，逐步改进产品。

5）商业化和创新：将产品推向商业化并引入创新。这通常是研发过程中最漫长、最具挑战性的阶段，这需要设计团队具有卓越的执行能力并赋予创造性工作以可靠性。

IDEO 设计思维模型可以简化为共情（Empathize）、定义（Define）、构思（Ideate）、原型（Prototype）、测试（Test）等五个部分（见图 2-2）。

图 2-2　IDEO 设计思维模型

## 2.2.2　设计实践

本书通过 IDEO 经典的购物车设计案例对其设计思维模型进行深入解读。1999 年，美国广播公司《夜线》节目为了清楚描述 IDEO 的设计方法，节目组便找到 IDEO，给它布置了设计一款更好的购物车的任务，并用视频记录下整个过程。当下，这个视频依旧被用作设计思维和团队协作的范例，并广泛用于全球各地的课堂教学。

在设计之前，IDEO 的设计团队意识到，购物车的设计创新是一个巨大的挑战：购物车虽然是超市购物中的必备用品，却是一种很僵化的产品，因此，在设计创新方面，这种情况提供了丰富的可能性，但也带来了创新困境。

### 1. 设计实践过程

1）共情（Empathize）。设计师被分为不同的小分队，深入考察与购物相关的技术环节，把“理解”和“观察”阶段融入一天的工作，可以说，设计师们在做一种即时的人类学实践。他们走出办公室，咨询业内人士，观察社区民众。有几个设计师到了某商业区的超市里，在通道间走来走去，观察人们如何购物。他们看到一些安全问题，即成人和孩子们挤在一起；他们注意到有经验的购物者如何利用互联网上的购物服务；他们看到购物者把购物车当作一个相对固定的存储基地，不用推购物车就能灵活地穿梭于购物通道之间；他们还注意到在通道堵塞处，购物者不得不收起购物车的后盖，和那些动作缓慢的人或对面来的人擦肩而过。

其中一个分队的设计师采访过一位有经验的购物者，这位购物者发现购物车经常会遗失或购物车的某些钢材和塑胶混合制成的部件会被损坏；一个分队的设计师去逛了当地的一家自行车商店，以掌握最新的设计和材料方面的信息；一个“家庭式”的设计分队则琢磨起了儿童汽车座椅和婴儿车，期望能“组装”出他们的购物车，通过仔细观察当地的一家电子器械商店，以获得一些小机械配件；还有一个分队的设计师访问了一位购物车修理工，这名工人通常驾着一辆修理好的小货车在各个超市之间往返送货。由此可见，在第一阶段，设计团队通过以人为本的方式，从用户的角度出发，尝试洞察出不同的设计问题。

2）定义（Define）。在第一天快结束时，设计团队将一天收集到的信息整理并归纳，从而找到核心的设计需求。最终找到 3 个核心设计目标：使购物车对儿童更具亲和力；设计出一种更有效率的采购系统；避免购物车被损坏。

3）构思（Ideate）。围绕 3 个核心设计目标，设计师们在第二天上午集体探讨了一些可能的解决方案。IDEO 经典的集体讨论原则被贴在墙上。设计师们拿出带有各种颜色标记的记事贴和许多道具，以放松心情。如果一个创意显得呆板甚至愚蠢，设计师们也不会感到烦躁。设计团队鼓励大家各抒己见，各种新奇的观念充实了大家的头脑，使得大家不会沉浸于个人的想法之中，因为有些想法往往是个人的偏好。

直到上午 11 点时，热烈的气氛渐趋平静，几百种奇异的创意和草案以及大量实体的模型设计贴满了墙壁。设计师们开始投票选举出最“酷”的设计。这些设计不能太理想化，因为它们必须在几天之内就可以投入生产。大家制作了五颜六色的标签，把它们贴在自己最欣赏的设计方案上。

午饭时，设计团队的领导评审了设计方案和投票结果，就有待改进之处做出了一系列决定。午饭后，设计团队已经有了下一步的行动方案。在这个阶段，整个设计团队进行了大量的创意发散，并确认了主要的设计方案。

4）原型（Prototype）。设计师们被重新划分为 4 个小组，他们要在 3 小时之内制作出实物模型。每个设计师以及模型制作师聚集到工作室中。3 小时之后，两个半成品已经在等待检阅了：一个风格华丽，带着一个优雅、大方的曲杆；另一个设计符合标准化，可用来堆放手提篮。它们都带有一些高科技的细微设计——一个购物者用来寻求帮助的麦克风和一个可以用来结账的扫描头。在这个阶段，需要设计师利用快速且低成本的实物模型来测试想法。虽然快速产生的实物模型不是最优的，但是在这个过程中，可以帮助设计师们了解不同方向创意的优势和弱点，进而为下一步的设计创新寻找方向。

5）测试（Test）。设计团队选取了每一种实物模型的最佳特征，并重新分配了任务。下一步，是拼装的时间了——大家开始组装微型购物车的实物模型。设计师们知道它必须符合标准化，以保证儿童的安全并便于存放。同时，其中一个设计师在计算机上展示购物车的结构设计，另外一个设计师也在审视购物篮的外观设计。

周三早上 6 点，IDEO 的专职焊接师正在准备图样，计划制作一座小巧玲珑的购物车实物模型。同时，模型制作师与铸工合作进行修补工作。面对惊人而富有挑战性的时间期限，以及共同的目标，这支生机勃勃的“火热团队”应运而生。在补充完能量并在附近的咖啡馆喝完浓咖啡后，设计团队开始了一天漫长的工作。到了周四下午，设计团队依然精神饱满，但开始考虑设计可行性的问题。IDEO 创始人戴维·凯利在巡视工作室时表达了赞许之情：“看起来太棒了，令人佩服至极。”因为设计师们已经开始将零部件组装在一起，并让超市将购物篮安装到他们设计的购物车实物模型上。然而，在仔细思考后，戴维·凯利的态度突然转变：“难道你们打算使用这种购物篮吗？”

创新小组在购物车实物模型的设计上花了很多时间，以至于他们没有太多时间去关注购物篮。只剩几个小时的时间了，这时超市老板和另外几个人突然想到了丙烯酸树脂板材，于是大家立刻加快了工作的进度。同时，在每一个关键点上，设计师们都在进行安装测试。周五上午 9 点，设计团队推着购物车（见图 2-3）穿过街道，把它放在一间会议室里，盖上一块布。大家都聚拢过来，准备为在几百万名电视观众面前揭幕而欢呼。

2. 设计实践结果

美国广播公司很中意所看到的东西：当时被人们熟知且厌烦的那种四四方方的旧式购物车被一项光滑闪亮的新发明取代了。IDEO 设计的购物车的每一边都倾斜下滑成流线型的曲线，看起来像黑色烧烤架的主篮筐式的购物车不见了。去掉购物篮之后，购物车本身就是一个单纯的车架，所以那些流浪汉和喜欢烧烤的人就再也用不到购物车，这样便减少了偷盗率。新设计的敞开式框架使得 6 个标准的手提篮可以被灵活地放在购物车的上下两层，购物者可以把它当作存储基地，自己只要手提一个篮子就可以去购物了。在收款台，店员可以把整齐地系在车筐上的商品放进塑料袋里。此前没有人发明过这样的东西，对于设计团队来说，购物车的实质在于，它是一项重塑购物体验的发明。IDEO 设计的购物车细节如图 2-4 所示。

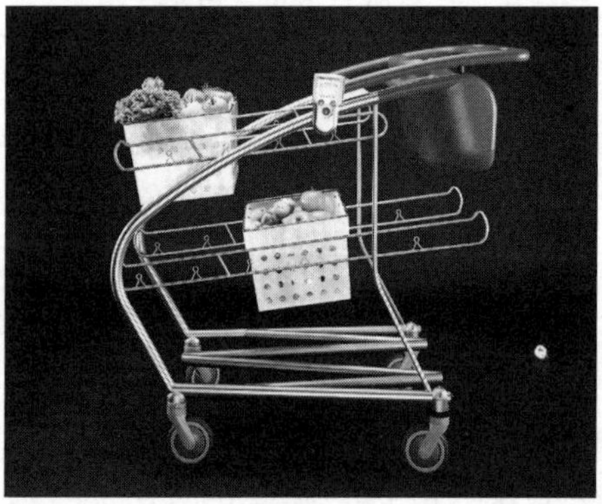

图 2-3　IDEO 设计的购物车

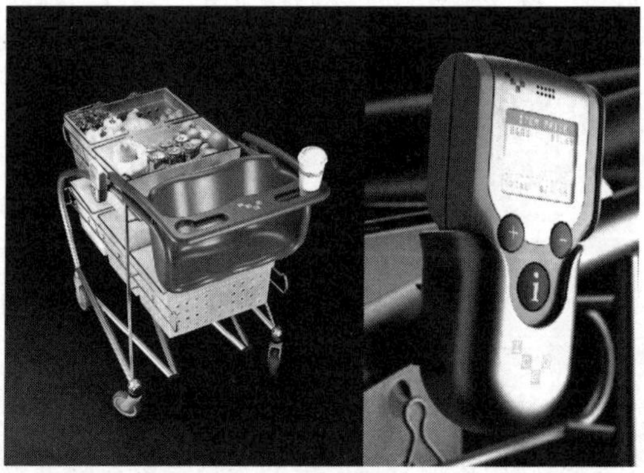

图 2-4　IDEO 设计的购物车细节

设计师们通过借鉴游乐园的滑动铁路和儿童座椅，设计了购物车的儿童座位和一个有趣的塑胶游戏平台。购物车上还有一个用来结账的扫描头、两个咖啡杯座和一套精巧的后轮。拉动一下后轮，固定的后轮就会松开，这样用户可以很容易地把购物车推到通道边上；把后轮推回去，它又会固定在原来的位置上。

IDEO 的设计团队将设计思维模型应用到了整个设计创新过程，虽然设计思维模型的应用不是完全地从第一步到最后一步，具体应用过程中难免会有跳跃或重复，但基本上遵循一个大的方向，并能指导整个设计创新过程，从而产生创新成果。这辆购物车是 IDEO 在 1999 年设计的，在当前看来可能会有一些不足，但其前瞻性的解决方案已经影响到当下智能售货车的设计，同时其创新性的设计流程还在现在的产品创新中发挥着重要的影响。

## 2.2.3 工作特点

IDEO 总裁兼 CEO 蒂姆·布朗（Tim Brown）曾对其公司的设计思维进行描述：“设计思维是一种以人为本的创新方法，从设计师的方法和工具中汲取灵感，它整合了人的需求、技术的可能性以及实现商业成功所需的条件。”IDEO 的工作方式具体有以下特点：

1. 设计团队极具创新意识

IDEO 的设计团队具备多元化的背景、观点、经验和专业领域，而这也是解决设计问题所不可或缺的条件。在 IDEO 找不到两个完全一样的项目团队，不同背景的设计师一起协作，人类学家、食品科学家、作家等也参与到设计之中，从而组成了极具创新意识的设计团队。

2. 从设计调研中学习

IDEO 的设计思维模型强调从设计调研中学习，强调伟大的设计从伟大的调研开始：这需要设计师带着同理心去了解，从而启发新的创意。IDEO 用到的方法主要是观察、情境访谈和行业研究，必要时还会结合定性调研和定量分析的混合调研法。本章主要讲解宏观的设计思维模型，其具体的设计研究方法将在下一章中详细讲解。

3. 分析总结，升华创意

IDEO 的设计思维模型强调对实地调研的观察和发现进行分析总结，从中找到相关的主题和模式，从而探寻内在联系并洞察创意。在完成这个步骤后，团队就能通过快速建模尝试，对所有的直觉认知进行探索。

4. 快速建模

IDEO 的一个合伙人曾说，如果说一张图胜过千言万语，那么一个模型就胜过千万次会议。不论设计师设计的是什么，建模总是设计流程中的一个必不可少的环节。快速地建立模型，可以规避风险，让人们能够直观地看到并体验到，这样能有效地对设计进行反复完善。

5. 收集反馈，反复完善

在快速建模之后，IDEO 的设计思维模型强调收集反馈并反复完善创意。从用户身上收集反馈是打造成功的产品、服务或体验必不可少的一个要素。IDEO 始终把用户体验放在其设计思维模型的核心位置，并尽快地获得用户的认可，这是以人为本的设计的组成部分。

6. 设计落实

通过反复完善，创意进入设计落实阶段。在这个阶段，设计团队的解决方案开始真正成形。设计团队运用实时建模和规划路线图等手段来对创意进行测试，推动并升华解决方案，确保设计作品始终能够贴近市场需求和走向可持续性。

从 IDEO 的工作方式上来看，作为以人为本的设计的先行者，IDEO 始终把“人”放在工作的核心。这是 IDEO 的设计思维的一个关键原则，即使它的设计方法已经开始应用于各种新的和复杂的挑战之中，它也始终把人放在解决方案的最中心。

## 2.3 代尔夫特设计策略

代尔夫特设计策略包括基本设计周期模型、产品创新流程模型等设计模型，其具备较强的理论指导性，值得设计师群体学习。

### 2.3.1 基本设计周期模型

基本设计周期模型展示了设计中不断试错的过程，它包含多个以实践经验为基础的有序论证周期，设计师对问题和解决方案的理解程度会伴随每个周期逐渐加深。该模型包含五个阶段，每个阶段均有相关的成果产出（见图2-5）。

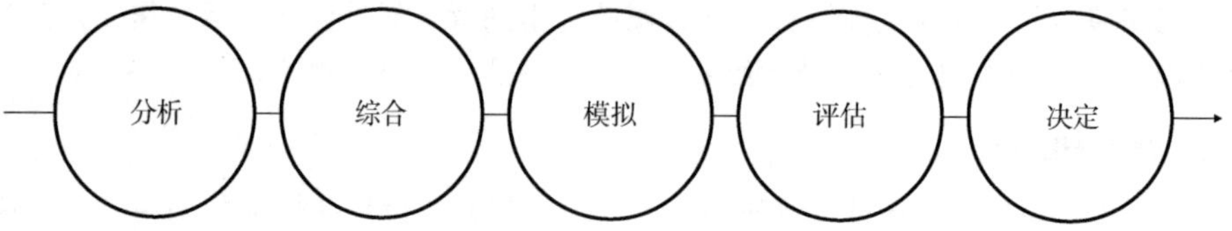


图2-5　基本设计周期模型

1. 模型内容

1）分析。设计师分析与设计问题和目标相关的各方面因素，并将此信息转化为设计评判标准（Design Criteria）。例如，当我们在考虑如何着装时，往往会参考当时的天气状况和社会风俗。

2）综合。设计师提出各种可能的解决方案。此阶段会产生一系列创意或设计草案。沿用上述案例，我们可能会想象各种衣服、鞋子和首饰的搭配的可能性。

3）模拟。设计师依据已有想法绘制设计稿或制作模型，预估并定义产品的预期属性。这就好比试衣环节。

4）评估。设计师利用之前制定的设计评判标准对设计方案进行评估。这就好比试穿衣服去感受冷暖是否合适，并对着镜子打量这一身是否好看、得体。

5）决定。设计师对自己的设计方案做出决策。若方案不妥，则必须退到之前的几个阶段。试想，如果用户所试穿的衣服厚得让他本人大汗淋漓，那么他就要将其脱下并选择一件更薄的衣服试试。

基本设计周期模型的流程模块如图2-6所示。该图形展示了思考、行动和决策的循环过程。设计是一个迭代过程，有时需要以退为进，比如重新回到画板上。时刻在脑海中过几遍基本设计周期，有助于设计师整理自己的想法和设计活动。

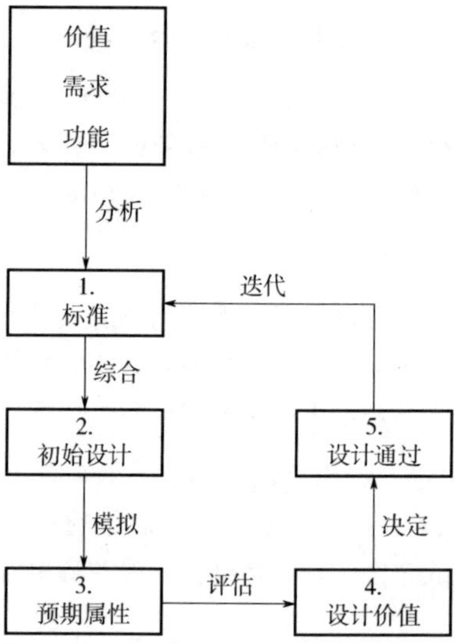


图2-6　基本设计周期模型的流程模块

2. 模型应用的注意事项

切勿将该模型的五个流程模块与该模型的各个环节相混淆，二者并不是孤立的，而是在项目的进程中持续不断地相辅相成。换言之，设计师必须将创造性思维自始至终地贯彻于产品研发和决定生产流程的工程细化过程中，当设计师"迷失"于自己的创意点子和想法中时，请反思自己在基本设计周期模型中所处的阶段。

## 2.3.2 产品创新流程模型

1. Norbert Roozenburg 和 Johannes Eekels 研发的产品创新流程模型

由 Norbert Roozenburg 和 Johannes Eekels 共同研发的产品创新流程模型，主要描述了如何将产品设计应用于整个产品创新的流程中。此模型的作用在于帮助设计师计划、管理设计项目，并在设计中把握项目的全局。

想要成功创新，不但需要具备巧妙的创意，还需制定周密、详尽且不乏弹性的计划，并付诸实践，持之以恒地执行。产品创新流程模型展示了产品设计在更广泛的工业创新流程中的应用。此流程分为两个阶段：产品开发环节（涵盖了所有新产品设计所需的各项活动）与产品实现环节。该模型的核心在于“严谨开发”（Strict Development）。它包含产品设计、生产计划和市场营销计划三个方面。“严谨开发”意味着在一系列产品规划活动之前，预先制定相关政策、构思创意，以限定所设计产品的类型。在“严谨开发”阶段，需要为产品的生产、分销和销售做好准备。只有上述各方面同步进行，才能保证新产品开发成功。该模型将产品创新流程按时间顺序线性排列，反映了从制定目标和策略到产品使用的整个创新循环过程（见图 2-7）。

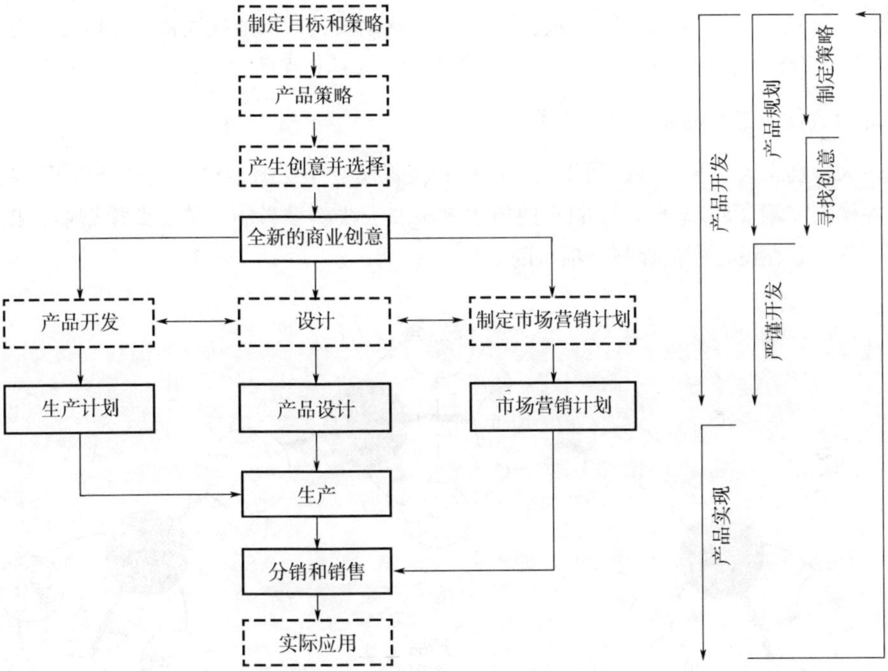


图 2-7　Norbert Roozenburg 和 Johannes Eekels 研发的产品创新流程模型

1）模型内容：

①产品规划。产品规划中需要制定产品开发策略、寻找产品开发创意，并确定产品开发的时间和类型。在产品开发策略中必须清晰地表述创新策略与目标。这对大企业而言尤为重要，因为大企业往往不止开发一件产品，而是一系列的产品组合。鉴于此，需要起草一份“产品-市场策略”（Product-Market Strategy）方案，确定产品预期领域及目标市场。明确且具体的产品开发策略是设计师产生创意的基础，也能为之后各开发流程中所做的决策提供规范的信息和依据。

在寻找产品开发创意时，较为明智的做法是划分出期望产品所活跃的领域，即“搜寻领域”（Search Area）。它们体现了企业未来各项活动的战略思考。一个新产品的创意至少要包含两个元素：技术可行性与市场需求。二者缺一不可，且保持两者间的平衡也至关重要。

②严谨开发。在此阶段，需要将最具前景的创意转化成周密的产品设计、生产、销售计划。许多创意最初是模糊的，因此需要制定出具体的执行计划。这些计划通常需要并列执行，并不断更迭。需

要强调的是，在每个更迭的周期中，都必须对新产品的各种因素（功能、外观、使用、制造、成本、环境等）进行慎重考虑。

③产品实现。严谨开发阶段所制定的一切计划都将在此阶段转化为实际，它包含产品的生产、分销、销售和实际应用。

2）关于模型应用的注意事项。产品的开发需要将各个迭代周期同轴运作，每个周期过滤出一部分设计方案，从而对设计的技术可行性和商业可行性进行全面论证。更迭的周期数目需要相机行事，但每个周期必须全面考虑开发过程中的各方面因素。同轴开发（Concentric Development）或称产品整合设计，亦称并行工程，可以预防企业在失败的创意上花费不必要的金钱和时间，也可提高产品设计的质量并缩短研发周期。

3）模型的局限性。该模型对产品创新流程中各项活动及其产出的描述依然停留在十分抽象的层面。它对创新流程的设计与管理有所帮助，但需要配合其他操作性更强的方法来指导具体的产品创新活动。

2. Buijs J A 研发的产品创新流程模型

由代尔夫特理工大学 Buijs J A 研发的产品创新流程模型（见图2-8），全面介绍了产品创新的整个流程，并在模糊前端（Fuzzy Front End）的描述上添加了浓墨重彩的一笔。此模型能帮助设计师计划管理创新工作，并在设计中把握整个项目的全局。

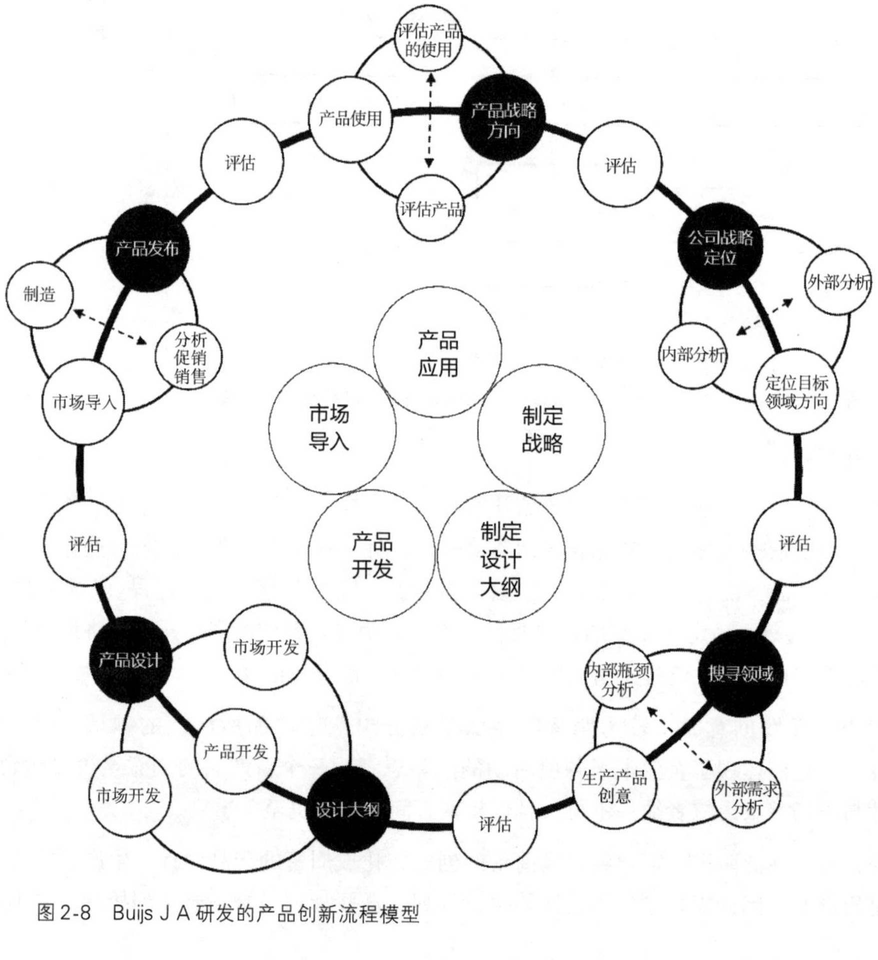


图2-8　Buijs J A 研发的产品创新流程模型

企业通过开发新的产品和服务来应对千变万化的市场竞争环境。产品创新流程模型描绘了连续的创新研发过程：首先从现有产品的应用到企业战略产品的定位，其次经过三个阶段的工作，最后回到新产品的应用。

此模型主要有以下五个特点：具备周期性的流程图、拥有五个主要阶段、每个阶段有相似的图形视觉表述、从企业的角度看问题、联系企业外部环境。产品创新流程模型的五个主要阶段为：产品应用、制定战略、制定设计大纲、产品开发和市场导入。此模型能帮设计师理顺产品创新流程中的工作。产品创新流程是一个持续循环的周期性流程。企业沿着该循环过程不停向前推进新产品开发、现有产品再开发。有时候这两者也会同时进行。

1）模型内容：

①产品应用。企业现有产品的应用往往被视为下一轮创新的起点。该阶段将产品创新流程中的最后一个环节“产品使用”与第一个环节“制定战略”联系在一起，但此时是为了开启一个全新的创新周期。

②制定战略。如果企业没有战略性的调整，那么可通过预估企业未来的形势来制定新产品开发的战略方针，可以采用内部分析和外部分析归纳总结企业的当前形势。内部分析可以明确企业的战略优势及其核心竞争力，而外部分析则可帮决策人员看清市场机会和外在的各种威胁。两者相结合，便可得出所谓的搜寻领域，即潜在的创新型新业务机会的战略思考。企业可以采用诸多手段来评估这些搜寻领域的合理性，例如咨询专家、检索专利或观察潜在顾客和用户。

③制定设计大纲。上一阶段最终锁定的搜寻领域将在此阶段被转化成具体的产品创意及产品设计大纲。无论是企业内部团队还是外包团队都将依据此设计大纲所描述的产品创意进行新产品（或服务）开发。设计大纲包含：愿景陈述、需求清单，以及其他指导设计方向的规范。

④产品开发。此阶段包含了传统产品设计与服务设计过程中的相关活动和市场开发工作（如市场计划、产品生产技术等）。该阶段的主要产出为产品原型、技术文档、装配方案。

⑤市场导入。此阶段是在产品全面制造和营销的基础上的更进一步，包括产品的全面推广、分销和销售。新的产品和服务将在此阶段进入市场。

2）关于模型应用的注意事项。产品创新流程模型旨在帮助企业设计并推出消费者喜爱的新产品，因此，创新流程往往结束于“产品应用”环节，但同时这也是新一轮创新的起点。将产品创新流程描述为一个环形的模型正是为了强调此流程并无明确的起点与终点。新产品推向市场后，业内竞争对手必将对此做出回应，因此也会刺激原创企业开始新一轮的产品创新，以确保其在市场中的竞争优势。

3）模型的局限性。该模型对产品创新流程中的各项活动及其产出的描述依然停留在十分抽象的层面。它对创新流程的设计与管理有所帮助，但需要配合其他操作性更强的方法来指导具体的产品创新活动。

## 2.4　其他设计思维模型

### 2.4.1　谷歌设计冲刺模型

设计冲刺（Design Sprint）是谷歌风投（Google Ventures）独特的五天式设计思维模型（见

图 2-9 谷歌风投设计冲刺模型

图 2-9)，可以通过此模型进行原型设计和用户测试来解决关键问题。它是商业战略、发明创新、行为科学、设计等领域的“超级精选专辑”，而且还被改造成了一个循序渐进的过程，以至于任何团队都可以参照实施。

此模型强调快速合作，可以帮助创意人员缩短无休止的讨论周期，将几个月的创意时间压缩为一周，进而从一个真实的设计原型中获得清晰的数据，而不是等待落地一个产品样机来判断一个创意的可行性。

此模型要求在五天内进行创意发散：星期一，描述问题（Map），选出集中解决的着力点；星期二，在纸上列出所有备选方案（Sketch）；星期三，做出艰难的抉择（Decide），并将选中的方案转化为可测试的猜想；星期四，制作真实的原型（Prototype）；星期五，进行实际测试（Test）。

此模型的设计程序主要为设计发散和设计实施，主要分为 6 个环节，包括理解、定义、发散、抉择、原型、验证等几个阶段（见图 2-10）。

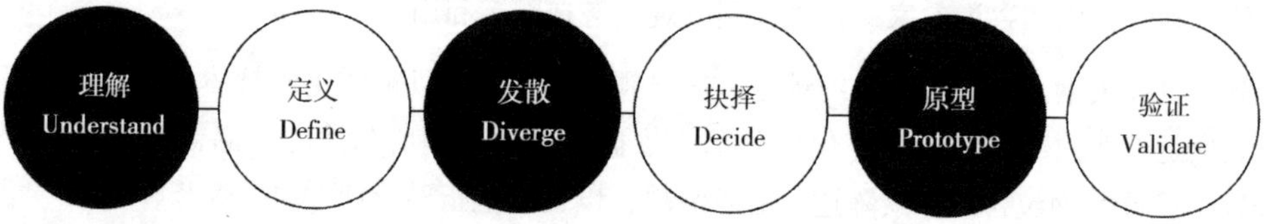


图 2-10 谷歌风投设计冲刺模型的设计发散和设计实施环节

## 2.4.2 通用产品设计程序

根据国内外的设计思维模型、设计程序模型，本书总结并归纳出通用的产品设计程序，主要包括调查研究、设计分析、定义问题、概念设计、设计评估、设计细化、样机制作、再次评估、生产跟踪等主要步骤（见图 2-11）。

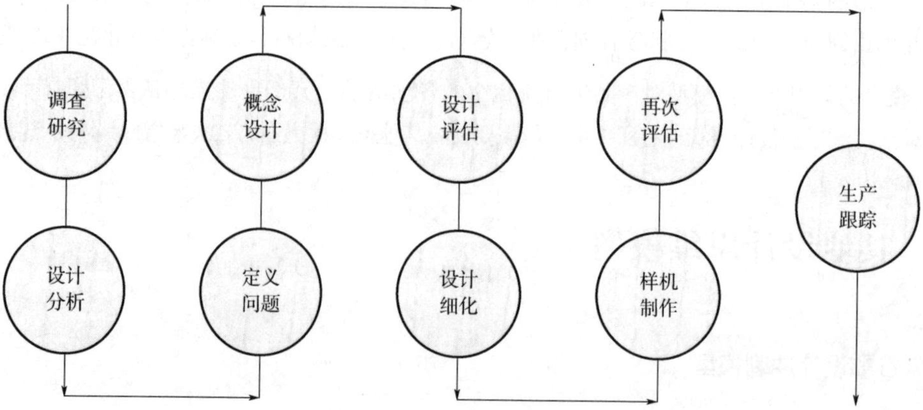


图 2-11 通用产品设计程序

1. 调查研究

研究目的：调查研究的目的在于了解市场产品销售结构现状。对使用者、消费者、维修服务者的诉求及行为进行调查；对使用环境及社会、地域文化背景进行了解；检索相关技术、生产成本；定量化地收集相关数据、资料、图片。

研究内容：对各利益相关方进行研究。对使用者的背景、收入、年龄进行分析，对其使用方式、使用时间、使用次数、使用过程等内容进行研究；对消费者的购买动机，决策的主因与潜意识等进行研究，并调研消费者对产品的价格、功能、外观、售后服务等主要诉求；分析销售人员对各品牌竞品销售状况的描述，销量好坏的主因与次因；倾听维修者、装配者、包装运输者对产品维修、装配、物流等环节的改良意见；对产品的使用环境进行研究，包括相关的社会、地域、文化环境。

研究方法：依据采样的多少、地点的不同及内容的差异，分别采用观察、记录、询问、问卷、座谈、专访、拍照、录像、检索（网络或图书馆）等手段。

输出成果：包括采样数据、问卷反馈、图片记录、有关的资料文章数据、座谈的记录等。

2. 设计分析

研究目的：将量化的调查材料通过科学的分析方法转变为定性的描述，进而找出数据背后的规律。

研究内容：对市场上现有产品的造型、结构、价格等因素进行分析，定性描述产品设计的共性与优缺点；对使用者的需求进行分析，定性描述使用者对产品功能、形式、操作等共同关注的问题；对消费者的诉求进行分析，定性描述消费者购买动机的共性与潜意识；对产品的使用环境进行分析，定性描述环境对产品设计的限定与要求；对其他因素进行分析，明确相关的其他因素与限定条件。

研究方法：将采样的数据输入到分析软件（SPSS）、电子表格软件（Excel）等，通过观察、询问、归纳等共性分析方法进行研究。

输出成果：总结性、限定性的描述。在设计分析阶段体现的是事物、行为、环境等现象背后的规律。

3. 定义问题

研究目的：在分析的结果中发现设计必须解决的问题，明确产品设计需要表达的意义，找出设计的“施力点”。

研究内容：依据定性的限定性描述，发现目标市场与目标用户，并明确他们的主要诉求、感觉喜好以及应解决的问题，如环境与产品的关系问题，实际价格与用户价值感觉的问题等；将用户诉求的言语意义，通过测评的手段，找到形象的对应物，即形象化的、视觉化的表现概念，如对“活泼”这一词意义的理解，可以采用各种事物进行对应（汽车、服装、手表等图片的对应），进而找到言语意义的形象。

研究方法：测评、分析、研究、归纳、提炼。

输出成果：问题的概括，总结性描述，形象化的意向板。

4. 概念设计

研究目的：快速输出解决问题的方案。此过程可以先不计成本，无须过多考虑工艺可行性，避免结构、技术等对概念设计方案的制约，从而快速产生较多概念设计方案。

研究内容：运用各种方法解决问题，采用多种视觉化的手段表现产品设计，并符合意向性方向。此时设计师对概念设计的表达要清楚、明确。

设计方法：采用多种设计方法，如系统设计方法、策略性设计方法、柔性制造技术、系列化产品设计方法、模块化产品设计方法等。应依据不同项目的特点采用有针对性的方法（解决问题的方法）。

输出成果：概念设计方案与说明。

### 5. 设计评估

研究目的：评估概念设计方案是否符合设计定位的目标，是否有工程、成本、工艺上的可行性，进而选择最优化的概念设计方案。

评估内容：召集市场销售人员、结构工程师、电子工程师、模具设计师等相关人员进行决策，甚至直接让用户对设计方案进行评估。评估的标准按照设计定位的描述和意象性图片。评估过程要看概念设计方案是否具有多方面的可行性，进而形成决策意见和进一步完善、发展的建议。

评估方法：研究、讨论、征集多方面意见，也可找用户和市场销售人员进行测评。

输出成果：形成设计评估意见报告，为设计完善与发展提供依据。

### 6. 设计细化

研究目的：将选定的概念设计方案进行完善，使其更接近生产可行性和成本可行性。此阶段是概念设计方案的进一步详细设计阶段，主要考虑决定产品“可以怎样”的“外因”，并以此为条件修正概念设计方案的不可行之处。

研究内容：发展选定的概念设计方案，并在结构、材料、工艺、生产成本、价值工程、组装、运输等多方面深入思考并解决相关问题，使概念设计方案的可行性不断增强；完善产品细部的具体设计，使其最合理；考虑人体工学等相关因素，因为人和设计不仅是“物理”尺寸的合适，也是心理、社会、文化因素的和谐。

研究方法：此过程要与工程技术人员紧密合作，灵活运用技术、材料、工艺甚至生产方式，明确产品结构的功能性特点，最主要的方法就是发挥灵活性与综合性，变限制为有利。

输出成果：可清晰表现产品结构、工艺、材料等方面的效果图、计算机 3D 模型或必要的“草模型”，以及工艺、结构等成熟解决方案。

### 7. 样机制作

研究目的：进行最终改进以及模型、样机的最后检验。

研究内容：依据评估结果，进一步调整，修改细部设计。通过 CAD 制图制作手板模型或工程样机，做好生产前的准备。

研究方法：测评，分析，研究，归纳，提炼，也可以请最终目标用户给予评价。

输出成果：为生产准备的最终图样。

### 8. 再次评估

研究目的：评估成熟解决方案是否符合设计定位的目标，是否符合工艺、成本、生产、组装、运输等过程的具体要求。

研究内容：召集相关的结构工程师、产品经理等生产技术人员，甚至直接让用户对设计图或“草模型”进行评估。评估的标准按照设计定位的描述和目标成本，看是否具有多方面的要求，并形成决策意见和进一步完善建议。

研究方法：研究、讨论并征集多方面意见，也可找用户体验人员和市场销售人员进行测评。

输出成果：形成设计评估意见报告，为进一步设计完善与发展提供依据。

9. 生产跟踪

研究目的：最终产品的造型及结构品质控制。

研究内容：色彩、材料、工艺控制，LOGO 字体的印制，包装的设计等。

研究方法：通过色卡比对，调整模具，工艺试验，产品装配、调试等方法明确产品的颜色、材料、工艺、肌理等。

输出成果：获得品质可控的量产产品。

## 小　结

本章介绍了产品设计程序的相关内容，包括双钻模型、IDEO 设计思维模型、代尔夫特设计策略、谷歌风投设计冲刺模型、通用产品设计程序等产品设计程序，可以帮助设计师从宏观角度看待设计项目的发展和演进。同时，设计师应该明确产品设计程序和产品设计思维方法不是固定不变的，也不是唯一的，不能完全通过照搬现有的产品设计程序来解决产品设计问题。在面临具体的设计任务时，设计师还需要灵活运用各种产品设计程序，从而更好地进行产品设计创新。

## 习　题

2-1 产品设计中常用的设计程序有哪些？

2-2 请简述双钻模型的基本流程。

2-3 阐述 IDEO 设计思维模型。

2-4 代尔夫特的基本设计周期模型包含几个步骤？

# 第 3 章　产品设计方法

第 2 章已经对产品设计程序进行了介绍，本章将重点讲解支撑产品设计程序顺利运转的产品设计方法，主要包括设计研究与定义、概念形成与表达、设计评估与细化这三个方面，以及具体的设计实践法则。这些方法大多来自国内外设计专家和学者们总结出的经验，能够帮助设计师们较好地发掘设计概念，并将设计理念创造性地呈现于现实中。

## 3.1　设计研究与定义

设计研究与定义主要包含三个设计方法：一是系统研究方法，通过对设计项目进行全面的系统研究，明确基本的设计问题和设计目标；二是用户研究方法，通过研究用户与设计物的关系，尽可能提升用户体验；三是设计定义方法，通过充分的调研，明确设计的核心目标，从而在下一阶段有的放矢。

### 3.1.1　系统研究方法

关于产品设计的系统研究方法如图 3-1 所示。这些方法涉及产品的内部系统和外部系统研究，有助于设计师在调研阶段厘清产品设计思路，从而更好地进行产品设计创新。

图 3-1　系统研究方法

1. AEIOU

AEIOU 是一种对活动、环境、互动、物体和用户进行分类的组织框架，并引导研究人员观察、记录和编辑由此得出的信息。

即便只是随意的或半结构化的观察，研究人员头脑中也应有一个组织框架，这样才能注意到关键细节。AEIOU 是一种可以指导编辑观察结果的简单方法，作为启发性或经验性法则，此方法详述了需要观察的特征，具体如下：

1）活动（Activities）是指一系列具有目标导向的行为。例如：人们在完成自己的目标时，会采取哪些具体的行动和过程？

2）环境（Environments）是指活动发生的所有场景。例如：用什么来描述个人空间和共享空间的气氛和功能？

3）互动（Interactions）是指介于人与人之间或者人与物之间的相互交流，是活动的基石。例如，在相同环境中以及相隔遥远距离时，人与人之间或者人与物之间产生的固定或特殊的交流本质是什么？

4）物体（Objects）是环境的基本组成部分，它们的功能、意义和整体情境可能会发生改变。例如：在人们生活的环境当中，他们拥有什么样的物体和装置？这些与他们的活动有什么联系？

5）用户（Users）是指被观察的人们。设计师需要研究用户的行为、喜好和需求，例如：目前的用户是谁？他们扮演什么样的角色？他们之间是什么关系？他们拥有怎样的价值和偏见？

AEIOU 中的每个元素并不是各自孤立的，而是与其他元素紧密相连。在观察性中可以运用 AEIOU，为笔记、照片和采访等为人熟知的收集技巧提供指导。还可以利用 AEIOU 设计工作表、分类或编辑观察性笔记，或者创建一系列的大类，然后建立几个更具体的子类或代码。尽管 AEIOU 提供的观察和编码类别是预设好的，但我们仍然可以进行更深入的分析。

### 2. 组件分析

组件分析是一种对物体的材质、美学和互动特点的系统性分析，有助于设计师了解它们的材质、社会脉络及文化脉络。组件分析强调的是物体本身，通常会涉及：物体可以反映用户以及他们的文化等方面。研究人员试图通过这种分析方法来了解物体的本质，并通过物体的材质、美学和互动特点的分析获取相关信息。

1）材质分析反映环境中组件的定量库存，以及材料构成、耐用性、磨损情况和可处理性等本质特征。

2）美学分析不仅包括主观的视觉评价，也包括历史引证等其他方面，比如是否可以判断组件的特殊年代、时间或地点。这种分析还包括使用物体时产生的互动美学，以及能否从情感方面解读或假设物体的主要意义。

3）互动特点分析主要研究物体在被使用时表现出的明显特征，比如功能性或辅助性、机械性或技术性、简单或复杂、拟真式或多任务式、积极或消极。在互动特点分析方面也应该考虑社会、共享或合作意向，以及是否有证据证明物体被滥用、修改或者调整。这样往往可以发现改进设计方法的机会。

组件分析还应该考虑物体所在的环境：储存、展示或携带物体的公共场所或私人场所；物体是否属于整体或系统的一部分；是个人拥有、他人共享、公有还是公司所有。

并不是每一次组件分析都需要涵盖相互关联的所有特征，而是应当建立与特定调查相对应的方案。提前制作一张可以做笔记的工作表，引导研究人员正确地记录内容，而这在总结和分析时也会更加便捷。照片、视频或速记的可视化文档也是必不可少的。

可以在参与者的家中或者工作场所进行组件分析，这是对比先例产品或者竞争产品的有效工具。同样，组件分析也可用于研究某些具体项目，比如研究产品的材料、制造过程、颜色、品牌或网络影响力等方面。组件分析也可作为一种有助于研究实体和数字化物体的信息化工具。

### 3. 卡片分类

卡片分类可以帮助设计师厘清思路，并帮助设计师和用户更好地了解产品，从而对产品进行有效的分类。卡片分类是一种参与性的产品设计方法，无论是设计数字界面还是设计目录，都可以运用这种方法探究参与者如何分类。如果理解不同项目之间的联系，可将印有项目的概念、术语或功能的卡片分发给参与者，并让他们要按照不同的方式把卡片分类。进行卡片分类最常见的原因之一是要找出容易被误解的术语，因为有些术语不是概念模糊，就是具有多重意义。

卡片分类可以产生不同的导航、菜单和分类标准模式，因此可以帮设计师获得多种信息组织方式。设计师可以运用这种方法设计不同的框架，让用户更容易找到所需的信息。

卡片分类也可以用于评估类别，发现难以归类及并不重要的类别。这种方法可以验证产品或服务类别是否真实反映了用户的心理，是否用他们最容易理解的文字描述产品，是否帮助他们完成自己的目标。

以下做法有助于顺利完成卡片分类：

1）选择的主持人需要熟悉活动内容，选择的参与者是该内容的目标用户，并且关心这方面的信息。

2）安排多人或多个小组（每组不超过 5 人）反复试验。

3）限制参与者的人数，经过 15 次卡片分类之后，得出的结果区分程度会开始减弱。

4）使用 30 ~ 100 张卡片，每 50 张卡片用时大约 30 分钟。

5）准备空白的卡片和笔，允许参与者添加需要的内容。

6）如果 10 次卡片分类之后还没有得出一致的模式，可以考虑重新命名卡片或者重新安排类别。

你也许需要用户对你的产品有所反应，以实现你的业务目标。但是如果用户无法找到或无法理解你提供的信息，那他们就不太可能会有所行动。卡片分类可以帮助你了解用户如何在现实情景中理解你的“内行消息”或者“专业看法”。如果你的产品内容是根据组织内部的意见而定，那么这一方法就显得尤其重要。

#### 4. 内容分析

内容分析是对书面、口述或视觉材料的形式和内容进行系统性描述，这些材料多出现在主题、模式以及多种单词、短语、图像或概念中。

内容分析需要收集丰富的描述材料，例如，开放式的反馈、叙述和视觉表达等被认为是“诱人的麻烦”。一方面，这些材料包含了大量的对设计访查非常重要且具有说服力的信息；另一方面，分析冗长的文字、访谈和难以理解的图像既费时又费力。无论是分析现有的记录和存档文件，还是分析参与者在访谈、问卷调查或者绘画拼贴等创造性方法中得出的新材料，内容分析都能为处理定性数据提供一种完备的系统性方法。

内容分析包括两种方法：归纳法和演绎法。其中归纳法更为常见，也更受欢迎。用归纳法分析内容时，系统阅读材料样本并分析类别和规则，然后建立通用类别，用于日后分析所有材料。例如，在检查文字记录的过程中，由关键短语构成一个共同主题，为该主题起一个名字，随后出现的代表主题的单词或短语都相应归为这一类。

用演绎法分析内容时，往往在分析之前就根据理论框架推导出规则或类别。例如，研究产品广告时，根据马斯洛需求层次理论先设定好规则，然后寻找可以体现生理或社会需求、安全需求或自我实现需求的文本和视觉实例。规则可以进一步体现出内容的强度，并且说明揭示的是显现式信息还是隐藏式信息。

可以运用内容分析来满足某种特定分析的需要，例如，寻找从数据中得出的常见主题和模式，并指出它们的突出地位。亲和图很适合收集分析内容、派生分类，以及为主题类别命名。

内容分析还可以应用于研究交流的形式或结构。例如，分析图像的大小和位置，页面、屏幕或文件中字体的大小和字形，文本和图像之间的关系。如果样本较少，可以人工完成内容分析；如果样本较多，则可以使用软件进行复杂的分析并交流分析结果。

5. 案例研究

案例研究是深入研究真实情景中单一事件或情况的研究策略，需要运用多种渠道的研究证据。案例研究在社会科学研究、法律研究以及商业教学实践领域历史悠久。近年来，这一方法在设计实践和教育方面发挥出重要作用，设计师既可以运用设计研究和设计教学中的实例进行深入探索，也可以根据具体设计项目撰写实例分析。案例研究不仅在探索性研究方面成效显著，能够帮助设计师了解目前现象，并做出比较，获取信息及灵感，同时也可用于研究变化、新方案或创新理念带来的影响。

案例研究侧重于详细透彻地了解单一案例或一系列相关案例。这些案例可能与个人、组织、群体、活动或者过程相关。通过收集和分析数据可以发现实例中的细节，通常包括以下几个特点：选择一个案例或一小组案例研究某种情况或某个关注的领域；考虑社会和真实环境，在真实的情境中研究案例；运用访谈、观察、无干扰跟踪措施以及文件分析等多种综合方法收集信息。

案例研究涵盖各种相互关系，从整体性出发考虑问题，比分解为几部分的研究方法更为有效。而且这种研究深度可以弥补广度上的不足和以偏概全的缺陷。此外，案例研究的目的并不是寻找普通的实例，而是发现不同寻常的实例。然而，虽然我们认为每个人的观点都有可能成立，但还是需要交叉验证研究人员个人的描述，从而确保参与者的可靠性。虽然单独的案例不足以支持或反驳假说，但却可以清楚地解释理论。

有人认为案例研究对设计师帮助很大，因为这与设计过程非常相似。案例研究要求研究人员提出问题，建立初步假设，通过访谈、观察和其他信息收集方式进行研究，修改假设和理论，从而呈现完整的过程。实际上，可以先设计好案例的讲述过程，而且如果设计得当，叙述结果则会使人信服。这样不仅具有研究意义，而且读起来回味无穷，其中的生动细节描写也会使人印象深刻。除此之外，记录设计过程还可以为设计案例研究建立重要的资料库。

6. 实证设计

实证设计是一种不依靠直觉和传闻，而是根据可信的研究和评估结果做出决定，得出有效设计决策的方法。

起源于实证研究的实证设计，紧密联系证据和实际应用，运用已被研究论证的已知理论。实证设计在医疗保健领域的作用最为突出：通过改进环境和设施设计，改善病人和医务人员的体验，包括健康、安全、减少医疗差错。迄今为止，主要是建筑师和室内设计师在运用实证设计。他们与设施管理人员、医务工作者、患者和其他用户共同合作，以期可以重新设计或产生新的设计。

尽管实证设计目前主要被运用于医疗保健领域，但也被应用于其他高性能的环境，比如学校、监狱、商业或工业的建筑和区域。此外，实证设计还被应用于设计学科的各个领域，比如服务设计、通信设计、工业设计、交互设计。无论在任何环境下，实证设计都能改善服务并且增加产品的接触点。实证设计可以缩短两种极端观点之间的距离，而且不会产生纯粹的决定论（预测性）设计，也不会造成无限制的（任意）设计。

实证设计的主要原则是客观地看待问题，并运用传统的研究方法和现有的事实根据，来影响设计中的决策。这些传统的研究方法包括可靠的文献综述、比较分析、实例研究、对现有设计使用后的评估资料。实证研究的一个特点是系统性综述。它比传统的文献综述研究更为深入，而且通常运用统计方法或评分系统，以确保研究的可靠性。

在以人为中心的实证设计中，除了运用次级研究方法以外，还利用实地考察记录、访谈、调查和其他主要方法收集信息。在医疗保健领域的实证设计中，通常会邀请所有利益相关者评估整个建设过程，从医院的高层领导、管理小组、工作人员到建筑承包商、施工人员。此外，在确定设计结果之后，应该通过性能测试（建筑、人力和经济）、满意度评价和组织结果等具体方法呈现设计效果。例如，医疗保健领域中的实证设计通常把设计决策与具体的可衡量结果联系起来，以证明这些措施可以提高投资回报率（如降低感染率和降低人员伤害）。因此，实证设计并不局限于某个特定阶段中使用，而是贯穿整个设计过程。

#### 7. 文献综述

文献综述是学术论文中不可或缺的组成部分，也是任何设计项目中重要的环节，是针对明确的主题收集并综合研究结果的一种研究方法。对于任何写过论文或报告的学生来说，文献综述都是一种非常熟悉的次级研究方法，而在设计研究和实践中，文献综述也同样重要。

文献综述旨在从公开发表过的资料中提取有用信息，获取以往研究或项目的精华，为当前的项目研究提供建议。综述并不代表总结每种资料来源的全部内容，而是归纳、综合信息，并以设计项目为中心发掘参考文献之间的相互关系。文献综述可以是独立的工作，也可以是更重要的研究论文或研究项目中的组成部分。

互联网提供的资源提高了文献搜索的效率，研究人员可以利用在线工具、电子杂志、电子邮件和馆际互借来查阅世界各地研究馆的资料。然而，优秀的研究人员在为综述选择参考资料时也要注意甄别，确保选择的参考资料不仅与主题相关，而且资料来源也必须可信。尤其是来自网站或博客的资料需要额外注意，因为这些内容通常没有经过审核或同行评审，其可信性难以确认。但是，与设计相关的文献综述、参考资料则比较广泛，包括但不限于书籍、期刊、论文和学术演讲稿、公司和学术网站、博客以及有记载的设计项目。

确定研究类别后，再组织文献综述的材料往往比较有效。例如，如果设计项目是为了研究青少年使用的新型数字化应用程序，那么文献的主题可以分为技术、同代人趋势和游戏设计，还可以运用时间、主题或方法论等组织资料。

选择的文献应该与项目内容相关，并能清楚地解释所选的文献在过去或者现在如何为设计调查提供指导。只有少数情况下，设计领域的文献综述才会力求全面彻底或者“系统性地评价”，甚至使用统计技术或评分系统来确定哪些资料符合作者进行文献综述涉及的研究内容（请参见实证设计）。在任何情况下，都应该准确标明引用文献的出处。不过在设计领域中还没有统一的系统规范，通常将引用的文献添加到对应的脚注、尾注或参考文献列表中即可。

8. 观察法

观察法是一种基本的研究技巧，需要研究人员细心观察各种现象并做出系统性的记录，包括观察人物、组件、环境、事件、行为和互动过程。

根据对观察的提前构建水平、记录方法和预期用途，观察法具有不同的形式，并体现出不同的设计目的。

1）半结构性或随机观察方法是一种描述设计探索阶段的实地观察方法。尤其当研究人员不熟悉某个领域的时候，运用这种方法可以身临其境地收集基本信息。研究人员虽然可能已经掌握了一系列指导性的问题，但还应以开放的态度来进行观察。如果在观察过程中出现突发事件，可以不遵循原来的计划方案。尽管该方法不要求正式的组织形式，但也应该系统地、谨慎地记录笔记、草图、照片或者原始的视频画面。通常情况下，观察后需要综合半结构性观察得出的信息，指导设计灵感，但也可以运用内容分析等更严格的定性分析发掘共同的主题和模式。

2）结构性或系统性观察方法需要运用工作表、检查清单或者其他形式的记录行为，来观察过程中的物体和事件。通常需要以往的半结构性试点观察才能了解环境或行为因素，如果可以确定并清楚解释这些环境或行为因素，采用结构性观察方法是最合适的，现有的框架也可以引导进行结构性观察（如 AEIOU）。

在实施观察法时需要确认固定的时间间隔，记录观察时预定的互动类型或行为类别，并观察界面、原型或产品的成功率和失误率。应当避免“找你希望找到的东西”这种自然倾向，或者人为地把观察结果加入预先设定好的类别中。因此，我们建议在类别中添加一项“其他”。如果没有足够数量的样品可以量化分析，则最常见的方法是通过各种观察寻找模式或趋势。

目睹的事实和猜测行为背后的意义、动机并做出的推理属于另一种类型的观察。可以在观察期间或观察结束之后与参与者进行访谈，以验证这些推理。

9. 次级研究

次级研究不直接接触参与者。它不要求通过第一手研究来获取原始资料，而是从现有的数据中收集并综合信息。

以人为中心的设计通常需要与用户接触，进行第一手研究，然而次级研究在项目设计中也同样发挥着重要作用。使用次级研究来分析已经完成和未完成的任务，收集对比数据，提出建议，帮助设计师在目前的研究中确定研究方向和研究方法。与进行实地调查的第一手研究或实证研究相比，次级研究有时也被称作“案头研究”。尽管次级研究比较耗时，但相对来说是一种成本较低的有效方法。

次级研究的资源包括书籍、研究论文、期刊论文、研讨会论文、政府和非政府组织的记录和统计数据，或者其他来源和档案。对于设计师来说，可以参考的材料还包括以前的项目、以不同方式记录的产品或案例研究、照片、地图、图表以及其他可视化记录。互联网的发展也加快了次级研究的过程。访问在线数据库十分方便，但还是应该小心谨慎，并保证资料的可信度。

传统的次级研究是系统性的总结评论或文献综述，并全部标明引用出处。尽管文献综述通常都采用书面报告的形式，但是在设计领域，次级研究也可以总结成视觉化的成品，供人们一起查看、分类、综合并制作各个叙述过程。

次级研究是设计项目明确范围的一种有效方法，因为它明确了以前的设计实现的成果，并且指出在哪些方面还有改进的空间。次级研究也是探索性研究的一个组成部分，因为它提供了良好的基础，并有助于了解并调查用户范围。

10. 通过设计之研究

通过设计之研究即通过设计进行研究，这种方法认为设计过程是一种合理的研究活动，能够检验设计项目中需要思考和制作的工具及过程，结合理论构建知识，优化设计实践。

弗雷林（Frayling）把设计研究分为了三种类型：关于设计之研究（Research about Design，RaD）、为了设计之研究（Research for Design，RfD）、通过设计之研究（Research through Design，RtD）。最常见的形式是关于设计之研究，其研究活动是为了研究设计本身，或者与设计相关的研究，比如历史、审美、感性或理论研究。为了设计之研究则体现于对设计本身的参考价值，到底能不能构成“研究”仍然具有争议。而通过设计之研究则是指设计过程本身，包括材料研究，开发工作，记录沟通设计步骤、实验和反复过程等重要举措。

通过设计之研究在设计过程中把模型、理论与技术知识结合在一起。设计师首先观察次级研究，其次通过实地观察、脉络访查、观察法、访谈、经验取样法、日记和图片研究等方法，把次级研究和自己的前沿探索性研究结合起来，最后通过设计理念、实验和评论，重新判定问题并获得“正确的”解决方案。设计过程中会出现许多组件，包括草图、图样、模型和原型，但最重要的是记录下来，并将设计行为融入相关背景，以便更好地进行交流。

11. 五帽架

“帽架”一词是根据类比而来的，“帽”表示资料，“架”表示组织资料的方法，也称为“组织资料的五种方法”。组织资料有五种方法：种类、时间、地点、字母、连续体。

如果要影响人对设计的想法和互动，组织资料是效力最强大的要素之一。五帽架则认为，不管是应用字母、时间、地点、连续体或种类，组织资料的策略皆有限。

“种类”是用相似性或关联性来组织资料，例如：大学简介中的科系或网站零售商品的类型，就是运用这种方式编排。当资料内容出现相似群组或人们会自动用分类来寻找资料（例如，有人想买立体音响，可能会去找电器类），就是运用种类来组织资料。

“时间”是依照时间先后顺序来组织资料，例如：历史时间顺序或电视节目表，就是用这种方式编排。当要呈现、对照一段固定时间内的事件，或者需要用到时间先后顺序（例如，逐步的程序）时，就使用时间来组织资料。

“地点”是用地理位置或空间参照来组织资料，例如：紧急出口图及旅游指南，就是用这种方式处理。当确定方位和找路，或者资料跟某处的地理位置相关时（例如，古迹地点），就使用地点来组织资料。

“字母”是指根据字母顺序来组织资料，例如：字典和百科全书，就是以这种方式编排。当资料具有指示性，需要以非线性方式有效率地找到某特定项目，或者没有其他适用的组织策略时，就使用字母顺序组织资料。

“连续体”是以重要性来组织资料（从最高到最低，从最好到最差），例如：棒球打击率，以及网络搜索引擎的搜索结果，就是用这种方式处理。如果用相同的测量方式来比较事物，就使用连续性组织资料。

12. 重复

重复（Iteration）是指一直重复一套操作，直至达到特定结果为止。如果没有重复的过程，有条理的复杂事物绝不可能出现。在大自然中，渐进的重复是在比较简单的结构基础上让复杂的结构成形。在设计上，逐步重复探索、测试、调整设计，方能创造出复杂的结构。复杂事物能变得条理分明，是因为知识与经验的累积，之后再应用到设计上。例如，一个好的设计都是经过一系列反复地设计、探讨、测试，然后根据反馈重复设计。产品的设计也是一样，因为设计师对产品和其使用方式了解更广泛。在所有的开发周期中，重复会出现两种基本形式：设计重复以及开发重复。

“设计重复”是发生在探索、测试、调整设计概念时的预期性重复。设计过程的每个周期，会把大范围的可能性缩小，直到符合设计需求为止。越来越精确的原型，在设计过程中不断被拿来使用，以便测试概念，找出一些不确定性。在每一阶段的重复过程中，都要让用户积极参与，以便确认测试结果与设计需要。测试成功或失败，跟“设计重复”无关，因为两者都能提供重要信息，设计师才能知道哪种方式更可行。其实，测试失败更有价值，因为它能为我们提供宝贵的资料，找出设计的不足。“设计重复”的结果会出现一个详尽、行之有效的规格，可以用来发展出最后的成品。

“开发重复”是伴随着设计过程发生的未预期的重复。和“设计重复”不一样，“开发重复”就是重新做（再设计）——省去了开发周期产生的无谓的浪费。“开发重复”要付出成本，而且不可取。这种情况通常是由不适当或错误的设计规格，以及开发过程中不良的计划与管理造成的。与设计相关的不明因素，最好在设计阶段就予以排除。

要合理运用“设计重复”，就必须建立明确的标准，定义出设计需求，才算完善设计。减少“开发重复”的最有效的方法之一，就是确认所有开发团队成员对最终成品有清楚、高度的认知。要达到这个目的，通常必须撰写完善的详细规格，搭配高度精确的模式或原型。

13. 结构形态

结构是元素的集合物，用来支撑负荷量，或是容纳和保护某件东西。在许多情况下，结构只是支撑结构本身（亦即其负荷量就是材料的重量），而在其他情况下，结构要支撑本身与附加的承载（例如，起重机）。不管是准备博物馆展览、大型雕塑、立体广告牌或临时收容所，对结构拥有基本认识都是设计成功的必备要件。结构的基本形态有三种：实体结构、框架结构和外壳结构。

“实体结构”是结合材料形成一个坚固的结构。“实体结构”的强度来自重量的作用与材料的坚固性，例如水库、泥砖墙及高山。实体结构之所以稳固，原因在于当它失去一小部分的结构，也不会对强度造成太大影响，不过它的应用局限于相对简单的设计。当设计障碍物、墙，还有小收容所时，可考虑用“实体结构”，特别是在建筑技巧和材料都受限的落后环境，更应把实体结构列入考虑范围。

“框架结构”是结合支柱形成一个架构。“框架结构”的强度由建造元素的强度、结合点及其组合共同形成。通常框架外面会加一层包覆物或外皮，不过结构很少因此增加。“框架结构”的例子包括大部分的现代房屋、自行车与骨架。“框架结构”相对来说较轻、有多功能性，而且容易建构。最常见的“框架结构”就是用三根支柱组装成三角形，之后再把这些三角形组在一起，形成更大的结构。大部分的大型设计都可考虑运用框架结构。

“外壳结构”是用薄薄的材料包覆一个容积体。“外壳结构”不需要在容积体内用到框架或实体，就能维持结构的样式并支撑负荷量。外壳结构可以把负荷量分散到整个结构，也因此形成了它的结构强度。“外壳结构”的例子包括瓶子、飞机机身及圆顶。“外壳结构”对于承受某些特定静力很有用，但抵抗动态力量便有所不足。例如，一个鸡蛋可以有效抵挡加诸上下端的重量，但是当重量施于其周侧时，鸡蛋一下子就破了。从材料的观点来看，“外壳结构”轻巧、经济，但设计上很复杂，一旦结构不够完美或受损，很容易酿成灾难。设计容器、小型铸造体、收容所，以及需要又大又轻的宽幅支架来做设计时，可考虑用“外壳结构”。大型“外壳结构”通常应该用额外的支撑元素来加强稳固性，以免弯曲变形。

14. 需求的等级

“需求的等级”明确指出，在满足创新这类的更高需求之前，设计必须先满足人们的基本需求（例如，一定要能用）。优秀的设计会遵守“需求的等级”；不好的设计可能连基本需求的基础都还达不到，就企图迎合不同等级的需求。以下是需求的五个关键等级。

“功能性需求”与满足最基本的设计需求有关。例如，录音机至少要能录音、播放以及倒带。这个等级的设计被认为价值很低，或是没有价值。

“可靠性需求”与建立稳定、一致的性能表现有关。例如，录音机应该能持续运作，能以令人满意的品质播放录好的节目。如果这个设计表现不稳定，或者常常不能用，就达不到可靠性需求。这个等级的设计被视为价值不高。

“使用性需求”与设计好不好用、包容性高不高有关。例如，设定录音机预录节目应该很容易，而且录音机要能允许错误操作。如果使用难度太高，或者一个简单的操作错误会有很严重的后果，就无法满足使用性的需求。这个等级的设计被认为价值适中。

“熟练度需求”指的是能让人们比以前做得更好。例如，录音机能用关键字找到要录制的节目，就是录音功能的一大进步，即让人们做到过去无法做到的事。这个等级的设计被视为高价值设计。

“创意需求”的出现，是在人们其他需求都被满足了，而且人们与设计的互动开始出现新意的时候。已经满足其他所有需求的设计，在设计本身与使用者之间，进行各种可能的创意与探索。这个等级的设计被视为最有价值，而且常常获得使用者近乎虔诚的忠诚度。

做设计要考虑需求的等级，并且先确定满足基本需求，再把资源投入到满足更高需求。用等级去评判现行的设计，以便确定哪里要修改。

15. 模拟

模拟（Mimicry）是指一种模仿熟悉的物体、有机体或环境的特性，以便实现这些特性所提供的特定优势的行为。

自然界的模拟，指的是模仿熟悉的物体、有机体或环境的特性，以便躲藏或吓退其他生物。例如：竹节虫模仿树枝和树叶的外形，以便躲开觅食者；副王蛱蝶（Viceroy Butterfly）模拟有毒难入口的帝王蝴蝶（Monarch Butterfly）外形，以便威吓猎食者。在设计中，模拟指的是模仿熟悉的物体、有机体或环境的特性，以增加产品的适用性、喜爱度或物品功能。设计有三种基本模拟手段：表面模拟、行为模拟及功能模拟。

“表面模拟”是指让产品看起来像别的东西。当设计模仿熟悉物体的表面外观时，设计就在暗示（用熟悉的外表）其功能或用法。例如：计算机软件图标的设计，就是让它们看起来像公文包或文件夹。

“行为模拟”是指产品动起来像自然界的其他生物。例如：让一只机器狗动起来跟真狗一样。“行为模拟”对于增加喜爱度很有效，但是要模仿大量的复杂行为时，就得谨慎使用。例如：模仿微笑行为，通常会引起正面反应，但如果跟其他提示信号不一致，会给人产生矫揉造作或造假的感受（例如，被摸或被打都会笑的娃娃）。

“功能模拟”是指让产品的功能像别的东西。“功能模拟”在解决机械或结构问题方面非常有效（例如，按键式电话模拟计算机的键盘设计）。模仿现有的解决方式和类似设计，可以有效达成深入理解，进步神速。不过，“功能模拟”必须慎而为之，因为掌管功能的物理原则，可能无法转换到另一个背景使用，或者无法从一种大小等级转换到另一种规模（例如，早期人类尝试用拍动翅膀来飞行）。

模拟是设计取得进步的最古老、最有效的方法。可考虑用表面模拟来增加使用性，但要确认对设计的感知符合其功能或用法；可考虑用行为模拟来增强喜爱程度，但是模仿复杂行为时要审慎而为；可考虑用功能模拟来协助解决机械和结构问题，不过，请一并考虑转换及比例缩放关系，两者可能会降低模仿特性的成功率。

**16. 模块化**

模块化（Modularity）是一种结构法则，用于处理系统的复杂情况。它是指确认系统中相似的功能群组，然后把这些群组转换成互相依存的独立系统（模块）。例如，计算机存储芯片的模块设计，让计算机拥有人可以选择为计算机添加存储器，无须任何条件。如果计算机和记忆芯片不是这么设计，要升级计算机存储器的唯一方式，只有买一台新计算机。模块化不需要任何条件，就可以简单、低廉地加强系统，让模块设计比非模块设计更具有优势。

设计的模块应该能够隐藏内部复杂性，并可通过简单界面，与其他模块互动，目的就是全面减少系统的复杂度，让系统的结构层次直观化，并增加可靠性、多功能性，以及维护性。此外，模块设计会鼓励模块创新，也能刺激设计与生产的竞争力，即为第三方创造机会，鼓励其开发更好的模块来竞争。

模块设计并非不需要成本，设计模块系统比设计非模块系统要复杂得多，设计师必须非常了解系统的内部作业及它的环境，才能把系统分解成模块，再让这些模块以整体形态运作。因此，今天大部分的模块系统并不是一开始就如此，而是随着对系统了解程度的增加，它们才逐渐变得模块化。

要设计或修改复杂系统时，可考虑采用模块化。先确定系统中类似的功能群组，然后清楚定义它们与其他系统元素的关系。如果可行，创造出能隐藏其复杂性的模块，然后通过简单、标准的界面，连接其他模块；如果设计师没经验，对系统也欠缺全盘了解，千万不要做复杂的模块化设计。不过，可考虑逐步增加现有系统的模块化，尤其是在维修期间与产品升级期间。

### 3.1.2 用户研究方法

用户研究是设计研究的核心，本节将重点讲解以下用户研究方法，这些方法能够帮助设计师建立“以用户为中心”和“以人为本”的设计观念，使设计师更好地进行设计创新（见图 3-2）。

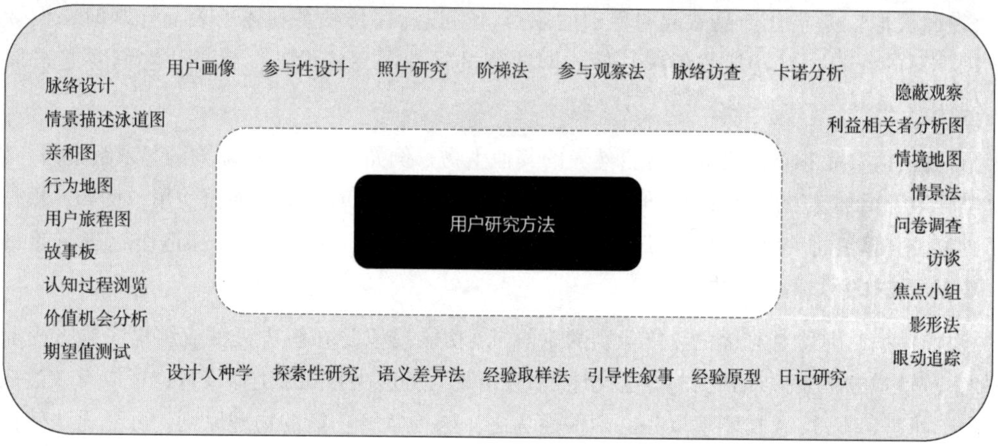


图 3-2　用户研究方法

### 1. 脉络设计

脉络设计是一个以用户为中心的设计流程，它使设计师的工作方式具体明确，并能与他人共享，因此每一个步骤都与用户数据紧密相连，而不会让用户感觉设计像“魔法”一样让人捉摸不透。

从获得用户数据到制定完善的设计方向，这个过程需要掌握许多数据收集方法并进行分析综合，从而完成一系列研究成果。经验丰富的设计师凭借直觉就能做好这份工作，随着时间的推移，设计过程中积累的经验和信任会使他们有信心可以胜任这份工作。但对于非设计人员来说，这个过程模糊得让人难以捉摸。脉络设计可以帮助人们明确清晰地了解并借鉴设计师的工作内容，而脉络设计过程中的各个步骤可以让设计工作更具有可预测性，更具有包容性。

脉络设计为设计师提供切实可靠的方法步骤，从收集用户信息、综合数据、确定设计内涵到制定完善的设计方向。根据具体的项目发展方向，可以相应调整脉络设计，增加（或者删除）与组织内容不相符的步骤。以下步骤可供参考：

1）脉络调查。帮助设计师充分地了解用户，以及完成用户每天工作所需的要求。

2）会议说明。汇报解释每一位用户的采访内容。在分析用户数据时可以采用用户多领域的视角，进一步充实整个过程。

3）工作模式和亲和图。为设计师形象地解释复杂工作系统提供一种框架。工作模式有五种——流程、序列、组件、文化和物质。

4）愿景和故事板。分析统一的工作模式所产生的影响，以此建立理念、制定工作细节，并帮助设计师设计更新、更好的方法来协助用户工作。

5）用户环境设计。一种新的“平面图”系统，以改善目前的状态，确保用户工作正常进行。它记录了系统中“位置”之间的结构、功能和流程。

6）纸质模型。产品编码和运用之前的产品模型，用于了解用户在结构、功能和流程方面对提交的设计方案的反馈。

脉络设计可以减少设计师的设计时间，特别适合跨领域的公司，因为他们在解决以用户为中心的设计难题时，需要涵盖内容广泛的具体设计步骤。

### 2. 脉络访查

脉络访查可以使设计师身临其境地观察访谈过程，揭示潜在的或无形的工作结构。在真实的工作地点调查是理解用户未解释信息的先决条件，脉络访查提供的框架使设计师在调查中亲身体验参与者的经历，并揭示他们潜在的工作结构。脉络访查有四个原则：

1）情境：脉络访查最基本的要求是设计师必须在真实的工作地点进行研究。设计师需要理解“时时刻刻的经历”而不是“概括性经历”，这对于整个研究过程至关重要。因为设计师必须观察人们日常活动的细节，才可以发现潜在的工作结构。

2）合作关系：脉络访查最突出的特点之一是运用“师徒关系模式”。“学徒”一边观察学习，一边恭敬有礼地提问并探寻前因后果；而“师傅”则一边展示过程，一边解释内容。设计师在边工作边讨论的时候更能看出传授知识的工作结构。因此，研究数据更能反映现实情况。

3）解释：设计师的所见所闻都只是研究的最初阶段，清晰解释所有数据背后的意义之后才能理解设计的内涵。在获得数据（听到的和观察到的）之后，设计师要假设（或者解释）该数据对参与者的意义。当参与者在现场时，一定要向其确认设计师的理解是否正确，因为一旦错过了机会，误解可能会影响设计内涵和设计理念。

4）焦点：在脉络访查中设计师必须学会打破自己视野的局限性，多关注参与者的世界。每次发现参与者不寻常的行为，或者发现矛盾时，都是设计师应调整访谈内容的时机，不要只局限在自己的理解中。

运用脉络访查可以了解交流过程、任务序列、参与者用来完成工作的组件和工具，以及与工作相关的文化以及物理环境的影响力。通常两到三个小时即可完成一次脉络访查。参与者的人数则需根据项目和工作的范围而定，但是设计师要在不同用户群中采访多位参与者，然后才可以开始综合分析脉络访查的结果（请参见“3. 亲和图”）。

### 3. 亲和图

亲和图法又称KJ法，由创始人日本人类学家川喜田二郎的英文名字“Kawakita Jiro”缩写得名。亲和图可以有效收集观察结果和观点，并形象地将其体现出来，从而为设计师提供参考数据。

如果研究数据是存储在人们的头脑中的隐性知识或者被淹没在访谈笔记中，那么设计师就很难综合分析观察结果。但是在亲和图的构建过程中，设计师通过便笺纸上写下的内容就可以捕捉研究中得出的见解、观察、问题或要求，并逐一深入分析各种设计内涵。然后根据相关性收集并分类，得出研究主题。常见的两种亲和图是：

1）脉络访查亲和图：如果设计师可以在4~6个不同的工作地点采访到典型的工作人员，就有足够的代表性数据可以完成一个亲和图。首先，在组合亲和图之前，对每个采访对象平均记录50~100条的观察结果，每一个观察结果都用一张便笺纸记录下来（以免以后会问到相关的问题，并确保便笺纸上标明采访记录的出处）。其次，在墙上贴几张大尺寸的纸（如果有必要的话，还可以移动亲和图），把便笺纸贴在上面，设计师开始仔细解读便笺纸上面的内容，考虑每一张便笺纸上的信息的深刻含义。最后，把反映出相似意图、难题、问题，或者反映出亲密关系的记录聚集在一起，就可以了解其中的人物、他们的任务和问题的本质。

2）可用性测试亲和图：在可用性测试开始前，研究小组先确定代表各个参与者的便笺纸的颜色。

在可用性测试进行的过程当中，研究小组成员（包括利益相关者、开发人员、设计师和其他研究人员）在观察室内观察评价。参与者讨论任务的时候，研究小组成员可以在便笺纸上记录具体的观察内容和谈话内容，然后把它们张贴在墙上或白板上。通过多次可用性测试，关于界面的常见问题和难题就会浮出水面。可用性存在问题的类别会出现许多不同颜色的便笺纸，这说明好几个人都遇到了同样的问题。然后就能确定界面的哪些方面需要修复以及修复的优先顺序。无论涉及设计的哪个方面都应该首先修复并重新测试出现问题最多的地方。

这两种亲和图的测试方式都属于归纳性行为，即这项工作不是根据预定义的类别分组记录，而是从下往上，首先收集具体的微小细节，其次分成几组，最后总结出普遍的、重要的主题。完成之后，亲和图不仅仅只是一种工具，更是用户和设计合作伙伴的参考意见。

4. 行为地图

行为地图运用注释地图、平面图、视频或定时摄像等方法系统地观察人们在某些地点的活动。行为地图可以记录易观察的特征、运动和活动，包括：被观察者大致的年龄、性别，被观察者正在独处还是与他人在一起，被观察者在做些什么，被观察者在固定地点或者途中花费的时间以及环境中的各种细节。

以地点为中心的地图主要被用于在特定地点观察人们的活动。建筑平面图也许是记录观察的基础，但研究人员通常会构建自己的测量图，包括基本的空间布局和建筑特色、引导标识和任何可能会影响行为的固定式或便携式家具。为了便于记录，可以预先用符号、数字或缩写代表站、坐、走、说等预期行为。另外，观察行为可以灵活地采用描述性笔记记录，同时解释行为过程。通常来说，可以把多次在不同时间创建的地图汇总在一起，总结说明人物、地点、功能使用和活动的主要内容。以地点为中心的地图通常用于分析零售商店、服务中心、公园和其他公共场所，说明交通模式和互动的关键点，从而确定或改进空间设计及服务流程。

以个人为中心的地图被用于记录某个特定人或几个人在不同时间和地点的路径和活动。以地点为中心的地图重点评估某个特定空间的使用情况，而以个人为中心的地图更关注人们的活动，比如他们的社会行为和交互活动。与以地点为中心的地图相比较，这种行为地图更会容易打扰参与者，因此事先需要征得他们的同意。为了尽量减少不自在的感觉，可以让参与者先适应一段时间。在参与者适应之前不应将最初的观察结果并入结论。

以地点为中心和以个人为中心的地图可以结合使用。通常行为地图是采用定时摄像或视频等复杂研究设备实时完成的。这种方法具有局限性，因为观察人员往往很难了解行为背后的动机或原因。如果采用以个人为中心的地图，通常可以结合采访或谈话方式深入了解相关行为。另外，可以采用回溯式地图，要求参与者在地图上简单地标注出他们在某个空间的路径和行为，以了解他们的行为动机。

5. 认知过程浏览

认知过程浏览是一种评估系统中的线索和提示顺序是否能正确反映人们处理任务的认知过程并预测“下一个步骤”的方法。

认知过程浏览是一种可用性检查方法，用来评估在没有说明、指导或培训的情况下是否可以简单操作系统。在使用者不了解系统内容，必须按照界面提示进行下一步操作的情况下，系统的每一步操作都可以用来评估使用者是接近目标还是远离目标。认知过程浏览提供了一种系统化的方式来辨别交互过程中的各个步骤，然后评估这些步骤是更容易帮助使用者还是阻止使用者做出下一个正确的决定。能够满足要求的系统的可用性更高，并且易于掌握。

认知过程浏览特别适合评估“走来即用”系统——主要指音频或屏幕显示系统，如自动取款机、自动停车场、地铁售票系统和电话自动语音应答系统。应该选择一系列具有代表性的任务，从用户的角度按照合理的步骤设计操作过程。然后评价每一步操作是否在正确的时间做出了正确的选择。根据系统反馈，帮助用户或是阻碍用户实现目标来判断界面设计是否成功。

这种方法重点关注人们解决问题的方式，并要求设计师在每一步骤都要询问以下这四个理论性问题：

1）无论行为产生什么样的结果，用户都愿意尝试吗？

2）用户在这个过程中可以看见控制工具（按钮、菜单、标签等）吗？

3）若用户看见控制工具，他们会认识到这些可以帮助他们达到理想的效果吗？

4）在一个步骤结束后，用户能理解界面的反应然后放心地进行下一个步骤吗？

设计师在评估每一个步骤时都应该考虑以上四个问题，这样才能够确定哪种设计顺序对用户来说最方便。在反复设计过程中，用户不一定参与测试每一个步骤，这时采用认知过程浏览这样的专业评价方法即可有效地利用参与者的时间。但是，由于认知过程浏览和可用性测试往往会发现不同的设计问题和可用性问题，因此我们通常建议不要单独使用某一种方法，而是将两者相互结合使用。

### 6. 设计人种学

设计人种学是一种类似于传统人种学的调查方法。它深入体验和了解用户世界，并获得亲身经历的想法和见解。

人种学的定义清楚地说明了设计人种学探索性研究的目的：研究自然社会中的人，并根据定性的方法叙述特定社会系统中的社会生活和文化（例如，深入观察、非结构式访谈、文件分析）。

尽管上述定义的每一方面都符合设计人种学研究的动机，但必须区分人种学学者的专业人种学研究与设计人种学研究之间的不同。真正的人种学学者每次会在某种文化地区或特定人群中进行几个月或几年的调查，而设计师通常更倾向于取样观察某个时间段内的行为，并寻找足够的信息。例如，设计师主要从参与者的真实体验中获得人种学身临其境的研究“样本”。通常运用经验取样法、日记和照片研究、文化探寻、脉络访查和各种观察法，同时，也可以适当修改参与者的观察结果。

因此，包含多种研究方法的设计人种学范围十分广泛。它的重点是全面真实地了解用户以及他们的生活、语言以及组件运用和行为发生的情境。设计人种学的方法大部分属于定性研究，但是设计师也可以参考专业人种学学者的工作方式，如以下描述：

“人种学学者在展开调查之前并非一无所知，他们的思维十分开阔。在实地考察中提出第一个问题之前，他们就已经想好了问题、理论或模型、研究设计、具体的收集技巧、分析工具和特定的写作风格。”

使用设计人种学进行分析取决于设计师所运用的具体方法，但全面观察用户和设计调查范围，解释研究材料中体现的模式和主题，形成一系列设计内涵和指导方法，为开发衍生性研究和概念做好准备则是更需要注重的。

7. 期望值测试

在设计方向产生分歧的时候可以采用期望值测试。这个测试不是探究哪一种设计“最好”，而是考虑哪一种设计更能让用户满意。

第一印象很重要，用户通常在产品介绍的几秒钟之内就会对产品做出评价。人们大多数的瞬间印象都是根据对设计的感觉而定，而设计师也知道非设计人员很难辨别或者解释是产品的哪些方面让他们有这样的反应。但是，有一种可以探索这种情绪空间的方法——期望值测试。期望值测试不仅能帮助设计师确认“最好的”或“最受欢迎的”美学设计方向，还可以了解不同的设计会带给人们什么样的感觉。因此设计师可以利用这些研究结果，使产品设计更加符合用户的期望值。

期望值测试能帮助人们准确表达对某个设计的看法。为了做到这一点，需要为参与者准备许多正面、中性和负面的形容词，帮助他们用简单的手持工具，在索引卡上写下形容词，叙述自己的经历。首先，在每一张索引卡上写下一个形容词或描述性短语，并把所有的卡片随机摆放在桌子上。其次，向参与者演示一个设计模拟原型，要求他们选出 3 个、4 个或 5 个最能表达自己感觉的形容词。最后，记录下他们的选择，并请参与者解释每张卡片对于设计的意义。

每组选择 25 名或更多参与者重复上述过程。然后设计师开始对比选择最多的词语，把所选的正面、中性和负面词组进行分组。呈现视觉效果的方法有很多种，在没有获得足够的预期情绪反应之前，可以继续完善和重新测试设计原型。

在重新设计开始之前，设计小组可以使用低保真原型或公共领域的现有产品作为一个基准，并可以运用该方法探索人们对竞争对手产品的情绪反应。如果不同领域的设计小组成员对设计发展方向存在许多明显分歧，那么可以采用这个方法帮助大家重新调整目标，确定他们希望产品带给用户什么样的感受。运用这种方法达成共识，可以使整个设计小组集中精力关注用户的实际反应，而不会因为个人的意见和喜好使整个设计过程陷入僵局。

8. 日记研究

日记或日志是具有引导性的工具，可以使参与者向设计师清晰地描述自己日常生活中的细节和各种事件。

日记研究最适合用于随时收集参与者的信息，并能够对他们在一天、一周或一个月内关键时刻的思想、情感或行为进行取样。

把空白日记本亲自送给或者邮寄给参与者，日记本的设计必须便携易用。日记本前页概括介绍了研究主题，说明如何以及何时完成项目，并附带一个项目范例。有些研究可能要求参与者记录每一次特殊行为、接触的产品或遇到的情况、发生的具体交互活动。其他研究也许要求参与者在每天的特定时间定期记录项目，或者在一天结束时记录项目。如果是用于经验取样，则会随机地通过设备或者信号提醒参与者记录项目。

日记本的每一页都应有一个简单的问题提示引导参与者，并留出适当的空间，鼓励他们自由发挥。页面格式设计应富有创意，可以使用其他记录方式，比如草图、图画、符号、照片，也可以圈出文本、图形，或者使用便利贴。通常在日记的最后会提出一些问题或者留出部分空间，让参与者表达自己的感受，并且填写个人信息。

日记研究是有效的探索性研究工具，有助于理解参与者，并为设计师进行下一步研究做好准备。

尽管日记研究通常只是相对较小的样本研究，但还是可以得出共同的主题和模式。综合信息主要是为了寻找灵感，为衍生性设计提供设计内涵。然而，在衍生性设计中同样也可以运用日记研究。例如，参与者通过日记记录对研究主题的感想，构成拼贴、弹性建模或协同设计等参与性设计活动的前期准备。在极少数情况下，可运用日记研究这种方法研究可用性或者评估结果，逐步收集用户对测试产品的意见。

传统的日记研究是利用纸和笔完成的，而科技则为我们提供了更多新颖的方式，比如数字照片、视频和音频，可以用电子设备记录这些内容，并通过电子邮件发送或者上传到指定网站。数字日记也可以直接从软件界面进入，作为网上或设备交互作用的组成部分。

#### 9. 引导性叙事

引导性叙事是设计师在谈话中使用精心设计的提示、引导词和问题，根据参与者的生活经验迅速收集丰富故事素材的一种方法。

引导性叙事起源于社会科学中的叙事探究方法，即研究人员了解被访者，然后记录他们讲述的个人体验。引导性叙事还是一种设计人种学方法。如果由于时间或其他因素无法进行直接观察或进行长期研究调查，那么就可以通过引导性叙事方法快速收集参与者的真实故事。

开始时，研究人员会提示叙述者，比如“告诉我你上次……”。在整个叙事过程中，研究小组负责人会继续引导，让叙事者比较舒适流畅地讲述故事。其他的引导性问题还可以包括谁、什么、何时、何地以及如何。例如，如果设计调查的话题是围绕“最后一次在医院的经历”展开，那么可以向叙事者提出这样的引导性问题：你和谁接触过？通过什么样的方式进行交流？事情发生的时间？过程持续了多久？在哪里发生的？哪些环境因素影响了当时的体验？你对这样的交流和经历感觉如何？当研究小组负责人在引导叙事过程时，最好有另外一位研究小组的成员负责记录整个过程。

文件记录对于正确理解引导性叙事过程至关重要。首先，需要通过叙事者的重点描述和记录者的解释才能确定故事的中心思想。其次，通过亲和图等常见方法对内容进行分类，寻找个人体验和不同体验之间的共同模式。再次，一旦完成分类并各自命名之后，就能模拟体验的主题，形成具体框架。最后，可以用地图或图表等参考工具体现叙事者体验中最重要的内容。由此得出，引导性叙事是一种能直接影响设计中的内容、层次、信息或互动形式等各个方面的重要交流工具。

作为一种探索性研究工具，引导性叙事不需要花费大量的时间或资源即可帮助设计师了解体验中的重要内容。在理想的情况下，引导性叙事的研究结果会直接影响到设计。然而，这种方法更适合用于支撑或验证现有的设计方向，或者探究设计中的哪些方面还需要进行深入研究。

#### 10. 经验原型

经验原型是指主动接触原型系统或服务、了解产品或地点，并在设计中积极地参与整个过程。

通常情况下，原型是能帮助设计师在内部或在客户和用户交流的过程中，开发并测试各种想法的各种物体。然而，只通过观看原型来了解和评价概念是一种十分被动的研究方法，而经验原型则更强调主动参与，强调真实体验产品、系统、服务或空间。此外，经验原型还扩大了在设计开发和测试方面的应用，以深入了解、探索和交流设计思想和理念。经验原型对设计师、用户而言，是一种十分有效的工具。

经验原型包含许多项活动，以及能使设计师准确了解用户潜在的体验。它和角色扮演、模拟练习、身体风暴、低保真原型或道具一样，都是为了创建真实的情境，使设计师或用户获得身临其境的体验。这种方法的优点是成本低，特别是在产品方案存在风险或者复杂状况而无法测试真实情境时，这种方法更有效。例如，设计师可以通过医疗环境中的体验原型，亲身体验病人住院和手术准备的全过程，其中包括产品、系统、空间和服务交互的各个关键点。

为了探索和评估设计思路，设计师可以在设计团队内部使用经验原型，也可以在客户和用户之间使用经验原型。通常在重复设计过程中运用低保真原型不断尝试，从模拟的真实场景中获取重要的反馈意见。基本的设计包括简单的道具和角色扮演，复杂的设计则包括在真实情景中使用具备某种功能的物理或数字原型。

经验原型是一种有效的沟通工具，使客户或用户等主要受众可以直接积极地参与，并认识到设计理念中的固有价值。这也就是说，产品或系统已经具备了某种可供体验的功能。但需要注意的是，原型只代表开发中的产品，并不是最终的设计产品。

在服务设计领域中，经验原型适用于探索测试任何时间、地点等条件下系统的物理接触点。例如，低仿真的实物模型代表服务交互过程中的信息、地图、支付系统、移动设备和程序以及重要的人物角色。

### 11. 经验取样法

经验取样法是设计师收集参与者在随机时间或者听到信号时，自己记录当时的行为、互动、思想或感情的一种方法。

在设计领域，经验取样法已经发展得比较完善了，但实际上它起源于社会科学法。这种方法非常适用于设计研究的探索和衍生阶段，并且通常与日记研究或照片研究结合使用。新科技和新软件的出现使该方法有了更大的发展空间，操作方式也更加灵活。

经验取样法要求参与者听到设备提示的信号时，记录下具体的内容。在过去，主要是通过寻呼机向参与者发送信号，因此这种方法通常被称为“寻呼机研究”。如今，随着科技的发展，我们有许多其他提示方法，包括在参与者的智能手机中安装应用程序，提醒参与者应该记录或发送信息。

研究时，应提前给予参与者明确的提示，引导他们记录相关行为、互动、思想或感受，并且提前设计好记录的形式——通常采用日记或日志的形式。提示的内容比较广泛（例如，记录你现在的感受），或者非常具体（例如，列出您目前使用的通信产品）。应精心设计日记本，使其既可以随身携带，又方便记录所需信息。

通常情况下，经验取样法要求参与者使用草图或照片记录周围的事物。如果用照片记录，则需要添加与图像匹配的文本描述。经验取样法是设计人种学中的一种方法，传统的调查费时费力，而该方法浓缩其精华，选择性地收集行为、互动、思想和情感样本。如果操作得当，这些样品可以全面概括某段时间内所有人的行为活动，并有助于设计师进行特定的设计研究。

### 12. 探索性研究

探索性研究的目标是用户和产品，尤其在不熟悉的领域，探索性研究有助于帮助设计师从用户的角度考虑问题。

探索性研究通常用于设计过程的最初阶段——策划部署、制定范围和明确定义，然后形成衍生性的概念设计。探索性研究主要是为了准确了解设计领域和现有组件，并从用户的角度考虑问题。

探索性研究应该运用广泛、多样且相辅相成的方法，亲密接触与研究相关的人物和产品，使设计师身临其境，激发创意和共情之感。

根据设计访查的领域不同，研究活动应该重点了解用户世界中的本质，包括他们的日常生活规律、挑战、需要、愿望、互动、产品喜好、环境背景以及使用模式。应该在全面了解现有的、互补的，以及竞争对手的产品、系统和空间之后再确定所采用的方法。

探索性研究涵盖了传统方法、人种学方法和其他设计方法，包括：调查和问卷、设计人种学、观察、参与性观察、经验取样法、日记研究、文化探寻、脉络访查、组件分析等。

探索性研究是为了探索未知，方法比较灵活，因此鼓励脱离原定计划，从自发的互动和观察中收集信息。综合信息非常重要，但不是为了正式地分析具体数据，而是为了激发灵感。探索性研究的最终目的是全面了解相关人物和相关领域，最后获得具体的设计内涵或指导标准，为衍生性研究和概念开发打好基础。

13. 眼动追踪

参与者在使用产品界面或与产品互动时，运用眼动追踪的方法收集详细的技术信息，并记录参与者观看（和没有观看）的位置，以及观看的时间。

虽然眼动追踪最早是为了进行人类视觉系统和认知心理学研究，但是如今这种方法很好地满足了设计师在人机互动和产品设计方面的需求。科技的快速发展也促进了这种方法的广泛应用，不仅减少设备对参与者的干扰，并且降低了成本，优化了研究成果。

眼动追踪是运用眼动追踪技术在阅读和观看图像的时候追踪眼球运动，记录注视、点与点之间的快速运动或者扫视的时刻，为界面和设计评估生成数据，并且使这些成果广泛应用于可用性研究当中。在眼动追踪研究的早期阶段，参与者需要佩戴特别设计的隐形眼镜。目前的研究则开始采用光学方法——利用高端相机捕捉红外光对影像的角膜反射。而更新的技术则是在眼睛周围安置很小的感应电极，利用其信号精确地追踪眼球运动。

在用户读取文本和图像时，眼动追踪技术记录了注视和扫视的过程，并完整地判断出眼睛浏览和停留的位置。这种技术清晰地解释用户的眼睛看过哪些位置，没有看哪些位置。虽然通常都是利用阅读监视器记录这些过程，但是我们也可以运用眼动追踪技术记录用户在阅读纸质文本和可视化素材、使用产品、装配产品或者观察环境时的眼球运动。例如，在浏览网站、使用停车收费系统或自动售货机、调整或修理设备、使用标志和寻路提示时，均可利用眼动追踪调查人们的浏览和阅读模式。根据任务不同，选择的设备可能也有所不同。目前比较常用的是运用感应电极技术随时记录日常生活或周边环境。

眼动追踪技术通过综合多位参与者的数据，分析浏览模式和注意力分布后制作热图，并用不同的颜色在热图中做出标记：红色代表浏览和注视最集中的区域，黄色和绿色代表目光注视较少的区域。

通过眼动追踪的热图即可准确地判断产品或界面的哪些特点最受关注或被人忽视，还可以为汇总数据提供视觉参考。但这种技术的局限性是它无法帮助研究人员直接了解用户动机，进行信息处理或信息理解。因此，我们建议眼动追踪应该与其他验证或互补的研究方法结合使用。

### 14. 隐蔽观察

隐蔽观察是指研究人员不直接参与行为过程或者发生交互关系，在不打扰参与者的情况下，通过观看和收听收集信息。

与参与性观察等方法不同，隐蔽观察刻意避免研究人员直接参与活动或与参与者交流。隐蔽观察旨在尽量减少因为与用户接触而产生的偏见或者行为影响。然而，这也可能会影响研究人员的亲身感受，影响他们探索参与者行为背后的动机。

其他形式的观察通常需要不同程度的结构，但是隐蔽观察的操作方式比较灵活，并不需要预先确定标准进行专门分类或者记录。然而，工作表或其他指导框架也可以为隐蔽观察提供有用的信息。

隐蔽观察有两种方法：

1）隐蔽局外人是指远距离的观察者，观察地点远离参与者，尽量减少研究人员或录音设备对其行为的影响。这种形式的局限是很难捕捉参与者的个人行为细节和内心想法。

2）公开局外人需要对被观察的参与者公开观察者的身份以及研究的性质。在这种隐蔽观察方法中，观察人员自然地待在某个位置，并不会干扰研究中的环境。这种方法的缺点是尽管观察人员会尽力保持距离，在观察的时候不干扰活动过程，但如果人们知道自己是被研究或观察的对象，他们就有可能改变自己的行为方式——这就是起源于最初研究中的“霍桑效应”（Hawthorne Effect）。如果观察人员与所观察的环境或组织内的某些人（例如，管理部门）有联系，那么还需要考虑人际关系的影响。

选择观察方法的时候，要根据情况和研究的问题来决定。例如，当你需要观察公共场所、公共活动，或者研究工作过程，且这些过程如果受到干扰或遇到麻烦就会产生不必要的影响时，采用隐蔽观察的方法是比较合适的；如果你认为处于观察之中的人们会改变他们的言语或行为，或者观察者的存在会影响人们的行为方式时，采用隐蔽观察的方法也会产生对研究有所帮助的数据。

### 15. 访谈

访谈是直接接触参与者的基本研究方法，可以收集第一手资料，包括参与者叙述的经历以及他们的观点、态度和看法。

调查研究有两种方法，一种是访谈，另一种是问卷调查。最好面对面进行访谈，这样可以在谈话中观察到个人表情和身体语言的种种细节，但是也可以通过电话或社交媒体进行远程访谈。

可以提前设计好访谈的流程，准备好一系列问题；也可以相对随意一些，访谈一些比较灵活的内容。然而，即使在非结构性访谈中，研究人员通常也会准备好主要内容以引导谈话过程。非结构性访谈的优点在于，访谈更像普通的交谈，使参与者感觉更舒适。但是需要由研究人员引导整个谈话过程，并在规定的时间内收集必要的信息。通常情况下，结构性访谈比较正式和客观，更容易控制问题和时间，分析过程也更容易。

根据设计调查的性质不同，访谈中提到的问题也会有所不同。如果是进行探索性的研究，那么采用非结构性访谈的形式比较合适。但是，如果目的明确，而且访谈内容要前后一致，那么采访人员就应该严格按照脚本提出每一个问题，避免研究人员或受访者产生细微的偏见或误解。在所有形式的访谈中，研究人员都需要具有敏锐地观察能力和应变能力，但是也应该按照基本程序有条不紊地进行。

不同类型的访谈针对不同的目标受众。例如：关于利益相关者访谈的主要对象是一些特定角色或者在调查中能获得既得利益的人；关于知情人物访谈的主要对象是具有专长或专业知识的人。还可以对个人、双人或特定小组进行访谈。在双人或小组访谈中，参与者之间可以相互提醒、提问，或是回想细节和过去的经历，这样的访谈效率会相对较高，谈话过程也会比较自然。但是，研究人员必须注意参与者彼此之间可能会产生不良影响，因此必须防止参与者中的某个人主导整个访谈。

### 16. 问卷调查

问卷调查是一种以书面形式收集自我描述信息的调查工具，可以了解受访者的特点、思想、感情、观念、行为或态度。

收集调查信息的工具主要有两种：一种是问卷调查；另一种是访谈。问卷调查的制作和管理比较简单，但需要特别注意问卷的措辞和选项的设置、顺序、长度、布局及设计。软件和在线服务是宝贵的资源，可以有效、高效地操作和分配问卷调查，但无法体现措辞和设计方面的判断力。实际上，确保良好的反馈需要考虑几方面的因素，其中包括问卷的外观、清晰度、指示、安排、设计和布局。

问题的组织形式会直接影响到参与者的反应和分析的方式。例如：开放式问题可以让参与者深入回答问题，而封闭式问题则使参与者更容易进行数值分析和交流。要求参与者对选项排序或者把一个固定值（例如，100）分成几个区间进行选择会比单选更容易了解人们的喜好。对于某一项陈述，不是只提供“同意”或“不同意”选项，而是从“强烈反对”到“强烈支持”之间设置五种不同的选项，使参与者可以在连续的选项中选择自己的答案，这样能更清晰地体现出他们同意或不同意的程度。

问卷调查可以单独使用，但更常见的是结合观察法等其他方法使用，以用来补充书面回复中不够清楚的个人数据，也可以验证或质疑自我描述的行为。在研究过程的不同阶段，问卷调查都可以作为一个满足不同需求的重要组成部分。例如：问卷调查可以作为日记研究的一部分，或者作为产品评估的自我描述性因素。

### 17. 卡诺分析

产品属性对用户的重要性各不相同，可以利用卡诺分析来确定产品的哪些属性最能影响用户满意度。卡诺分析认为不断增加新功能是无法提高用户满意度的。在调查和访谈中使用卡诺分析，设计师就可以确定基本框架，了解产品的哪些属性对用户来说比较重要，并对这些属性优先排序。把每种产品属性（例如，功能、价格和好处）归类到以下五种类别中，就能体现出与用户满意度相关的用户价值。

这五种产品属性类别是：

1）必需（基本品质要素）。必需属性指的是产品的基本功能，即一旦确定，就必须在产品中体现出来的属性。最基本的隐私性、安全性、保障性和法律要求都是产品必须具备的属性。这种属性也许无法提高用户满意度，但一旦缺少肯定会造成负面的影响。

2）期望（某方面品质要素）。期望属性和用户满意度有着直接的关系：如果包含这些期望属性，就会提高用户对产品价值的评价；如果没有这些期望属性，评价就会降低。一旦确定了某些期望属性，最好在产品中体现出来。

3）刺激或惊喜（魅力品质要素）。刺激或惊喜属性会给用户带来喜悦和惊喜，能够提高用户满意度。然而，与必需属性或期望属性不同的是，即使没有刺激或惊喜的属性，通常也不会让用户感到失望或者沮丧。刺激或惊喜属性是用户的潜在需求，大多数用户都不会要求这方面的属性。

4）中性（无关紧要的品质要素）。中性属性是指用户无论如何都不会非常在意的属性，有没有这些属性都不会影响用户满意度。

5）负面（负面的品质要素）。负面属性有助于了解在产品设计中应该避免的问题。如果这些属性会对用户满意度造成负面影响，有时候用户会为了消除这些属性宁肯多付些钱（例如，免费的应用程序中包含广告，但付费的应用程序中没有广告）。如果竞争对手的产品中没有这样的负面属性，那么这个产品肯定会成为用户选择的对象。

卡诺分析不仅可以帮助设计师把产品功能按照属性进行分类，还可以帮助设计师随时重新评估产品供应。特别是在出现文化、经济或技术转变的时候，要不断利用卡诺分析，因为这些转变很容易影响用户的态度。

18. 阶梯法

阶梯法是一对一的访谈方法，可以体现产品表面的物理特性与用户个人价值之间的关系。研究人员利用这种方法可以清楚地把产品属性、使用产品的好处和结果与产品带来的个人价值联系起来。阶梯法根据“方式－目的”理论假设人们购买产品是根据使用这种产品的结果而决定，而且每一次都会强化自己认为有意义的潜在价值。这样就可以根据阶梯法发掘人们对某种产品类别保持忠诚度的深层原因。

研究发现以下七种价值往往是消费者购买商品的潜在动机：自尊、成就感、归属感、自我实现、家庭、满意度和安全感。阶梯法通过“为什么对你这么重要”这类问题，把产品的表面物理特性与它们的价值联系起来。不断重复引导性问题，研究人员就可以发掘产品属性、结果和价值之间的联系。

1）属性指的是表面明显的产品特性（例如，护肤品中的抗衰老成分）。

2）结果指的是使用这种产品带来的好处或者对人产生的影响，揭示对人重要的另外一层含义（例如，抗衰老面霜让人感觉年轻）。

3）价值是一件产品可以引起人们共鸣的根本原因（例如，抗衰老面霜可以强化人们的健康、幸福和长寿意识）。

每次都不断地问“为什么”，这样谈话重点慢慢地就从关注产品的物理特性到关注产品对人们的生活产生的影响。当在谈话的基础上揭示个人价值时，阶梯法将产品属性、结果与个人价值联系在一起。

在设计过程的初期阶段，或者在组织内部讨论产品功能和特点的时候，阶梯法可以发挥最大的作用。当产品在市场推广发行时，也可以采用这种方法揭示人们愿意购买这种产品的原因。阶梯法的研究结果可以帮助企业有效地制定市场营销活动（通常情况下，得出的结果是品牌营销的关键），区分本企业生产的产品与竞争产品的不同之处，为销售团队培训对应的销售技巧。这种方法不是为了关注产品或服务的属性（虽然阶梯法访谈通常都从这方面着手），而是为了清楚地分析产品属性与人们购买商品的个人动机（通常是不言而喻的）之间的关系。

19. 参与观察法

参与观察法是一种身临其境的实地观察研究方法，通过参与活动、情境、文化和次文化来了解各种情况和人们的行为。

参与观察法原是人类学的一种基本研究方法，经改造之后用于设计研究。人类学家作为参与者可能长时间生活在观察的情境或文化当中，但设计师的参与时间通常比较有限。不过两者的目的是一样的，都强调积极参与当地社会中，形成紧密联系，身临其境地观察重要的人物和事情，与研究对象一起经历各种事件。

系统的观察和记录至关重要，不仅要记录环境中显而易见的事情，还要记录参与者的行为、互动、语言、动机和观念。为此，参与观察法通常要结合访谈等其他几种实地观察方法。

参与观察法有两种参与形式。第一种是边缘参与者，作为自然的参与者融入当地的环境，观察某个活动或事件。例如：研究人员可以乘坐公共汽车观察过往的乘客，或者在观看足球比赛时，观察观众们的行为。第二种是完全参与者，完全成为某个群体、次文化或文化当中的一员，在特殊情况下可能需要潜伏或隐蔽来掩盖身份。通常设计师不会选择完全参与者的角色，因为有时候需要考虑伦理方面的因素，或者需要花费大量的时间、冒很大的风险。例如：扮演女服务员研究顾客的行为，或者扮演医务人员研究医院里的环境，这些都很难做到。然而，设计师可以扮演专业性不高或者持续时间不长的角色（近乎等于完全参与），或者根据自身情况扮演可以完全参与的角色。实施参与观察法的设计师需要保持警觉，并保留一定的客观性，以避免对设计小组成员产生不必要的影响。

### 20. 参与性设计

参与性设计是一种以人为中心的设计方法。它主张用户和利益相关者在协同设计活动的所有过程中，积极参与研究和设计的所有阶段。

参与性设计为工业设计、建筑设计、城市设计、交互设计、通信设计等领域普遍认可的研究和应用方法。参与性设计包括几种不同的方法，但这些方法都具备统一的理念，即在设计过程当中积极地与用户和其他利益相关者协商讨论，最好面对面地交流，是以互动为基础的协同设计。这些方法包括文化探寻、日记研究、照片研究、拼贴、弹性建模、创意工具包等。参与性设计使参与者发挥创造性的洞察力，启发并帮助指导设计过程，然后对设计成果做出反馈。然而，参与者的活动必须结合设计的专业知识，因此需要支持设计师的创意权威性，把共同合作的过程转化为设计的标准、服务和组件。

### 21. 照片研究

照片研究邀请参与者用照片记录并描述自己生活的各个方面，使设计师直观地了解用户的行为和优先事项。

最适合用照片研究让参与者强调个人生活中的细节，并用视觉化的样本展示自己生活中重要的事物，为设计提供素材和灵感。照片研究是一种常见的探索研究方法，尤其在设计师不熟悉的领域，可以运用它了解用户的世界。

进行照片研究之前，需要为参与者准备一部相机，并指导他们如何按照研究的要求使用相机。设计师需要指导参与者拍摄的内容，如每天使用的技术、重要的物品、与约会或会议安排相关的物体，也可以指导他们在感觉不寻常的时候（精力充沛、悲伤、过度疲惫）拍摄周围的环境，或者在少数情况下拍摄人物之间的交互活动。在记录与人交往的过程时，拍照可能会让对方感觉不舒服，尤其是工作期间或者拍摄个人细节时，需要谨慎小心。

照片研究通常作为其他方法的补充。例如：日记研究中可能会包括拍照的要求，因此参与者需要拍摄照片作为日志目录的补充材料，以解释某段时间内的行为和过程。而日记反过来也是经验取样法的重要组成部分。

与传统的行为调查方法相比，参与者更喜欢这种创意方法，会更积极地按照要求拍摄照片，记录他们的个人生活。此外，照片研究还为设计师提供了可以利用的视觉补充材料，尤其是结合日记或其他书面材料时的效果更好，因为通过照片研究可以对用户、用户的行为和优先事项产生独特的见解。

在整理照片研究结果时，设计师也许只能依靠参与者提供的照片和简单的备注。但是，在后续访谈中可以让参与者解释自己拍摄的照片，可以将照片分类或者拼贴图片，也可以沿着时间轴或其他轴详细介绍哪些活动是积极的，而哪些活动又是消极的。这种方法比较常见并且深受欢迎，因为照片研究的结果主要是用于探索性发现，所以总结研究结果是为了直观地了解设计，并提供灵感，而不是通过正式的分析获取具体的含义。尽管如此，在多位参与者提供的照片中仍然可以产生我们需要的模式或主题，并为设计内涵提供深刻的见解。

22. 用户画像

用户画像也叫角色分析，强调把用户行为模式的原型描述整理成代表性的个人档案，人性化地突出设计重点，测试方案，辅助设计交流。

以用户为中心的设计方法首先需要对人物进行了解。然而，试图设计每个人都满意的作品必然会导致设计重点不突出或者解决方案不连贯，因此需要一定程度的整合。调查和定量方法往往只是拙劣的模仿，结果既抽象又无法体现出人物特点。传统的细分市场描述的是人口趋向而非整体行为，因此也不起作用。角色分析通过深入地调查收集真实用户的信息，在具有意义且相互关联的人物描述中捕捉共同行为，从而提供理想的解决方案。对人物生动形象的描述有利于换位思考和沟通交流，而人物之间的区别可以为设计师提供素材，为成功的设计创建有用的设计目标。

一旦收集了可以描述多个用户的足够信息，就可以寻找具有共性的行为模式和主题。可以采用亲和图或类似的方法综合这些信息，然后，把用户的相似之处集中体现出来，并在综合后制作原型。角色分析应该规定数量（例如，任何指定的项目都要安排三至五个对象），这样可以有效控制设计重点，避免分散精力、浪费时间。

通常用一页纸或更少的内容描述角色：为这个角色起一个名字；提供一张照片（使用图片库，避免与真实身份有所联系）或者草图；用一个故事详细描述该角色与设计调查相关的生活状况、目标和行为的主要方面。可以在描述中添加能形象地反映人物角色的生活方式（包括典型的场所、物体和活动）的图像。设计小组在项目的各个阶段都可以把角色分析作为长期的人物参考。在定义和构思阶段，角色分析有利于产品或系统设计的开发、讨论和呈现。角色分析还可以用于检查使用情境、突出积极的经验和潜在的分界点。角色分析是一种有效的工具，它在设计小组内部（包括分布式团队）或与用户交流研究总结和方案时，都可以提供有说服力的参考信息。

23. 情景法

情景法是一种从用户角度探索产品未来的使用方向，帮助设计小组预测产品在人们日常生活中扮演何种角色的叙事方法。

情景法是一种可信的叙事方法，通常以未来为背景，描述人们使用产品或享受服务的经历。设计情景故事的最终目的是获得明确具体的设计思路，这样设计小组可以从用户的角度预见产品在未来可能的使用方式。当回顾整个开发过程的时候，设计小组可以通过情景法重新考虑产品未来的使用方式。这样一来，情景法就可以帮助设计小组避免做出只符合技术要求的设计，使设计的产品更具有文化意义，使人们实际的日常活动更方便。

情景法是一种灵活的设计方法，可以有不同的变化。情景故事中的视觉设计较少，因为人们通常认为故事情节应从人物的角度出发，比起技术细节更应该关注技术能发挥的作用。情景法至少要为每一个人物设定一个情景故事，并探索这个角色的基本情况和现状。但是我们也建议在条件达不到最佳水平的情况下，描述真实的故事。一旦从某个特定角色的角度出发，就应该用传统的故事框架设计情景。由某个事件引发的一种行为构成了故事场景和前提条件，然后通过技术的介入帮助角色完成任务，这也标志着行为结束。因此，情景法的意义是让人物角色形象生动。

情景法和故事板也可以相互搭配，这两者都能体现用户的观点。故事板具有高度可视化效果，而情景法在其制作方面可以提供启发性指导。两者相辅相成，互为补充。

要想设计成功的情景故事，我们需要充分从用户的角度考虑问题，设计出人们未来最满意的状态。即便项目预算很紧张，也可以成功地运用情景法。尽管它们大多数情况下是从研究或研究支撑的人物角色中获取灵感，但是也可以根据设计小组对目标用户的理解设计方案。情景法是一种获得广泛应用的策略规划工具，是帮助设计小组获得共同产品愿景和目标的有效方法——不管这个目标需要几个月、几年还是更久的时间。

### 24. 情景描述泳道图

情景描述泳道图描述了一系列活动中多个参与者的各种行为，使结果更加直观清晰，并且说明了整体分析比各部分简单相加效果更好。

如果项目需要把多个过程或角色结合在一起来具体呈现事件流程，那么利用情景描述泳道图是非常合适的。这种直接视觉化的效果为人们提供了能够观察一个故事中所有内容的整体性视角。不管个人技术能力如何，项目小组中的所有人步调都是相同的。情景描述泳道图可以提供多种观点，引导对话展开，也可以提醒人们系统运作能否成功取决于各个元素之间能否协调运作。

在特定的项目中，应该建立多个情景描述泳道图，每一张图描述相应的用户情节。而重要的是需要分别把每一个故事体现出来，因为每个故事都有几种自己的“泳道”。

故事板泳道：是最上方的泳道，也是文件中最有视觉冲击力的泳道。这个泳道可以直观地展示用户故事中的事件，同时，它也是最能吸引高级管理人员和利益相关者的注意的部分。这里主要是为了促进人们讨论用户体验，不必安排过于技术性的描述，可以用漫画、照片、插图或素描来讲述故事。

用户体验泳道：是第二条泳道。在这条泳道中由方框和箭头组成的流程图更详细地描述故事板泳道中介绍的故事，为用户体验过程提供深刻的见解。

业务流程泳道：是第三条泳道，是用业务逻辑解释用户故事和用户体验的业务流程图。这里显示的是业务分析人员提供的关于所需业务流程的信息，让用户体验更方便。

工具和系统泳道：是第四条泳道。工程师和数据库管理人员等技术人员提供后端技术，并在这里记录支持用户行为和业务目标的后端技术。

情景描述泳道图最适合用于以应用为基础的产品或过程改造方案，与市场营销（注重内容）的项目相对应。通过与“泳道”中的不同群体进行工作会谈和访谈，将收集的信息作为研究成果。情景描述泳道图能够呈现视觉化效果，直观地把不同行为者的目标和要求贯穿为用户的整体故事，提醒我们如何以及为什么同时从高端的“宏观”角度以及详细的“微观”角度解决具体的问题。

### 25. 语义差异法

语义差异法有助于揭示人们的经历、文化和根深蒂固的信念所引起的“感觉到的”意义。语义差异量表是一种语言工具，旨在研究人们对话题、事件、对象或活动的态度，并以此确定深层次的内涵。虽然现在在运用这种方法进行市场调查、评估产品和服务，但这种方法最初的目的是通过揭示语义空间的外部界限，研究社会态度。最近这种方法深受欢迎的原因可能是其格式十分简单：要求受测者指出哪种范围的描述最恰当。

执行有效的语义差异法才能达到理想的效果。在执行语义差异法之前必须考虑以下因素：

1）概念：是语义差异的刺激因素。它可以是一个话题、一个事件、一个对象或一次活动。应该根据研究目标精心挑选对受测者有意义的概念。

2）对应词组：通常情况下，选择成对的反义词作为语义差异量表的两个极端。它们可以是互补的反义词（例如，愉快的与不愉快的），或者是更细致的、可分级的反义词（例如，友好的反义词不一定是不友好，而采用害羞或者谨慎作为反义词也许意思更明确）。应该随机选择两个极点，不要让正面和负面的意思都放在同一侧。

3）调查量表：通常划分为六个或七个等级，多数情况是七个等级，因为这样会有一个中立点。中立的答案可能表明冷漠、犹豫不决或者与社会交往不相关。这一切对研究人员来说都是有意义的判断。评级离中点越远，就说明受测者的判断态度越强烈。

4）分类范围：所有的两级常用词组属于一种分类范围。有专家建议把概念分为三种范围：评估（例如，有价值的与无价值的）、效能（例如，强与弱、重与轻）和活动（例如，主动的与被动的、激动的与平静的）。

在同样的范围内评估多种概念之后，就可以获得概念之间的语义差异。概念在语义空间中的不同之处反映了它们的内涵之间的分歧。

### 26. 影形法

影形法是如影随形地观察参与者日常生活或工作情况，随时了解第一手详细内容的观察方法。在可能的情况下，应该用照片、详细的笔记、草图或音频记录观察到的结果。研究人员在密切观察参与者日常生活时，可以利用影形法获得深刻的见解，了解参与者的活动和决策模式。

影形法是一种探索性研究方法，主要目的是帮助设计师了解用户的实际行为、决策模式和日常习惯，有助于了解用户群体，也可以为早期的设计提供素材。在理想的情况下，设计小组成员会对代表性用户进行影形观察，然后制作一张概括性的模式图片，描述受测者的活动。

影形法有多种变化形式，其中包括随行纪实——与警察或紧急医疗服务人员等专业人士一起轮班。很明显，根据研究结果的价值衡量与研究相关的风险和危险，有些职业或角色的影形观察需要获得特别审核。即使是简单的影形观察，即观察日常生活中一般的工作角色或人物，也需要彼此合作，保持适当的距离，避免因为观察而影响参与者自然的习惯或者行为。只要记住这些规则，运用影形法就可以与参与者进行交互活动，提出相关问题或展开对话。

影形法不是在参与者不知情或不同意的情况下使用的隐秘研究方法。然而在公共场所，有时也可以进行暗中观察。例如：观察学生的课间活动，发现在大学校园中学生最常走的路径，观察购物者的行为模式。

### 27. 利益相关者分析图

利益相关者分析图有助于设计师直观地了解设计项目中的主要人物，为以用户为中心的研究和设计开发做好准备。

随着设计过程的逐步展开，在规划、界定范畴和定义阶段，确定关键人物至关重要，因为这可能会直接影响设计成果，而利益相关者分析图可以做到这一点。它是设计小组规划用户、研究活动的视觉参考，并在整个项目开发过程中，引导设计小组与利益相关者进行适当的沟通。

开始阶段，设计小组成员通常会根据推测创建利益相关者分析图。应当集思广益，将所有与设计项目存在相关利益的人物信息汇集起来。这时的重点是保证全面涵盖所有相关人物，除了确定最终用户，还需要涵盖从中受益的人、拥有权利的人、可能受到不利影响的人，甚至可能阻挠或破坏设计成果或服务的人。

利益相关者可以包括普通人物（学生、送货司机、护士）、特殊人物（CEO、项目经理、外科主任）或者真实人物（办公室经理罗伯特、住院医师琳达）。最初的分析过程比较简单，把人物角色贴在白板、卡片、便签、纸片上面，合并成名单或草图即可。然后将这些组织成结构清晰的利益相关者分析图，并确定可能的层次关系以及角色和人物之间的主要关系。通过清晰的层次、线条和距离，设计小组可以更清楚地了解其中的意义。

当明确和界定实际人物以及他们的工作流程和关系之后，就要不断地改进之前推测的利益相关者分析图。随着草图的逐渐扩展并且得到普遍认同，最终呈现的将是一幅全面的利益相关者分析图。然而，利益相关者分析图可以有多种正式或非正式的形式，也可以结合文字、照片和图像。如何呈现利益相关者分析图并没有固定的模式，对于设计小组而言，只要可以判断主要角色并分析他们之间的关系就是有效的利益相关者分析图。

### 28. 用户旅程图

用户旅程图将人们使用产品或服务的过程视觉化地呈现出来，便于单独评估和改进其中的环节。

用户旅程图描述了一段时间内用户使用多渠道产品或服务时的行为、感受、看法和心理活动（包括正面、负面和中性的时刻）。设计师运用用户旅程图记录人们经历的一系列事件、互动过程，并将组织机构的重点从以系统为中心的操作目的转为现实生活中使用产品和服务的情景。该方法还可以帮助设计小组确定用户在什么时候会对产品产生强烈的情绪反应，在哪些环节需要重新设计，以改进不足之处。用户旅程图研究哪些互动能达到最佳效果、哪些互动是微不足道的、哪些互动则是完全失败的。这可以帮助设计小组共同探索，有效地改进实际使用情景中的现有用户行为。

用户旅程图通常与角色分析和情景记录一起使用，或紧随这两种方法之后使用，以达到理想的效果。这三种研究方法在很大程度上都需要与使用产品或服务的用户直接接触以获取信息。而只有参考第一手资料得出的丰富定性数据，才能确保叙述内容的真实深入，并能反映产品互动前、中、后期的用户的真实需要、感受和看法。每一张用户旅程图都应该体现一个特定人物的体验过程，并且包括对这个人物的描述。为了提高设计小组内部的工作效率，用户旅程图应该清楚地阐释各个事件之间的关联：可以是整体性关系，也可以是某个特定情景内的关系。用户旅程图还应真实地呈现体验中的所有情绪，包括犹豫不决、困惑、挫折、喜悦，以及解脱。如果人物不止一个，就需要创建多个用户旅程图，体现每个人物不同的任务和目标，及体验中的各种成功与失败。

设计小组可以在早期记录的基础上研究讨论，把用户旅程图的初稿用大尺寸的纸张打印出来，固定在黑板上，然后召开总结会议，使每个设计师都可以近距离地查看到记录内容，并标出问题、想法和改进建议。这种亲自动手的设计活动包容性更强，可以使所有决策者共同参与，还能有效地保证用户旅程图为组织机构提供真实可靠的资料信息。

### 29. 价值机会分析

价值机会分析描述产品的理想属性与用户期望的生活质量的符合程度。如果产品的优点可以充分体现它的价值，那么用户会愿意出更高的价格购买产品，以改善他们的生活质量。现今的许多产品、服务和系统都是刻意为了迎合人们理想的生活质量来设计的。产品的属性和改善生活质量之间的关联，取决于我们如何定义“价值”这个概念。这种关系可以帮助我们确定什么样的产品才是符合我们要求的卓越产品。

可以利用价值机会分析这种技巧来确定产品或服务中的理想属性。价值机会分析提供一系列价值标准或者价值机会，帮助设计小组考虑产品与用户之间的关联程度。七种价值机会以及它们各自的属性如下：

1）情感：冒险、独立、安全、性感、自信、权利。

2）美学；视觉、听觉、触觉、嗅觉、味觉。

3）身份：时间、地方感、个性。

4）影响：社会的、环境的。

5）人体工程学：舒适性、安全性、易用性。

6）核心技术：可靠的、能用的。

7）质量：工艺、耐用性。

价值机会分析还可以帮助设计小组从多个角度考虑研究结果：

1）竞争性分析：价值机会分析的最大优点是可以衡量设计小组的产品应该如何在提高用户感知价值方面与竞争对手的产品进行较量。

2）市场分析：首先运用价值机会分析评估产品目录中最受欢迎的产品，其次评估失败的产品，最后从中得出的结论并提出建议。这样有助于借鉴别人成功的经验，避免重复失误。

3）多重角色：可以从多个角色的观点出发，利用价值机会分析评估一件产品。这样的分析结果可以帮助设计小组确定该产品是否满足了不同用户的需求。

价值机会分析为设计小组提供了一个聚集在一起对产品进行评比的机会。虽然通常设计小组各个成员之间会产生激烈的讨论，然而重要的是，设计小组和利益相关者会更加深入地了解用户的价值和期望，并根据可靠的研究结果，从用户的角度出发考虑问题。

### 30. 情境地图

情境地图是一种以用户为中心的设计方法，它将用户视为“有经验的专家”，并邀其参与设计过程。用户可以借助一些启发式工具，描述自身的使用经历，从而参与到产品设计和服务设计中。

在设计项目概念生成之前，使用情境地图的效果最佳，因为此时依然有极大的空间来寻找新的市场机会。除了能深入洞悉目标项目，使用情境地图还能得到其他诸多有助设计的结果，例如：人物角色（Persona，也称人物志）、创新策略、对市场划分的独到见解和有利于其他创新项目的原创解读等。情境地图中运用了多种启发式工具，以便用户能在有趣的游戏中描述自己的使用经历，也能让用户更关注自己的使用经历。用户需要绘制一张产品或服务的使用情境图，以帮助他们表达使用该产品的目标、动机、意义、潜在需求和实际操作过程。对情境地图的研究能帮助设计师从用户的角度思考问题，并将用户体验转化成所需的产品设计方案。

本书建议设计师在组织自己的情境地图讨论会议之前，首先以参与者的身份加入其中，体验其中的各种流程及意义。从而在设计师组织的会议中，能更好地与参与者进行互动，这也能确保设计师在情境地图讨论会议之前做好充分的计划和准备。否则，在寻找参与者、约定时间地点、准备启发式工具时，可能会遇到麻烦。

主要流程：

1）准备阶段：定义主题并策划各项活动；绘制一份预先构想的思维导图；进行初步研究；在讨论会议前一段时间给参与者布置家庭作业，以增加他们对讨论主题相关信息的敏感度，还可以引导参与者细心观察自己的生活并留意使用产品或服务的经验，从而反馈到讨论的主题中。

2）进行阶段：用视频或音频记录整个会议过程；让参与者做一些练习，也可以运用一些激发材料与参与者建立对话；向参与者提出诸如“你对此（产品或服务）的感受是什么”和“它（产品或服务）对你的意义是什么”之类的问题；在讨论会议结束后设计师及时记录自身的感受。

3）分析阶段：在讨论会议之后，分析得出的结果，为产品设计寻找可能的模式和方向。为此，可以从记录中引用一些用户的表述，并转化成设计语言。通常情况下，需要将参与者的表述转化、归纳为具有丰富视觉表达的情境地图以便分析。

4）交流阶段：与设计小组中其他未参与讨论会议的成员，以及项目中的其他利益相关者交流，从而获得情境地图成果。成果的交流十分必要，因为它对产品设计流程中的各个阶段（创意生成、概念发展、产品和服务进一步发展等）均有帮助。即使是在讨论会议结束数周以后，当参与者看到运用他们的知识产生的结果时，也会深受启发。

注意事项：

1）“情境”是指产品或服务被使用的情形和环境。所有与产品使用体验相关的因素皆是有价值的，这些因素包含社会因素、文化因素、物理特征以及用户的内心状态（感觉、心境等）。

2）“情境地图”暗示了所取得的信息应该作为设计小组的设计导图。它能帮助设计师找到设计的方向、整理所观察到的信息、认识到困难与机会。情境地图只能启发设计灵感，不能用于论证设计结果。

### 31. 焦点小组

焦点小组是在经验丰富的主持人的指导下，精挑细选出具有很强代表性的参与者，可以为主题、模式和趋势提供深刻的见解。焦点小组是一种定性研究方法，市场研究人员利用这种方法从精挑细选的参与者之中，收集他们对某种产品、服务、营销活动或品牌的意见、感受和态度。

焦点小组的优势在于这个群体所创造出的活力，如果参与者的筛选适当，主持人经验丰富，参与者可以快速与他人结成伙伴。在这种环境当中（不会担心被人议论、评价），参与者更愿意分享经验、故事、记忆、看法、欲望和梦想。组织得当的焦点小组可以充分利用彼此间不具威胁的团体动力，总结以往经验，从而确定对焦点小组来说具有价值的重要信息，以使焦点小组具有独特的优势。

对于以下与设计相关的调查，优秀的主持人可以让焦点小组中的每个成员提出更多的见解：

1）回顾一段时间内事情发生的经过。

2）解释到目前为止对哪些方面还不满意，或者对与过程无关的其他“人物”存在哪些误解。

3）揭示参与者在完成指定任务过程中的潜在情绪（恐惧、不确定、沮丧、焦虑）。

4）参与者想出的变通方法和技巧，以便更好地工作。

5）了解焦点小组成员如何与别人建立社会资本。

6）了解焦点小组成员共同的逻辑和思维模式。

分析焦点小组的数据时，应考虑参与者得出结论所使用的逻辑。另外，需要特别注意他们叙述的故事、使用的隐喻和类比，以及描述自己的经历、喜好和记忆的方式。寻找重复出现、产生强烈反响的主题和话题，就可以分析出目前的趋势。

经验丰富的主持人根据这些趋势得出一种假设。但这种假设通常需要更多的评价和调查来验证。焦点小组需要结合其他精心挑选的定量和定性方法，继续调查参与者的态度和行为，并在人们使用产品或服务的实际情境下观察他们的行为，但绝对不能根据焦点小组得出的结果推断所有人的感觉。

### 32. 故事板

故事板以可视化的方式叙述故事，帮助设计师从用户的角度考虑设计。故事板直观地呈现影响人们使用产品的方式、地点和原因的主要社会、环境和技术因素。故事板叙述的内容十分丰富，且可用于换位思考用户的想法，重新构建多渠道接触点，并在设计过程的早期阶段考虑可以替代的设计方案。

设计师通常利用以下五种常见的视觉叙述方法设计故事板：

1）艺术或仿真的细节程度：人们通常认为具有艺术绘画能力的设计师才可以运用故事板，这实际上是一种误解。其实简单抽象的简笔画通常效果会更好，因为故事板的观众可以集中注意力观察特定的细节或信息。需要完善简笔画，以表达丰富的信息，但不能过于精细，以避免观众的注意力过于分散，而达不到预期的效果。

2）基于文本的叙述或说明：如果很难描述一个概念或想法，可以用文字说明作为故事板的视觉补充。文字通常以单词、对话泡泡框、标题或背景标志的形式添加在故事板中。

3）强调人物、产品或者两者兼而有之：为了激发观众对故事板中的内容的情感反应，应该设计情绪激昂的故事情节用以描述人物角色。但是如果设计的目的是获得关于概念的技术或评价性反馈，就尽量不要出现人物角色，因为这样观众可以集中注意力观察设计细节。

4）故事板的情节数量：故事板设计专家通常会使用 3～6 个情节表达一个概念或想法。每一个故事板应该集中表达一个突出的概念或想法。如果需要表达多个概念或想法，就需要考虑设计多个故事板，用每一个故事板分别描述其中一个概念或想法。

5）描绘流逝的时间：应该把时间作为一种设计元素，来表示某个情景中流逝的大量时间。可以在背景中添加时钟、日历、放大的手表图片或者移动的太阳，以明确表示时间的变化。

根据可以引起观众共鸣的信息设计故事和故事板。例如：如果观众是利益相关者，则主要说明潜在的设计机会；如果观众是开发人员或程序员，则主要说明最可能运用产品或形式因素的场景和背景；如果观众是视觉设计师，则主要描绘界面的细节；如果观众是用户，则主要体现换位思考的情景，以确定这样的设计是否符合现实、是否具有意义。

### 3.1.3　设计定义方法

在设计问题的发散、方案的筛选等方面会经常需要“定义”，下文列出的几种方法，有助于设计师根据设计需求创造性地进行设计定义，从而优化设计创新进程（见图 3-3）。

#### 1. 意向板

意向板是指把收集的图片、插图或品牌图像拼贴在一起，形象地描述设计意图的特定美学、风格、观众、情境或其他方面。

长久以来，各种设计行业在许多方面都会运用意向板，并根据内容进行创作、激发灵感或推广销售。通常一旦设计师或设计小组确定了设计美学、风格、情境和观众的基本框架，就可以创建意向板了。然后收集、编辑和拼接这些代表美学标准、情境或用户的图像。意向板与室内设计师使用的样品板比较相似，都是把颜色、材料（有时也包括硬件）和产品样本结合在一起，构建设计系统的样板。

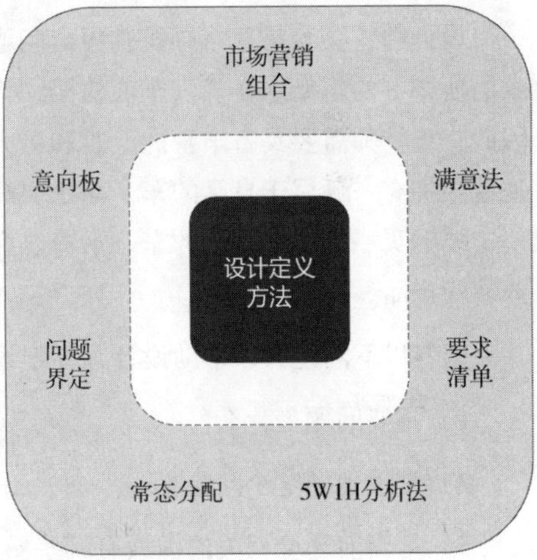

图 3-3　设计定义方法

例如，创建一个从视觉上体现出“都市炫动”的设计美学标准的意向板，需要收集、编辑和拼接能体现出设计师美学标准中特定风格、颜色、产品、品牌和环境的图片。为了完成更具体的设计目标，可以创建基于目标用户的意向板或基于环境的意向板。对于基于用户的意向板，可以利用视觉信息描绘出几种类型的人物来确定目标观众，并通过服装、产品、品牌、环境、活动、交通和社交兴趣分析他们的年龄、品位和喜好。对于基于环境的意向看板，可以在视觉信息上体现适于产品设计的典型环境，展现室内设计的样品、家具、照明、设施、色彩搭配和气氛。

对内而言，意向板代表具体的设计重点。它能不断提醒设计师努力营造审美情境，符合观众的口味。意向板形象地代表公认的设计审美和设计情境，可以帮助设计小组达成共识。从这方面来看，意向板是一件很重要的工具，需要设计小组成员共同管理。设计小组中的每个成员对最终完成的设计重点都做出了贡献。对外来说，意向板也是一件强大的工具，它能有效地向用户解释设计意图，并形象地描述审美方向或目标用户。

2. 问题界定

设计的过程也被普遍认为是解决问题的过程。在解决问题之前，设计师首先要明确是否着手于正确的问题。寻找并界定真正的设计问题是得出解决问题最重要的前提。

问题界定通常发生在问题分析的末期。任何问题的出现常常是出于对某种现状的不满，因为“满意”是一个相对的概念，所以“问题”的本质也是相对的。问题的界定需要从问题提出者的角度入手，因为他们能预见维持现状可能导致的问题，并且想采取措施防止这些问题发生。譬如，在“冬天快到了，你却没有御寒的衣服”情形中，由于你无法改变气候的变化，所以，为了避免挨冻，你可以制作或购买一件毛衣或较厚的外套。

当一个问题需要被界定时，也意味着目前的信息不足以将当前状况准确、清晰地描述。因此对于一个情境的描述，不仅包含对当前客观状况的描述，还包括对其他偶然情况（与相关人物或组织的行为方式相关的假设情形）的描述。只有当问题提出者想要改变某一情境时，该情境才能称为一个设计问题。换言之，设计师需要界定一个人们更迫切需要的、能替代当前使用情境的新使用情境，即目标情境。沿用之前的例子，目标情境即是在冬天保持舒适与温暖。

设计师往往容易忽略寻找并界定问题所需的工作，譬如年轻的、有抱负的设计师更执着于设计一款前所未有的新型水壶、汽车或椅子，而在与客户讨论时，真正的需求问题可能与其描述截然不同。因此，设计师需要具备丰富的经验和极大的勇气。例如，一个潜在的汽车购买者的真正问题可能并不是他想拥有一辆属于自己的车，而是要解决出行问题。因此，只要有车可用就能解决他的问题，并非一定要购买一辆属于自己的车。沿着这个思路思考，可以将设计思路引向汽车共享的概念上，即用服务替代产品。

回答以下问题可以帮助设计师界定设计问题：

1）主要问题是什么？

2）谁遇到了这个问题？

3）与当前环境相关的因素有哪些？

4）问题遭遇者的主要目标是什么？

5）需要避免当前情境下的哪些负面因素？

6）当前情境中的哪些行为是值得采纳的？

将所得结果整理成结构清晰、条理清楚的文字，形成设计问题，其中需要包含对未来目标情境的清晰描述，以及可能产生设计概念的方向。对问题的清晰界定有助于设计师、用户以及其他利益相关者进行更有效的交流与沟通。

方法的局限性：界定问题并不代表找到了解决问题的方案。

注意事项：分析问题时，会发现“现有情境”与“目标情境”之间有一定的冲突。明确清晰地描述这两者之间的差异，有助于设计师与其他项目参与者共同讨论这两者之间的关联。将问题按不同的层次进行分类，从主要问题入手，思考产生问题的原因与影响，并将其切分成不同的细分问题：可以使用便笺纸绘制一棵问题树；一个问题也可以被看作一次机会或创新的动力。从这个角度思考问题，设计师可以在项目中把握主动性，并从问题中得到启发。

3. 要求清单

要求清单列出了成功的设计必须具备的重要特征，详尽且具体地描述了设计应达成的目标。据此，设计师可筛选出最具开发前景的创意和设计提案或提案组合。

在完成与设计问题相关的信息分析后可草拟一份要求清单。只有满足了规定要求的设计方案才能算好设计。在设计较为复杂的产品时，一份条理清晰的要求清单至关重要。因为在设计过程中，设计师需要周全地协调影响设计的各方面因素。团队作业时，要求清单可促使所有成员达成共识。同时，设计师与用户就产品设计和开发方向达成一致后，所产生的要求清单可以作为协议写入合作合同。随着设计方案逐步具体、细化，要求清单也会不断改进。

开始制定要求清单时，为了确保清单的完整性，搭建清晰的结构框架至关重要。有多种搭建结构框架的工具可供使用。在设计的初始阶段，要求清单的主要作用为检验设计方案是否达到要求。因此，必须收集足够的信息以确保所有设计要求都具体且合理。例如，设计一个儿童游乐场时，需要了解儿童活动的具体情况以及相关的人机工程数据信息等。

在设计项目推进的过程中，设计师看待设计问题的角度也可能有所改变，许多新的设计要求也需随之确定。因此，要持续更新设计要求，终稿应是一份结构清晰的要求清单。

主要流程：步骤 1，在已有的设计要求清单的基础上搭建结构框架，便于完善此后提出的设计要求。步骤 2，尽可能多地定义各种设计要求。步骤 3，找到知识空白，即需要通过调查研究才能得出的信息。步骤 4，删除相似的设计要求，消除歧义，即检查设计要求是否有层次，并区分低层次与高层次的设计要求。步骤 5，确保设计要求达到以下标准：每个要求都是有效的；每个设计要求都是可具体操作的；要求清单是适量的，不重复、不烦冗的；要求清单是简明扼要的；每个要求是可行的。

方法的局限性：花费太多的时间在分析和定义设计要求上，可能会妨碍设计的创意过程。可以运用迭代方式，交替进行设计草图绘制和设计标准定义；切勿因为过度定义设计要求而限制了更多的可能性。

注意事项：一是可以应用数字将要求定义得更具体，例如，将“该产品可随身携带”改为“该产品的质量应低于 5 千克”。但有时运用量化的标准来衡量相关信息可能耗费大量时间，因此，这个过程并不是必不可少的。二是标注要求清单的数据来源——出版物、专家、调研结果等。三是为所有设计要求进行层级编号，以便日后引用、对照。四是使用流程树编号法能帮助设计师立刻查询某一特定设计要求的原因。五是可以使用多个要求清单，不同的要求清单之间能起到互补的作用。

4. 市场营销组合

市场营销组合，即以下四种营销手段的组合：产品（Product）、定价（Price）、渠道（Place）和促销（Promotion），因此也称为“4P”。产品经理或战略产品设计师可以用它左右企业市场营销战略。

市场营销组合可用于为现有产品或新产品制定市场营销计划：对于现有产品而言，常用于产品商业化阶段；对于新产品而言，则常用于新产品研发的模糊前端。产品经理会根据市场营销组合来决定产品的营销策略。通常，市场营销组合用于制定短期战略决策，且需要从新产品的研发过程中获取相关信息。战略产品设计师也能从此方法中获利，它可以辅助其表达产品的价值主张或表达处于模糊前端的新产品概念。

市场营销组合的应用通常开始于新产品的市场定位（其中包含目标市场和竞争优势等相关信息）阶段。根据这个定位，产品经理或战略产品设计师可以针对“4P”分别做出决策。这些决策主要集中于：

1）产品：例如产品特征、品牌形象、包装、样式、服务和质量保证等。

2）定价：例如零售价格、折扣力度、价格框架等。

3）渠道：例如分销渠道、零售店、货架和渠道管理等。

4）促销：例如目标人群、传播媒体、传达信息、目标和预算等。

针对每一种营销手段所作出的决策都应保持一定的连贯性，并且能与针对其他三类营销手段所作出的决策相互整合。所有的决策组合能够形成市场营销计划的核心内容。除此之外，市场营销计划还包含财务状况说明、销售预测以及相关责任说明。

主要流程：步骤1，根据产品和市场类型，一方面，确定与每个营销手段相关的元素。例如，对某个特定的产品而言，产品与包装、价格之间的相关性要比产品与保修服务之间的相关性更强。另一方面，检查以上清单还有哪些方面需要补充。步骤2，确定每个元素的可行方案说明。例如，可以选择的包装方案有：使用气泡塑料膜、散装、整装等。步骤3，确定最佳方案。根据“4P”，为产品制定一份合适的市场营销方案并坚定不移地执行。

方法的局限性：市场营销组合可以视为制定成熟、完善的市场营销计划的基础；该方法的优势在于它的简洁性，但仅使用该方法不能为复杂的产品或服务提供完整的、应对新市场的营销策略。

针对较为复杂的产品和市场，可以使用以下几种替代方法：

针对服务：“7P”模型在“4P”的基础上增加了三个营销手段，即人员（People）、有形展示（Physical Evidence）和流程（Process）。针对专注于消费者的产品：“4C”模型，即用户（Customer）、便利性（Convenience）、成本（Cost）和交流（Communication）。针对B2B或行业营销：需要着重强调合作与个性化。针对电子商务：可以对4P模型进行微调，例如，定价可以改为增加透明度（Greater Transparency）。

注意事项：在亲自实践该方法之前，可以参考公司现有产品市场营销组合的应用案例；虽然每一类营销手段在分析的过程中是独立的，但是它们在实际应用中相互间是紧密相关的，且具备同等的重要性；需要在产品整个生命周期内严格监控产品，并适时根据“4P”调整决策；检查不同的营销手段是否都能持续地传达相同的信息，例如，劣质的包装与昂贵、高档的产品并不匹配；市场营销组合中的定价手段需要特别引起重视，即产品的价格是利润的来源，其他营销手段则是为消费者创造价值或吸引投资的主要手段。

### 5. 5W1H分析法

5W1H，即Who（谁）、What（什么）、Where（何地）、When（何时）、Why（为何）、How（如何），是分析设计问题时需要被提及的最重要的几个问题。通过回答这些问题，设计师可以清晰地了解问题、利益相关者以及其他相关因素和价值。

设计师在设计项目的早期往往会拿到一份设计大纲，需要先对设计问题进行分析。5W1H 分析法可以帮助设计师在拿到设计任务后对设计问题进行定义，并做出充分且有条理的阐述。5W1H 分析法也适用于设计流程中的其他阶段，例如，用户调研、方案展示和书面报告的准备阶段等。

Who：谁提出的问题？谁有兴趣为该问题提出解决方案？谁是该问题的利益相关者？

What：主要问题是什么？为解决该问题，已经完成了哪些事项？

Where：问题发生在什么地方？解决方案可能会应用在什么场合？

When：问题是什么时候发生的？何时需要解决该问题？

Why：为什么会出现这样的问题？为什么目前得不到解决？

How：问题是如何产生的？利益相关者们是怎样尝试解决该问题的？

“5W1H” 分析法在应用时有一个非常重要的过程：拆解问题。一方面，定义初始的设计问题并拟定一份设计大纲。通过回答大量有关“利益相关者” 和 “现实因素” 等相关的问题，将主要设计问题进行拆解。另一方面，重新审视设计问题，并将拆解后的设计问题按重要性进行排序。通过这种方法，设计师将对设计问题及其产生的情境有更清晰的认识，且对利益相关者、现实因素和问题的价值有更深入的了解。同时，对隐藏在初始问题之后的其他相关问题也有更深刻的洞察。

主要流程：步骤 1，拟写初始的设计问题。步骤 2，问自己 5W1H 分析法涉及的问题，进一步分析初始设计问题，也可自由地增加更多设计问题。步骤 3，回顾所有设计问题的答案，看看是否还有不详尽的地方。步骤 4，按照优先顺序排列所有信息：哪些是最重要的？哪些不怎么重要？为什么？步骤 5，重新拟写初始的设计问题。

注意事项：Who：尽可能多地找出与该设计问题有关的人。What：深入思考设计问题背后隐藏的问题，找出根本问题；也可以在运用 5W1H 分析法时将“问题” 一词换成“挑战”，以便拓宽思路。例如：有待创新的设计给谁带来了挑战？他会在何时何种情境面临这一挑战？

### 6. 常态分配

如果用绘图表示单一变数的许多独立测量值，就会出现常态分配，其产生的钟形曲线呈对称状，从两头的少数案例，上升到中间的多数案例。常态分配随处可见，例如，年平均温度、股市波动、学生考试成绩。因此常态分配经常被用来决定设计的规范。

常态分配中，受测变数的平均值也是最普遍的数值。当受测变数偏离了它的平均值，出现的频率就会跟曲线下方的区域一样缩减。不要因为平均数是最常见的情况，就以为它是设计的优先决定因素，这种观念并不正确。一般而言，在定义设计规范时，整个常态分配的范围都要考虑，因为设计研究往往要配合平均值与非平均值以外的个体差异。例如，根据人口平均值设计出来的鞋子，大约只有 60% 的人能穿。

还有一点很重要，就是避免尝试创造各方面都符合平均值的东西。一个人符合某项测量的平均值，不等于他符合其他项测量的平均值。一个人在两项测量中都符合平均值的比例，大约只有 7%；要符合八项平均值的比例，不及 1%。所以，在具体的产品设计工作时要避免完全以平均值为标准进行设计。

尽管设计要考虑符合多数人，但考虑目标人口才是关键。一般说来，要配合的人口数越多，成本也越高。如果是为了少数人特别设计，那么取得这个特定群组的正确测量资料，就变得至关紧要了。

7. 满意法

满意法是指人们往往愿意接受令人满意的解决方案，而不想追求最理想的解决方案。最好的决策不一定是最理想的设计决策。在某些情况下，成功的设计不是来自最符合理想设计需求的设计决策，而是由大致符合（即满意法）设计需求的决策促成。例如，在找出谚语“大海捞针”中的针，“满意者”只要找到一根针就会停止搜索，而“理想化者”会持续找出所有可能的针，才决定选取哪一根针。有三种问题应该考虑满意法：复杂的设计问题，有时间限制的问题，令人满意的解决方案但报酬也会减少。

复杂的设计问题：特点在于有大量的互动变数及大量未知数。处理这种问题时，“满意者”会认清在复杂与未知结合之下，最理想的解决方式未必能出现。因此“满意者”会去找比现存方法好一点儿的满意解决方案。“满意者”寻求用渐进的方式改良现有设计，而非力图完成一个最理想的设计。

有时间限制的问题：特点在于一定时间内允许适当地去分析或发展理想解决方案。而在有些情况则以紧急解决方案为主，理想解决方案居次，“满意者”会选择一个符合设计需求的满意解决方案。注意：在时间有限的情况下，应该谨慎使用满意法，特别是当替代的理想解决方案会带来严重后果时，更应谨慎。

令人满意的解决方案但报酬也会减少：在有些情况下，令人满意的解决方案比理想解决方案还要好，也就是说，超过满意的解决方案就会出现报酬递减。将令人满意的解决方案变成理想解决方案，有赖于“满意者”对使用者设计需求有正确理解，并能准确掌握使用者的价值观。除非设计规格与最理想规格是产品成功的关键，否则“满意者”在开发设计规格时，会斟酌使用者的价值观，以确保最理想规格不会耗尽设计资源。

做设计决策时，如果遇到有许多未知的复杂问题、在有限时间内要解决的问题，以及开发设计需求与规格时，可考虑采用满意法。一般来说，不要接受比之前或现存解决方案还差的满意解决方案。在时间有限的情况下，只有确定受限的时间表真的不能更改，而且可以接受品质低劣的设计与故障率增加的风险，才考虑用满意法。

## 3.2 概念形成与表达

### 3.2.1 概念发散与收敛

设计师在工作时需要不断地进行概念发散与收敛，从而获得“灵感”与创意。创意概念设想的过程不只是“自问自答”，还需要与其他人员讨论与沟通，从而避免“闭门造车”。下文提出了很多相关的设计方法，有助于设计师寻找概念和创意（见图 3-4）。

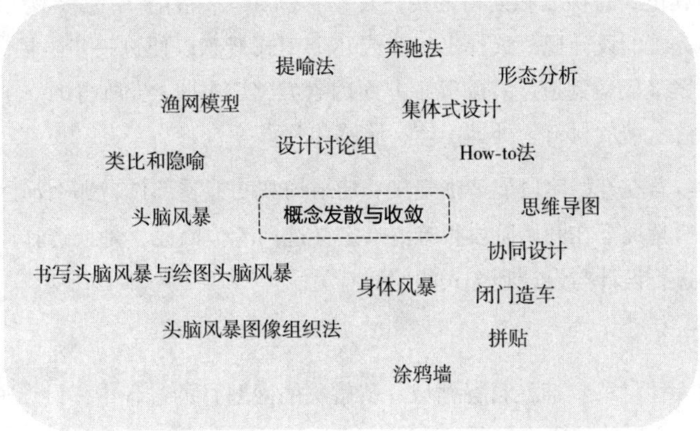


图 3-4　概念发散与收敛

## 1. 渔网模型

渔网模型能有效地帮助设计师设计有形的产品概念，例如辅助设计师生成创意、开发产品概念、决定产品最终形态等。它形象地展示了综合、发散和归类等一系列过程，仿佛像一张渔网，“捕捉最终解决方案”。

产品目标功能的基础框架与满足这些功能所需的部件确定后，即可开始使用渔网模型，运用该方法所得的结果为有形的产品设计概念（草图规划或初步设计）。所谓有形的产品设计概念，即能描绘产品组件如何有效结合为一个整体产品的详细设计方案。该方法的关键之处是在产生产品设计概念的同时完善设计标准。此外，渔网模型还着重强调视觉空间思维，主要通过联想启发和草图探索的手段来发散思维，创造新产品概念并同时完善设计标准。在最初阶段，设计标准可以从视觉探索材料和产品使用情境（包含用户、使用方式和使用环境）的分析中提取。然后，通过诸如草图、拼贴画、3D 草模等视觉化手段探寻设计的空间。

设计师可以在以下三个有序的层面上探索不同的设计方案，并不断增加产品的细节和意义，在这三个有序层面探索设计方案时也会产生三种不同类型的产品概念：从拓扑（Topological）层面得出结构概念（Structural Concept）；从类型（Typological）层面得出正式概念（Formal Concept）；从形态（Morphological）层面得出有形概念（Material Concept）。可以在上述每一个层面发散出大量不同的设计方案，然后将其归类评估并选出最具前景的设计概念，从而推进到下一个更细化的概念生成阶段。

主要流程：步骤 1，建立结构概念。首先，从定义基本功能零部件入手（所谓的零部件又称有序元素，即实现工作原理和使用功能所需的具体技术部件和组件）。其次，依据各零部件的空间排列顺序推敲出多种不同的拓扑结构。再次，将所有的拓扑结构进行分类，并分别将每个类别的拓扑结构深入发展成为结构概念，例如，开放式结构、压缩式结构或平行结构等。最后，同时建立的初步设计规范，选择一个或几个结构概念进一步发展。步骤 2，建立正式概念。首先，集中关注功能结构的整体形式，并绘制正式概念草图，表现多种几何形式的可能性。其次，根据结构、零部件的整合性、所需材料等因素，综合评估正式概念草图的可行性，并将这些正式概念草图按照形态进行分类。再次，将整理好的不同类型的正式概念草图进一步发展成一个或多个正式概念（每个概念代表一种几何形式）。每个概念需展示出其正式的特征和期待的用户反馈，例如，“很酷”“童趣”或“好玩”等。最后，运用该过程中逐步完善的设计规范选择出一个或几个正式概念以便进一步发展。步骤 3，建立有形概念。寻找详细的方案（涵盖制造、装配等各方面因素），实现上一步所得的一个或几个正式概念，并规范说明实现该概念所需的材料、处理工艺、质感和色彩等。

方法的局限性：若在开始阶段能清晰定义功能结构和功能零部件，那么渔网模型在设计过程中极为有用。然而，通常情况下在开始阶段很难清晰定义这两者。因此，是否选择像渔网模型这样的系统定义的规范性方法进行设计与设计师个人的偏好有关。

2. 类比和隐喻

由灵感源（启发性材料）通往目标领域（待解决的问题）的过程中，设计师可以运用类比和隐喻得到诸多启发，衍生出新的解决方案。

在创意的生成阶段，类比和隐喻的作用尤其突出，可透过另一个领域来看待现有问题，能激发设计师的灵感，找到探索性的问题解决方案。类比通常用于设计中的概念生成阶段，该方法通常以一个明确定义的设计问题为起点；隐喻则常用于早期的问题表达和分析阶段。使用类比的方法时，灵感来源与现有问题的相关性可近可远。例如，与一个办公室空调系统相关性较近的类比产品可能是汽车、宾馆或飞机空调系统，而与其相关性较远的类比产品则可能是具备自我冷却功能的白蚁堆。隐喻的方法有助于向用户交流特定的信息，虽然该方法并不能直接解决实际问题，但能形象地表达产品的意义。例如，可以赋予某个概念个性化的特征（例如，新奇的或值得信赖的等），从而激发用户特定的情感。

使用隐喻的方法时，应该选择与目标领域相关性较远的灵感源。首先，收集相关的灵感源。要想得出更具创意的想法，应该从与目标领域相关性较远的领域进行搜寻。其次，找到灵感源后，问一问自己为什么要将其联系到设计中。最后，思考应该如何将其运用到新设计方案中，并决定是否需要运用隐喻。使用类比的方法时，切勿仅将灵感源的物理特征简单地照搬到所面对的问题中，而应该先了解灵感源与目标领域的相关性，并将所需特征抽象化后应用到潜在的解决方案中。设计师对观察结果抽象化的能力决定了可能获得启发的程度。

主要流程：步骤 1，表达。类比：清晰表达所需解决的设计问题。隐喻：明确表达想通过新的设计方案为用户带来的用户体验的性质。步骤 2，搜寻。类比：搜寻该问题被成功解决的各种情况。隐喻：搜寻一个与产品明显不同的实体，该实体需具备设计师想要传达的品质特点。步骤 3，应用。类比：首先，提取已有元件之间的关系，理顺处理灵感源的过程；其次，抓住这些关系的精髓，并将所观察到的内容抽象化；最后，将抽象出的关系变形或转化以适用于需要解决的设计问题。隐喻：提取灵感源中的物理属性，并抽象出这些属性的本质，从而将其转化运用到手头的产品或服务上。

方法的局限性：在使用类比和隐喻的方法时，设计师可能会花费大量时间确定合适的灵感源，且这个过程并不能保证一定能找到有用的信息。如果这些灵感源不能帮你找到解决问题的方案，那么设计师可能会陷入困境。因此，要相当熟悉灵感源的相关知识。

注意事项：使用类比法时，与现有问题的相关性较近和较远的灵感源都需要探索，这一点十分重要。如果只选择相近的灵感源，则很可能得出显而易见的、非原创的解决方案。运用该方法能否取得成功，在一定程度上取决于如何将这些灵感抽象转化为创新的解决方案。使用隐喻法时，较有成效的做法是先找到需要在设计概念中强调的特质，然后找到包含这些特质的象征物。运用隐喻法时，试着与象征物建立含蓄但又能明显辨别的联系。无论如何都要避免直白地运用象征物，否则很可能得出一个很“俗”的产品。

3. 提喻法

提喻法是一种结合类比和隐喻以及不同元素（明显不相关的元素）来解决创造性问题的综合性方法。该方法通常能辅助设计师生成有限的、高质量的初步创意。提喻法因其系统性，最适合用于错综复杂的设计问题，但需要投入大量的时间和精力。该方法既能由设计团队使用，也能由单个设计师独自使用，可以指导设计师进行问题分析、创意生成和方案选择。提喻法可以在进行初步设计问题说明时使用。

提喻法在使用过程中需要结合类比和隐喻产生设计创意想法。在类比中，通过强行将各种类比情况匹配于初步的问题说明中，可以将设计师的思维从最初的问题说明和现有的解决方案中解放出来，让设计师在各种类比情况的基础上自由发挥。提喻法的使用主要有以下四个阶段：准备、孵化、启发、证实。其中“孵化”和“启发”两个阶段需要运用类比或隐喻将熟悉的事物陌生化，并将陌生的事物熟悉化。

在准备阶段，问题所有人通常需要草拟一份清晰的问题说明（或简介）。在孵化阶段，提喻法的使用者将进行一次全面的问题分析。在条件允许的情况下，所有参与者之间也可以进行相关的讨论，并在问题分析透彻后得出一个具体的目标。此后会有一个“清洗行动”，即收集并记录已知的或即将产生的创意，并将其清除，这个过程也称为“打碎已知”。在启发阶段，运用类比将最初的问题说明陌生化，从而得出新的解决方案（或灵感与启发）。可以参照许多不同类型的类比物（例如，直接从自然中寻找；将产品拟人化，想象自己就是这款产品），将某个物体所表达的意义象征化（例如，“自行车的幽默”）；运用现实中根本不存在的幻想进行类比。在证实阶段，可以利用逐项反应法在不同的方案中做出选择。

主要流程：步骤 1，进行问题说明。邀请问题所有人简要地展示并讨论该设计问题。步骤 2，分析问题。重述问题，将问题确切地表述为一个具体的目标。步骤 3，生成、收集并记录脑海中最初的创意，“打碎已知”。步骤 4，找到一个相关的类比或隐喻。步骤 5，通过自问的方式探索类比情况。例如：在类比情形中，发生了哪方面的问题？有哪些方面已经找到了解决方案？步骤 6，将不同的解决方案强行匹配在重新表述的问题说明中，并收集和记录该过程中所产生的创意。步骤 7，测试并评估现有的创意想法。运用逐项反应法或其他选择方法对上述各种创意进行选择。步骤 8，将所选创意发展为设计概念。

方法的局限性：如果在一个未经过培训的群体中使用该方法，主持人必须控制推进的节奏，必须具备丰富的经验，并能在整个过程中启发参与成员；提喻法对没有经验的参与者要求极为苛刻。

注意事项：视听提喻法是普通提喻法的一种变体，在视听提喻法的“孵化”阶段需要运用宁静的图片和舒缓的音乐，以保证参与者能在一个平静的氛围中“白日做梦”。一段时间后，可以更换更活跃的图片和音乐，以刺激参与者生成更多的创意。

### 4. 头脑风暴

头脑风暴是一种激发参与者产生大量创意的特别方法，在头脑风暴过程中参与者必须遵守活动规则与程序。它是众多创造性思考方法中的一种，该方法的假设前提为：数量成就质量。

头脑风暴可用于设计过程中的每个阶段，尤其是在确立了设计问题和设计要求之后的概念创意阶段最为适用。头脑风暴执行过程中有一个至关重要的原则，即不要过早否定任何创意。因此，在进行头脑风暴时，参与者可以暂时忽略设计要求的限制。当然，也可针对某一个特定的设计要求进行一次头脑风暴，例如，可以针对“如何使我们的产品更节能”进行一次头脑风暴。

一次头脑风暴一般由一组成员参与，参与人数4~15人为宜。在头脑风暴过程中，必须严格遵循以下四个原则：

1）延迟评判：在进行头脑风暴时，每个成员都尽量不考虑实用性、重要性、可行性等诸如此类的因素，尽量不要对不同的想法提出异议或批评。该原则可以确保最后能产出大量不可预计的新创意。同时，也能确保每位参与者不会觉得自己受到侵犯或者觉得他们的建议受到了过度的束缚。

2）鼓励“随心所欲”：可以提出任何能想到的想法——“内容越广越好”。必须营造一个让参与者感到舒心与安全的氛围。

3）“1+1=3”：鼓励参与者对他人提出的想法进行补充与改进。尽力以其他参与者的想法为基础，提出更好的想法。

4）追求数量：头脑风暴的基本前提假设就是“数量成就质量”。在头脑风暴中，由于参与者以极快的节奏抛出大量的想法，参与者很少有机会挑剔他人的想法。

主要流程：步骤1，定义问题。拟写一份问题说明，例如，所有问句以“如何”开头。挑选参与者，并为整个活动过程制作计划流程，其中必须包含时间轴和需要用到的方法。提前召集参与者进行一次会议，解释方法和规则。如果有必要，可能需要重新定义问题，并提前为参与者举行热身活动。在头脑风暴正式开始时，先在白板上写下问题说明以及上述四项原则。主持人提出一个启发性的问题，并将参与者的反馈写在白板上。步骤2，从问题出发，发散思维。一旦生成了许多创意，就需要所有参与者一同选出最具前景或最有意思的想法并进行归类。一般来说，这个选择过程需要借助一些“设计标准”。步骤3，将所有创意列在一个清单中，对得出的创意进行评估并归类。步骤4，聚合思维：选择最令人满意的创意或创意组合，带入下一个设计环节。

这些步骤可以通过以下三个不同的媒介来完成：说，头脑风暴；写，书面头脑风暴；画，绘图头脑风暴。

注意事项：头脑风暴最适宜解决那些相对简单且“开放”的设计问题。对于一些复杂的问题，可以针对每个细分问题进行头脑风暴，但这样做无法完整地看待问题。头脑风暴不适宜解决那些对专业性知识要求极强的问题。

### 5. 书写头脑风暴与绘图头脑风暴

书写头脑风暴与绘图头脑风暴是传统头脑风暴方法的衍生，参与者需要将自己的想法记录于纸上，并传递给其他参与者，往复进行几次。每位参与者都可以在别人的想法上进行补充并拓展。与头脑风暴一样，这两种方法也建立在“数量成就质量”这一基础上。

书写头脑风暴与绘图头脑风暴特别适用于确立了设计问题和设计要求之后的概念创意阶段。与头脑风暴相同，参与者须遵循一个至关重要的原则，即避免过早持否定态度。因此，在使用时，参与者可以暂时忽略设计要求的限制。当然，也可针对某一个特定的设计要求进行一次头脑风暴，例如，可以针对“如何使我们的产品便于携带”进行一次头脑风暴。

一次书写头脑风暴或绘图头脑风暴一般由一组成员参与进行，参与人数 4 ~ 8 人为宜。

主要流程：步骤 1，书写头脑风暴。每位参与者用几分钟时间在纸上写下自己的各种想法，随后将手里的纸张依次通过顺时针或逆时针的方式传递给身边的参与者。在一次次接力传递的过程中，新的想法和概念也会在已有想法的基础上被激发出来。其中，有一种广为人知的方法，称为“653”法：6 名参与者，每人在 5 分钟时间内写出 3 个想法并传递给身边的参与者，直至自己最初的想法被传递回来。此时在整个过程中已经产生了 108 个想法。一旦生成了许多创意，则需要所有参与者一同选出最具前景或最有意思的创意并进行归类。一般来说，这个选择过程需要借助一些设计标准。选择最令人满意的创意想法或想法组合，带入下一个设计环节。步骤 2，绘图头脑风暴。每位参与者在纸上画出一个概念，每 3 分钟依次将手里的纸张传递给身边的下一位参与者。随后，每个人都要在上一位参与者的作品基础上进行创造或改进，这个过程可以重复多次。

方法的局限性：书写头脑风暴与绘图头脑风暴最适宜解决那些相对简单且开放的设计问题；参与绘图头脑风暴的成员需要具备良好的绘画能力，只有这样才能有效地表达想法或概念的精髓。

注意事项：不要在头脑风暴期间否定任何想法或意见。在完成头脑风暴后可以安排一个休息环节，因为，适当的休息有助于参与者从“不否定任何创意”的环节转换到之后的创意筛选环节。

### 6. 头脑风暴图像组织法

头脑风暴图像组织法可以创建新的想法和概念，还可以生动形象地探究问题空间，创造新知识。

传统意义上，头脑风暴图像组织法可用于激发设计小组创造力，针对某一个特定问题产生设计概念和想法。头脑风暴图像组织法有一些被广泛接受的原则，比如“数量比质量重要”“不要随意判断和批评”“借鉴彼此的观点”“欢迎古怪的想法”。这些指导性原则旨在创造一个安全的平台，供参与者随意表达和交流创意理念，在探索新想法的过程中不会受到别人的批判。

头脑风暴图像组织法也被用于开发人们思维。当设计小组挑战惯性思维，试图重新阐释问题组成部分的固有关系时，或者在一个区域内考虑非传统的替换方式时，可以利用头脑风暴图像组织法作为设计框架，以便更好地完成任务。

大多数的头脑风暴活动要求设计精确。设计小组可以采用以下头脑风暴图像组织法的可视化框架生动形象地交流沟通：

头脑风暴图。可以利用头脑风暴图开发核心概念或寻找核心问题，找出特点、论据以及相关想法。制作头脑风暴图有两种不同的方式：可以先确定中心，然后向外扩展；也可以先确定所有的组成部分，再精确提炼，最后确定中心主题。

树形图。可以利用树形图表达层次关系、分类系统或者主要论点与论据之间的关系。树形图的构建方式可以从上而下，也可以从下而上。通过这种方式，以及感性或理性的思维，集思广益地形成一个特定的主题。

流程图。可以利用流程图记录一系列的事件，代表同一系统中不同行为体的行为和步骤，安排交流过程或者显示相关要素之间的因果关系。流程图通常有起点和终点，有明确的时间安排，但也可以调整为封闭系统的形式。

人类大脑按照网络框架组织和存储信息。设计小组可以运用头脑风暴图、树形图和流程图这三种可视化框架，生动形象地解读头脑风暴中所获取的信息，打破并敢于挑战惯性思维模式。使用这些框架可以产生新的知识和意义，还可以在框架内部精确直观地记录头脑风暴过程。

7. 身体风暴

身体风暴是一种将头脑风暴运用在身体上的研究方法，通过结合角色扮演和模拟活动，激发新灵感，自然地形成可以体验真实场景的原型。

身体风暴是一种具有动态性、经验性、衍生性，并同时利用简单原型进行角色扮演的研究方法。设计师通过身体风暴这种研究方法在简单配置的或模拟的环境中亲身体验用户行为，并随着空间和场景的变化密切关注参与者做出的决定、参与者的交互式体验和情绪反应。这种方法可以在设计小组内部采用，也可以扩大范围邀请同行或用户参加，并听取他们的反馈。

传统角色扮演的主要功能是亲身体验的一种用户行为，而身体风暴则更鼓励设计师生成积极的设计理念、概念。除了模拟现有典型产品和环境特点的道具之外，身体风暴还可以在活动过程中融入并测试理念及想法。活跃的情境可以激发新灵感，并自然地创造出新产品和服务概念。如果过程顺利，身体风暴可以帮助人们在模拟环境中亲身体验，了解真实的情景并获得真实感受。

身体风暴中的原型或道具不需要很复杂。例如：用纸板或泡沫夹芯板便可以隔出一定的空间，简单的箱子或现有的家具可以充当设备、地标或障碍物，椅子可以充当飞机或汽车座椅，桌子可以充当担架或床，照明也可以调整到合适的状态。采用故事板可以体验到部分情景，而身体风暴在很大程度上是自发形成的，并且提倡即兴捕捉真实世界中的体验。

8. 涂鸦墙

涂鸦墙如同一张开放的画布，使参与者可以随意地在上面写下或画出使用某种产品、对当时的环境或系统的评价。

涂鸦墙通过自然的方式鼓励人们随意匿名地评论环境空间、系统或设施，激发人们的参与性。在墙壁或其他物体表面张贴大尺寸的纸张，并在旁边用线系好几支笔，使人们可以随意写下评论。纸张可以是空白的，也可以在纸张上面写下指导性问题，引导人们对某个主题做出评论。根据不同的环境，涂鸦墙可以比较随意地布置。

这种方法几乎适用于任何地方，特别适用于难以利用访谈或观察等传统方法在某种环境或情况之下收集信息的情况，例如，在调查伦理问题时需要尊重隐私或个人行为。这种方法也有效地应用于公共厕所的设计研究项目，收集关于目前的空间、卫生等具体问题以及改进意见等行为或者观点的直接反馈。这都归功于公共厕所本来就有的涂鸦文化。

需要每天定期拍摄涂鸦墙的记录，因为由于位置不同，纸张可能会破损、会被恶意破坏或被维修人员清理。在设计研究项目结束并拆除涂鸦墙后，涂鸦墙还能作为一种设计研究资料使设计师从中获取灵感。设计师需要与其他地方的涂鸦墙进行比较综合，然后进行内容分析。

涂鸦墙是一种低成本、高效率的方法。它通常不需要很复杂的材料，只需要大尺寸纸张、笔和记录过程的相机，就可以容易地收集许多参与者的评论。但这种方法也存在局限性，即几乎没有办法控制参与者，也不知道提供信息的参与者是谁。因此，涂鸦墙是一种非正式的方法，如果与其他探索性研究方法结合使用，可以有效地用于收集基本信息，激发设计灵感。

9. 设计讨论组

卓越的设计功能和特性能不断激发无数创意，并非常有可能获得优化的设计解决方案。如果设计小组拥有可以自由探讨和分享理念的创作环境，并且可以彼此借鉴，那么这样的设计团队就可以蓬勃发展。设计讨论组类似于小型研讨会。它为大家提供了一个合作的空间，可以创作并交流设计理念。设计师和非设计师，包括项目利益相关者、工程师和用户都可以加入，这样既可以为大型项目探索设计理念，又可用于具体界面设计（通常称之为平行原型设计）。

设计讨论组法源自生物界的自然选择和基因演变，旨在测试并选择最优秀的品种，为下一代打好基础。经过几代的筛选，最终选出符合各种条件且容易获得成功的群体（在设计讨论组中，得出的是解决方案）。

规划设计讨论组时，应选择一个可以激发创意、能使思想流动的物理空间。这个空间应该包括公共区域，可以使参与者汇集在一起探讨各种想法；也应该包括工作区域，供个人或小组讨论设计思路。在每一个工作区域中，都要提供可以激发创意的工具：纸质模板、铅笔、橡皮、彩色笔。在设计讨论组进行会议时，不需要高科技工具的辅助。主持人应该协调会议中所有的事情，如拍照或确保每个参与者获得其所需的物品。在一处可以聚集所有参与者的较大型场所展示并探讨会议结果。应该清楚说明的是，设计讨论组设计的基础都是前一个环节中选出的优秀理念。

通常情况下，不要纯粹支持某一个特殊的想法，因为只有通过相互比较才能得出更清晰的结论。当你希望深入探讨一个问题并快速获得多元化的思路时，可以考虑使用设计讨论组方法。一次设计讨论组可以快速产生几十种概念。但有一点我们应该清楚，这个过程速度较快，所以得出的都是粗略结果，最多也就是低质的保真原型。但可以再通过重复设计以及可用性测试和其他评价方法继续完善这些优秀的设计理念。

10. 协同设计

协同设计是一种参与式的设计方法，通常邀请几名参与者与设计小组成员一起工作，并在组织会议的过程中探讨共同的设计创意。

协同设计的研究以活动为基础，因此，这样的设计方式更有效、有趣且令人信服，有助于利益相关者相信他们的创意，并愿意表达自己的想法。虽然组织和运作协同设计费时费力，但付出的努力绝对值得，不仅可以迅速收集参与者的观点，还可以保证设计小组成员和用户都认可最终的结果。协同设计通常是在工作场所或所有人都方便出席的场所举办，这样也可以节约参与者的时间。

在设计探索阶段，协同设计可以运用拼贴、绘图或图表练习这样的方法，以了解用户的世界，并且创建设计理念。协同设计最常用于衍生性研究和弹性建模等注重共同设计的参与性阶段，并且提供创作理念和验证设计团队的方向。在评估阶段，参与者与设计师共同讨论设计理念，反馈信息，并为设计的修正和完善提供建议。

协同设计的流程通常包括几项活动，并由主持人提前策划安排。首先，概括介绍这次议程的主题和安排。其次，设计小组讨论相关话题，设计小组成员可以记录或者画下讨论结果。参与者可以在便笺纸上记录个人想法，然后由设计小组建立亲和图共同分享讨论。个人或规模较小的团队可以运用拼贴、绘画或其他形式表达创意，然后呈现给大家。最后，亲自制作简单设计工具的培训，以便使参与者构建实物模型、草图或故事板，或者在小型团队内进行角色扮演，体现如何通过设计解决问题。

协同设计的重要特征是需要为参与者和设计小组成员制定正确的时间和流程安排，为活动计划收集必要的材料，在符合计划安排的同时根据环境变化和设计小组的随机安排适当进行调整，记录会议的进展情况并在结束之后收集工作成果。为了实现以上这些目标，协同设计需要根据参与者的人数安排合适的主持人，并确保每个人都有明确的分工。

协同设计越来越多地被用于培训对设计过程和设计思维感兴趣的人。目前在企业培训和高层培训课程中的运用十分广泛。通过亲自参与的设计实践活动使商界以及其他行业的参与者可以更多地了解设计的研究、构思的过程和设计中的常用方法。

**11. 集体式设计**

集体式设计是指一种以建立共识、团体决定和大量重复为基础的设计程序。人们通常认为，集权式的团队会创造出优秀的设计，民主、人性化的团队往往做不出优秀的设计。许多人都认为这种“老大式”领导者的设计观念很适用，也非常具有吸引力。大家都相信一个伟大的设计案例就需要史蒂夫·乔布斯这种人来掌舵执行，才会取得成功。然而以上这种观点充其量只是一个个案曲解，但在大多数成功设计案例中，这种观点则是完全错误的。

集权式设计通常适用于时间导向，需求相对直接，可以容忍错误，以及相关领导不太重视的设计案例。需要指出的是，除了发明家、大牌设计师和企划处外，几乎所有的现代设计在某种程度上都是集体式设计（例如客户、品牌经理人等）的结果。认为伟大设计通常是出自集权式设计，往往是道听途说。

集体式设计适合于品质导向、需求复杂、追求完美和相关企业领导重视的设计案例。例如，美国太空总署的每项飞行任务，都是采用高度参与化的设计流程，在设计过程中会有无数的工作团队和评论委员会介入，还会有各类专家层层把关。这个流程非常耗时且花费很高，同时流程又非常复杂，不容一丁点儿错误发生，而且相关人士的意见非常重要。可以说，太空飞行科技的每个部分，都是集体式设计的产物。

最理想的集体式设计是：设计团队的组成多元化，有偏见和影响力的成员最少化，鼓励决策当局在一致同意的架构中运作，以高效率的方式收集、分享成员的贡献和投入，采用理想的小组规模（工作小组由 3 名成员组成，评鉴和决策小组则应包含 7 ~ 12 人），简化指挥模式以加速决策，并确保设计过程不会拖延或陷入僵局。

当设计品质的要求、错误率和用户的接受度为首要因素时，可采用集体式设计；当设计时间被作为用户要求的首要因素时，可考虑采用集权式设计。大多数设计案例适用某种形式的集体式设计，因为一般而言，在减少整体失败风险这点上，集体式设计胜于集权式设计。毕竟不太优秀的集权者占很大比例，而且集权式设计往往缺乏集体式设计的错误更正能力和组织安全性。民主的确重复而缓慢，但比较谨慎，也不太容易犯错。两种模式各有侧重，要根据不同的情况而定。

### 12. 形态分析

形态分析旨在运用系统的分析方法激发设计师创作出原理性解决方案。运用该方法的前提条件：将一个产品的整体功能解构成多个不同的子功能。

设计师在概念设计阶段绘制概念草图的过程中，可以考虑使用形态分析。在使用该方法之前，需要对所需设计的产品进行一次功能分析，将整体功能拆解成为多个不同的子功能。许多子功能的解决方案是显而易见的，有一些则需要设计师去创造。将子功能设为纵坐标，将每个子功能对应的解决方法设为横坐标，绘制成一张矩阵图。这两个坐标轴也可以称为参数和元件。功能往往是抽象的，而解决方法却是具体的（此时无须定义形状和尺寸）。将该矩阵中的每个子功能对应的不同的解决方案强行组合，可以得出大量可能的原理性解决方案。

运用形态分析之前，首先要准确定义产品的主要功能，并对将要设计的产品进行一次功能分析。然后用功能和子功能的方式描述该产品。所谓的子功能，即能够实现产品整体功能的各种产品特征。例如，一个茶壶包含以下几个不同的功能：盛茶（容器）、装水（顶部有开口）、倒茶（壶嘴）、操作茶壶（把手）。

功能的表述通常包含一个动词和一个名词。在形态分析中，功能与子功能都是相对独立的，且都不考虑材料特征。分别从每个子功能的不同解决方案中选出一个进行组合，进而得到一个原理性解决方案。将不同子功能的解决方案进行组合的过程就是创造解决方案的过程。

主要流程：步骤 1，准确表达产品的主要功能。步骤 2，明确最终解决方案必须具备的所有功能及子功能。步骤 3，将所有子功能按序排列，并以此为坐标轴绘制一张矩阵图。例如，如果需要设计一辆踏板卡丁车，那么它的子功能为：提供动力、停车、控制方向、支撑司机身体。步骤 4，针对每个子功能，在矩阵图中依次填入对应的多种解决方案。这些方案可以通过分析类似的现有产品或者创造新的实现原理得出。例如，踏板卡丁车停车可以通过盘式制动、悬臂式刹车、轮胎刹车、脚踩轮胎、脚踩地、棍子插入地面、降落伞式或其他方式实现。运用评估策略筛选出有限数量的原理性解决方案。步骤 5，分别从每行挑选一个子功能解决方案组合成一个整体的原理性解决方案。步骤 6，根据设计要求谨慎分析得出的所有原理性解决方案，并至少选择 3 个方案进一步发展。步骤 7，为每个原理性解决方案绘制若干设计草图。步骤 8，从所有设计草图中选取若干个有前景的创意进一步细化成设计提案。

方法的局限性：形态分析并不适用于所有的设计问题，与工程设计相关的设计问题最适宜运用此法。当然，设计师也可以发挥更多的想象力，将此方法应用于探索产品的外观形态。

注意事项：通过不同的组合方式，能快速得出大量的解决方案，如一个 $10 \times 10$ 的矩阵可以得出一百亿种不同的解决方案。因此需要极其严格地评估每一行的子功能解决方案并归类，然后进行有效组合，得出有限数量的原理性解决方案。在分析每一行的子功能解决方案时，可以对照设计要求，将它们按照与子功能的相关性的顺序排列，这样有助于选出最合适的几个方案，并按照重要程度将所有子功能组合进行排列。初始阶段，只需评估最重要的子功能组合。选定一两个备选解决方案组合进行评估，选出最佳解决方案，并将其发展成一个较完整的原理性解决方案，再进一步细化成更为成熟的设计提案。通过强行组合的方式挑战自己的思维局限，可以得出一些反直觉的解决方案组合。

13. 奔驰法

奔驰法是一种辅助创新思维的方法，主要通过以下 7 种思维启发方式在实际中辅助创新：替代（Substitute）、结合（Combine）、调整（Adapt）、修改（Modify）、其他用途（Put to another uses）、消除（Eliminate）和反向（Reverse）。

奔驰法适用于创意构思的后期，尤其是在产生初始概念后陷入“黔驴技穷”的困境时。此时，可以暂时忽略概念的可行性和相关性，借助奔驰法创造出一些不可预期的创意。在头脑风暴的过程中也常常用到此方法，参与者可以在这些创意的基础上通过奔驰法进一步拓展思路。独立设计师也可在个人项目中独自运用此方法。

一般情况下，设计师可以运用上述 7 种启发方式针对现有的每一个想法或概念进行提问思考。通过该方法产生更多的创意之后，对所有的创意进行分类，并选出最具前景的创意进一步细化（这一点与头脑风暴相似）。

主要流程：步骤 1，替代。在另一个不同的情境中，该产品的行为方式会如何？创意或概念中哪些内容可以被替代以便改进产品？是否能将该产品的废料回收利用，创造一些新的东西？哪些材料或资源可以被替换或相互置换？运用哪些其他产品或流程可以达到相同的结果？步骤 2，结合。哪些元素需要结合在一起以便进一步改善该创意或概念？试想一下，如果将该产品与其他产品结合，会得到怎样的新产物？如果将不同的设计目的或目标结合在一起会产生怎样的新思路？步骤 3，调整。创意或概念中的哪些元素可以进行调整改良？如何能将此产品进行调整以满足另一个目的或应用？还有什么和你的产品类似的东西可以进行调整？步骤 4，修改。如何修改你的创意或概念以便进一步改进？如何修改现阶段产品的形状、外观或给用户的感受等？试想一下，如果将该产品的尺寸放大或缩小会有怎样的效果？步骤 5，其他用途。该创意或概念能怎样运用到其他用途中？是否能将该创意或概念用到其他场合，或其他行业？步骤 6，消除。已有创意或概念中的哪些方面可以去除？如何能简化现有的创意或概念？产品的哪些特征、部件或规范可以省略？步骤 7，反向。试想一下，与你的创意或概念完全相反的情况是怎样的？如果将产品的使用顺序颠倒过来，或改变其中的顺序会得出怎样的结果？试想一下，如果你做了一个与现阶段创意或概念完全相反的设计，则结果会是怎样的？

方法的局限性：奔驰法的介绍中虽说只要运用 7 种思维启发方式就一定能得到创新的结果，但得出创新的质量很大程度上取决于设计师如何应用这些思维启发方式。因此，该方法对未受过专业训练的设计师而言效果并不理想。

注意事项：奔驰法中所涉及的 7 种思维启发方式是创新思维的核心所在。上述提及的这些问题应该在设计师脑海中徘徊。换言之，要有效地使用该方法，设计师需要不断地反问自己各种挑战性问题或根本性问题。如果想最大化地从该方法中汲取优势，就必须要学会如何挑战自己的创造力。也许有时需要提出一些近乎疯狂的问题，例如：“假如我是一只苍蝇，这个想法在我眼里会是怎样的？”

像多数其他创新过程一样，要避免过早地摒弃一些看似不切实际的想法。所有的评估应该在评估归类阶段进行，此时，可以去除一些明显不可行或并不相关的想法，并将选出的创意或概念进一步细化，以推进设计。有时，需要经过几轮奔驰法的问答，才能得到令人满意的结果。

14. How-to 法

How-to（如何……）法以提问的方式陈述设计问题，辅助设计师生成创意。How-to 法的每个问题都与未来产品的生命周期以及利益相关者息息相关。

How-to 法在概念创意的初始阶段对设计项目最有帮助，它能帮助设计师从不同的角度重新阐释设计问题，激发设计团队更顺利地生成创意。例如：我在机场该如何搬运行李？我该如何将冷冻食物运送到商场？

How-to 法的造句方法灵活多变，很适合作为团队设计的工具。它的目的在于多角度发散说明设计问题，让每位团队成员都从不同角度清晰、全面地了解设计问题。值得注意的是，在使用 How-to 法的过程中需要遵循一系列原则：不要过早持否定态度，在他人的创意基础上进行联想，让数量成就质量等。这是一种能够迅速激发创造力的开放式提问方法。通过一系列广泛多元的提问，让设计师对面临的设计问题有一个全方位的了解。

在运用 How-to 法之前需要先起草一份问题说明，该说明通常可从问题分析中得出，这是一段描述设计问题的简短文字。然后，用“How to”的形式尽可能多地提出一系列问题，这些问题能刺激设计师快速思考大量的创意。每个问题都与未来产品的生命周期以及利益相关者息息相关。例如，若觉得某一产品的运输过程在其生命周期中至关重要，就可以这样提问：“如何尽可能多地将这一产品装进一个标准的集装箱里？”

How-to 法问题的准确性对产生的结果有决定性的影响。当面对一个问题毫无头绪时，可能需要反思一下该问题是否准确，然后适当调整该问题的表述，将其更具体化或更抽象化。为了达到准确提问的目的，应该从主要设计问题中提取出各个子问题，并在此基础上进行下一步创造。但这也并不是一概而论的，如果需要得出一个整体性（或整合性）的创意，则需要将问题更抽象化！总而言之，How-to 法可以激发设计师的创作灵感。

主要流程：步骤 1，简短地描述所面临的设计问题并邀请小组成员共同讨论该问题所涉及的利益相关者和与未来产品有关的其他各方面因素。此时，可以运用思维导图。步骤 2，邀请小组成员从不同利益相关者的立场和具体产品的不同生命阶段出发，尽可能多地用“How to”的形式提出问题。此时，可以运用便利贴或白板等工具进行记录。步骤 3，评估所得到的问题是否重复。步骤 4，从所得问题中筛选出能涵盖主要设计问题各个方面的问题，即能涵盖不同的利益相关者和未来产品不同生命阶段的问题。全组成员一同思考创意，试着从一个问题入手，直至不能再想出新的创意为止。然后着手下一个问题，直到回答完所有问题。

方法的局限性：How-to 法适用于概念设计的初始阶段，因为此时设计问题相对开放，设计的空间也较大。How-to 法需要参与人员熟悉手头的设计问题，最好对问题所涉及的利益相关者以及未来产品的各个生命阶段都有所了解。

注意事项：选择问题时需要十分谨慎，如果面对某个问题难以产生创意，则需要反思该问题的表述是否准确，然后适当调整问题的表述直至能顺利产生创意想法。

### 15. 思维导图

当一个主题或问题出现许多变动因素时，可以运用思维导图的方法使问题空间呈现视觉化效果，以便深入了解这个主题或问题。

思维导图是一种视觉思维工具，在不清楚信息之间的关系时可以用于激发灵感，产生观点和概念。它是一种形象地表达头脑中信息的非线性方式，使我们可以综合、解释、交流、存储和检索信息。思维导图本质上是一种视觉化的图表，也是一种强大的记忆工具，可以增进了解，加深对问题空间的认识。

由于人们的思维方式很少是线性结构的，而且面对复杂问题时不会采用彼此孤立的简单方法，所以思维导图可以反映人们如何考虑某个问题的复杂关系。

当思维导图逐渐成形，并把数据转化成有意义的主题和模式时，就可以总结和验证假设，建立和打破联系，并且考虑替代方案。

思维导图应该不超过一页纸的大小，虽然绘制关系网时允许充分发挥，但也不能过于眼花缭乱。绘制思维导图，请遵循以下步骤：

1）确定一个焦点问题作为思维导图的主题，在绘制过程中不能偏离主题。在纸张的中央写下这个主题并圈起来。

2）以主题为中心向外扩展，并用简单的动词、名词或词组标记。它们越接近中心，在图上的位置就越重要，这些都是初级关系。

3）确定了初级关系之后，每一个分支又会揭示更深层次、更精细的次级关系。用线连接初级和次级关系。正是这些概念之间的联系体现出了图表真正的意义。

4）在获得所有相关信息之前一直持续这个过程，不断地进行自由联想。如果有新的信息出现，就在图上标记出来。

5）观察一段时间后，再确定思维导图是否已经完成。这样主要是为了强化概念之间的联系，希望可以发现新的知识和理解。

研究人员为人们提供一种非线性的可视化方式，直观地呈现人们独特的思维模式，这样可以更好地理解人们优化和组织信息的各种方式。在思维导图完成之后，让用户解释图中各种信息以及代表的意义。按照这种方式，思维导图属于一种“自我描述”方法，应该配合以观察为基础的研究做进一步核查。尽管如此，这种方法还是可以发现人们基本的、独特的思维模式。

16. 拼贴

拼贴可以为设计小组提供灵感，让参与者形象地描述传统方法很难表达的思想、情感、愿望和生活的其他方面。

运用问卷调查和访谈等传统研究方法解释和表达内心的感受、想法和愿望会比较困难，或者令人感觉不自在，而拼贴可以减小研究难度，让参与者通过具体物件表达个人信息，作为谈话中形象的参考内容。

一套拼贴工具通常包括卡片或纸张，预先收集的图像、文字、形状和胶棒。近年来，有些研究还尝试使用定制的软件，通过屏幕来制作拼贴。虽然是由每个设计小组成员完成一个拼贴，但通常是几个设计小组同时开始工作。其中一个重要的环节是让参与者向设计小组或设计师展示他们的拼贴，清楚地解释选择图像的原因和图像代表的意义。演示过程中最好进行录像，以供日后分析或记录。

拼贴允许参与者按照自己的理解自由发挥。例如，参与者可以表达对某种现象（或技术、信息）的看法，在某些服务场所（例如，医院、金融机构）的经历，或者对家庭、工作生活的感受。一般的拼贴框架应该包括时间维度，例如，在过去、现在和未来的经历。可以让参与者在空白背景上拼贴，或者画好基本框架、线条。参与者按照指示把文字和图像安排在线的上下方、沿轴线、某个形状或具体物体的里外。

制作拼贴工具时，设计师面临的困难是：如何找到适当准确的图像和文字，图像和文字模糊不会影响参与者的观点，然而也要明确符合拼贴的主题；还要为参与者提供空白的卡片、贴纸和笔，让他们在拼贴过程中可以增添自己需要的内容。

运用定性分析在几个拼贴内部和拼贴之间寻找模式和主题。设计过程中可以使用或不使用特定的图像、文字和形状，可以正面或负面地使用各类元素，确定元素在页面上的位置以及各元素之间的关系。为保证分析的客观性和准确性，可以对比现场参与者和未在现场者对拼贴结果的理解，并逐一阐释对拼贴结果的理解，然后在设计小组中进行内部讨论，也可以分别参考参与者的叙述来分析具体物件。

#### 17. 闭门造车

“闭门造车”即 NIH 症候群（也称“与我无关综合征”），是一种组织现象，该团体拒绝来自外部的概念和资源进入，经常会导致低于平均水平和无谓的重复（也就是“闭门造车”）。第一个例子是一件令人质疑的重新设计案例，发生在美国：某公司引进某品牌计算机的时候，将计算机重新设计，并进行上市，这项改变虽然提高了该计算机的性能，但代价是枯燥乏味的外观尺寸和无数的软件不相容问题使该计算机成了一件失败产品。第二个例子是，虽然市场回馈和使用性研究早就指出，计算机鼠标的理想按键是两个，但某计算机公司还是拒绝改变，坚持使用一个按键的鼠标设计。第三个例子是，当某机器狗的一名忠实用户写出让机器狗随音乐跳舞的应用程序时，该机器狗的制造商的回应竟然是做出法律威胁，宣布发明无效。究竟是什么原因，让这些组织如此热衷于这类反生产的 NIH 症候群行为?

有四大社会动态构成 NIH 症候群：相信内部能力优于外部能力；害怕失去控制权；对信用和地位的渴望；投入内部创新的情感和财政资金相当可观。以成功创新为傲的组织，经常弥漫着因优越感而来的 NIH 症候群，过去的成功往往阻碍他们吸取外部资源的能力。通常都得经历一场重大失败，才会让这类组织学会谦虚，重新对待文化。害怕失去控制权的心态，通常是因为该团体察觉到自己的工作或地位在组织中受到威胁，此外，当产品以非预期的方式被使用时，一般也会出现这种情况。改正的方法是，组织的管理阶层必须说明目标和方向，让员工清楚了解该如何配合执行计划。因为投资创新而产生的 NIH 症候群，比较难克服。必须进行大规模的组织改造或更换管理阶层才有办法。

对付 NIH 症候群最好的方法是预防。首先，以专案为基础，进行设计小组成员的轮调和交错混编。让外部人员参与设计策略的拟定和发展阶段，为组织注入新观点和新思维。其次，鼓励设计小组成员定期和更广大的社群互动（例如，研讨会），定期追踪竞争对手的发展并进行环境扫描，以便和竞争对手及整体产业齐头并进。再次，考虑开放创新模式，开放竞争，并与外部组织协同合作，以制度化的方式让设计师不断接触新构想。最后，让设计小组成员了解 NIH 症候群的成因、代价和补救方法，因为知道问题所在，是预防和恢复的第一步。

### 3.2.2　设计表达方法

在实现创意概念的过程中，设计师会用到多种设计表达方法，例如：通过设计手绘快速推敲创意，通过草模型优化方案等。下文列出了具体的设计表达方法（见图3-5），有助于设计师在不同设计阶段快速表达创新性的概念，并对最终方案的实现产生强有力的推动作用。

### 1. 原型

原型是指根据不同解决方案制作的具体物品，供设计小组成员之间进行测试，或设计小组成员与客户及用户一起开发测试设计理念。

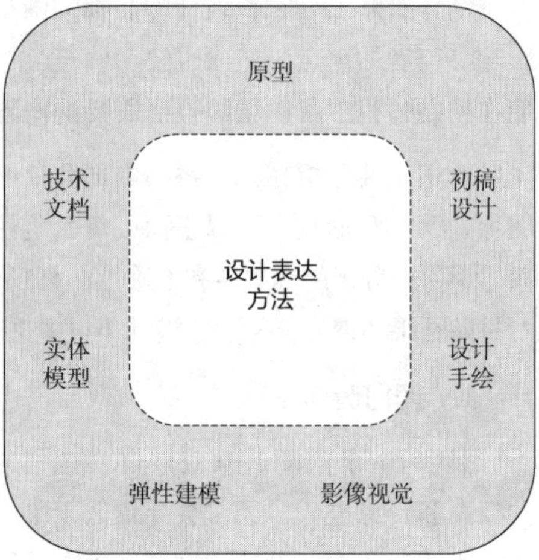

图3-5 设计表达方法

原型就像一幅画，胜过千言万语。把产品或界面概念转变成具体的实物，这是设计过程中的一个关键点，创造性地把研究和理念转化为实际的形式，供设计师、设计小组、客户和潜在用户进行主要的概念测试。

原型的设计要根据保真度的高低或者预计的完成程度而定，在所有设计的早期构思过程中，通常选择低保真原型作为概念草图、故事板或者草图模型。这些原型主要为内部开发使用，供设计师或设计小组检查产品设计。然而，在衍生性研究中，低保真原型是早期测试客户与用户理念的一种优秀工具，因此这种产品能有效地审查和及时反馈，以便反复修改。

关于界面和软件设计的低保真原型通常使用纸质原型代表界面屏幕。在完成一项任务或者接近一个目标时，参与者要标明想要在每一个页面上做什么，而设计师则会更换后几页的顺序来模拟界面反应。有时候需要直接用注释或代码在纸质原型上面记录出现的问题或获得的积极回应。

在平面设计中，“模板”是一种低保真原型。它是印刷品的模拟版本，通常供客户校对使用。在工业设计中，低保真原型可以作为基础原型被重复审阅，或者证明概念模型、测验形式和规模的各个方面。

高保真原型通常在外观和感觉上更加精致，有时候甚至连基本的功能都很像最终产品。这些在后期的评估测试中非常重要，客户和用户可以从审美、形式、互动和可用性方法提供反馈意见。高保真工业设计原型的实例包括计算机辅助设计（CAD）、实物形式的精密模型或者具有某种程度交互功能的工作模型。在软件设计方面，高保真原型通常意味着它是可以实现交互作用，能够提供真实用户体验并获得反馈意见的原型。

如果低保真和高保真原型是一个连续过程的两个端点，那么在这两点之间必然有许多不同类型的原型。例如，在设计机器的造型之前，通常要先在实验台不断展示和测试机器的功能，而在界面设计中，不需要任何的互动功能，通过屏幕就可以记录和呈现内容。

### 2. 初稿设计

初稿设计就是做出简单、不完整的设计概念或样稿。设计师可以借助模式，洞悉合乎现实的关键设计需求，从具体作品去进行评估与了解，同时在最终成品成形之前，改进设计规格。初稿设计有三种基本形式：概念、舍弃及演进。

要快速、低成本地探索初期设计创意时，“概念”初稿很好用。例如，动画的角色，早在昂贵的动画处理及算图之前，就要用概念素描及分镜脚本，制作出角色的外形与个性。这个方法有助沟通概念，显示设计需求与问题，还可以让目标人群做评估。“概念”初稿有一个常见的问题，就是“人造现实世界”，也称“非真实设计的拟真呈现”。因为一个好的艺术家或模式专家，有办法让任何设计看起来都可以使用。

要收集系统某些方面的功能和表现资料时，“舍弃”初稿很有效。例如，新的汽车模式设计会先用风洞测试，以求了解汽车外形的空气动力，进而改善。一旦获得所需信息，初稿便舍弃不用。“舍弃”初稿的常见问题，在于假定功能会按比例或适当地与最终设计整合在一起，当然这个假定常常是错的。

当许多设计规格都还不确定时，“演进”初稿便派得上用场。在“演进”初稿中，最初的初稿会持续被开发、评估、改进，一直到它演进成最后的系统为止。设计需求和规格从来都不是“最终产品”的定义，它们只是设计的下一个重复元素。例如，软件开发商总是利用“演进”初稿来处理快速多变的设计需求。“演进”初稿常见的问题在于设计师容易变得缺乏远见，只专注于微调现存的设计规格，而不探索设计的替代方案。

要在设计过程中加入初稿设计。用“概念”初稿开发及评估初步创意，用“舍弃”初稿探索、测试设计的功能及成效。要安排时间进行初稿评估与重复。如果设计需求不明确或变动不定，可考虑舍弃传统方式，用“演进”初稿取代。在评估初稿及设计取代方案时，要考虑到“人造现实世界”、比例缩放和整合性、缺乏远见等常见的问题。

### 3. 实体模型

实体模型是一个表现产品创意的实体，它运用手工打造的模型展示产品方案。在设计过程中，实体模型通常用于从视觉和材料上共同表达产品创意和设计概念。

在设计过程中经常用到实体模型，它在产品研发过程中有着举足轻重的作用。设计的整个过程不光在设计师的脑海中进行，还应该在设计师的手中进行。在工业环境里，实体模型常用于测试产品各方面的特征、改变产品结构和细节，有时还用来帮助公司就某款产品的形态最终达成一致意见。在量产产品中，实体模型通常用于测试产品的功能和人机特征。如果在设定好生产线之后再进行改动，所花费的成本和耗费的时间会非常多。最终的实体模型可以辅助准备生产流程和制订生产计划。生产流程中的第一个阶段称为“空系列”：这些产品从一定程度上讲仍是用于测试生产流程的实体模型。实体模型在设计中的作用主要体现在以下三个方面：

1）激发并拓展创意和设计概念。在创意和设计概念的产生阶段经常会用到设计草模。这些设计草模可以用简单的材料制作，如白纸、硬纸板、泡沫塑料、木材、胶带、胶水、铁丝和焊锡等。通过搭建设计草模，设计师可以快速看到早期的创意，并将其改进为更好的创意或更详细的设计概念。这中间通常有一个迭代的过程，即画草图、制作草模、草图改进、制作第二个版本的草模等。

2）在设计团队中交流创意和设计概念。在设计过程中会制作一个 1:1 的创意虚拟模型（Dummy Mockup）。该模型仅具备创意概念中产品的外在特征，而不具备具体的技术工作原理。通常情况下，在创意概念产生的末期，设计师会制作虚拟模型以便呈现和展示最终的设计概念。该模型通常也被称为 VISO，即视觉模型（Visual Model）。在之后的概念发展阶段，需要用到一个更精细的手板模型，用于展示设计概念的细节。该模型和视觉模型十分相似，都是 1:1 大小的模型且主要展示产品设计的外在特征。当然，该模型中可以包含一些简单的产品功能。在设计过程中，最终得出的实体模型是一个具备高质量视觉效果的外观模型。它通常由木材、金属或塑料加工而成，其表面分布了产品设计中的实际按钮等细节，表面也经过高质量的喷漆或特殊的处理工艺加工。这个实体模型最好也能具备主要的工作技术原理。

3）测试并验证创意、设计概念和解决方案的原理。概念测试模型的主要用途在于测试产品的特定技术原理在实际中是否依然可行。这类模型通常情况下是简化过的模型，仅具备主要的工作原理和基本外形，省去了大量外观细节，被称为功能模型（Functional Model）。产品的细节以及材料通常在早期的创意产生阶段已经决定。

主要流程：步骤1，在制作模型之前明确自己的目的。步骤2，在选材、计划和制作模型之前决定该模型的精细程度。步骤3，运用身边触手可及的材料制作创意生成的早期所用到的设计草模，但功能模型和展示模型就需要花精力详细计划制作方案。

方法的局限性：制作模型往往需要耗费大量的时间和成本。当然，在设计概念研发的过程中所花费的这些资源，将在很大程度上降低生产阶段错误发生的概率，若在生产中出现错误，其耗费的时间和成本则远不止于此。

注意事项：从一些草模案例中寻找灵感。在创意产生阶段，二维的草图往往不足以表现想法，因此，纸张和胶带制作的简单草模对激发设计师的灵感有很大作用。在设计学校中，能经常在学校的橱窗或模型工作间内看到展示模型；巧妙利用车间工作人员的专业知识帮设计师制作模型。熟能生巧，不断地练习制作模型的技能。

### 4. 弹性建模

弹性建模是一种参与性设计方法，由设计师或研究人员准备一系列预定的特征元素，参与者以此来设计软件界面、产品或者环境。交互设计师可以利用这种方法在纸上、卡片上，或者以电子形式预先定义界面元素，让用户按照自己的方式操作。这种方法能够帮助设计师了解最受欢迎的界面和组合，并为他们提供灵感。弹性建模还可以应用于环境设计和空间规划——利用模型零件或景观、家具、建筑元素的纸质模型灵活组合装配。

通常不需要明确规定弹性建模中各种设计组件的意义，要使用户可以根据自己的理解运用这些组件，充分发挥组件的功能。用户完成的设计组件可能代表现实也可能代表他们的理想。用户通过制作和演示具体的产品形式或界面进行交流。他们在构建产品的过程中和完成后都可以表达需求和愿望。设计师在讨论的过程中可以询问他们具体的设计定义和预定的目标等问题。

为了分析产品，将弹性模型组合的产品收集起来或者拍照记录，并根据相似的特征、普遍的用户选择或者主题进行分类。参与者提供的信息可以为设计师提供指导性灵感，而使用弹性建模产生的模型和布局也可以形象地转化成精致的设计组件。

如果已经确定了设计需要用的组件，但无法确定组合方式时，最适合运用弹性建模这种方法。它可以帮助设计师有效地分析用户在完成任务的过程中更喜欢选择使用哪些交互元素或特征。设计师尤其要关注能让用户在使用过程中感到愉悦或快乐的那些元素，因为这些元素是能让设计的产品更加具有竞争力的激励因素。

### 5. 设计手绘

设计手绘是一种非常实用并有说服力的设计工具，对产品设计的探索和交流都很有帮助。作为设计决策的重要组成，设计手绘常被用于设计的初始阶段，如头脑风暴、设计概念的研究与探索以及设计概念展示阶段等。

在设计的初始阶段一般使用简单的设计手绘图表现基本造型、结构、阴影以及投射阴影等。这种设计手绘图需要设计师掌握基本绘图技巧、透视法则、3D 建模、阴影及投射阴影的原理等。由于上述技巧基本可以满足设计手绘图的表现力，因此不需要为所有设计手绘图进行上色。

当设计师需要将不同的创意进行结合形成初步概念时，需要考虑材料的运用、产品的形态、功能以及生产方式等。此时，材料的色彩表现（例如，亚光塑料或高光塑料）变得更为重要，设计手绘图也需要创作得更为精细。绘制侧视草图是一种快速简单地探索造型、色彩和具体细节的有效方式。

设计手绘图在设计的不同阶段发挥着不同的作用。在整个设计阶段，尤其是设计的整合阶段，探索性的设计手绘图能帮助设计师更直观地分析并评估设计概念。例如，帮助设计师分析并探索设计问题的范围；作为联想更多设计创意的起点；帮助设计师探索产品造型、意义、功能及美学特征；加入文字注解的设计手绘图有助于与他人交流设计概念，使他人更容易理解设计师的想法。

方法的局限性：设计手绘的技能需要持续不断地练习以积累经验，否则无法将设计概念完整地表现出来。有时候 3D 模型比设计手绘图更能直观、有效地表现设计想法，且易对产品进行说明。

注意事项：设计师一定要在开始绘图前确定手绘目的，并在此基础上依据自己的目的、时间、能力与工具等各种因素选择绘图的技法，因为设计手绘图只有在正确的情境中使用才有意义。只有有效地表现出设计师的想法，设计手绘图才算达到预期的目标。因此，设计的不同阶段可能需要不同的设计手绘图来表达。由于时间在设计项目中十分宝贵，快速完成的设计手绘图往往比 3D 渲染图在创意过程中的效率更高。对于创意的产生与评估而言，设计手绘图比 CAD 渲染以及实物模型更灵活易用，因为 CAD 渲染图看起来往往过于成熟、完整，不易更改。例如，当你在跟客户讨论设计方向或者可能性时，设计手绘图就更适用了。有一张纸或是数位板，再加几个绘图软件（例如 Photoshop，Corel Painter）便可以对头脑风暴中产生的创意做进一步完善的表达。手绘练习有助于提高设计师的图像理解力、想象力以及整体造型的表达能力。

### 6. 技术文档

技术文档是一种使用标准 3D 数字模型和工程图对设计方案进行精准记录的方法。3D 数字模型还可以用于模拟并控制产品生产及零件组装的过程。在此基础上，还能运用渲染技术或动画的手法展示设计概念。

技术文档一般用于概念产生后选择材料并研究生产方式的阶段，即设计方案具体化阶段。除此之外，技术文档也为设计的初始阶段提供支持，帮助生成设计概念，并探索设计方案的生产过程、技术手段等因素的可能性。有些项目需要从基础零部件开始建立技术文档，例如，电池、内部骨架等（自下而上的设计）。这些项目的工程图打印文稿可以作为探索设计形态、明确设计的几何形态与空间限制等的基础。通过快速加工技术可以创造出有形的模型，如壳型模型或产品外壳等。另外，技术文档还可用于制作产品外部构造（自上而下的设计）。

SolidWorks、Creo（PRO/E）一类的设计软件可用于构建参数化的 3D 数字模型。这类模型建立在特征建模概念的基础上，即不同的部件是由不同的几何形态（例如，圆柱体、球体或其他有机形态）结合或削减得出的。3D 数字模型不仅可以是体量的，还可以是曲面（即运用零厚度曲面）建模成型的，后者在有机形态中的使用尤为广泛。一个产品（或组装部件）的3D数字模型可以由不同的零部件组合而成，不同零部件之间的组合特征关系相互关联。如果有不错的空间想象能力，那么经过60～80小时的训练，便可以掌握基本建模技巧。标准的工程图在设计中的主要作用在于保证并规范生产质量并控制误差。因此，设计师应该对“制造语言”具备良好的读、写、说的能力。

主要流程：步骤1，在概念设计阶段创建一个初步的3D数字模型。在设计早期，可以运用动画的形式探索该3D数字模型机械结构的行为特征。步骤2，在设计方案具体化的过程中，在建模软件中赋予3D数字模型可持续的材料，并通过虚拟现实的方式观察、预测该部件在生产流程中的行为表现，例如，在注模和冷却过程中会出现怎样的情况。同时，也可以进行一些故障分析，例如，强度分析等。当然，还可以对产品的形态、色彩和肌理进行探索。步骤3，在设计末期，重新建立一个具体详细的3D数字模型，并导出所需的工程图，以确保设计方案在加工制造过程中能最高程度地达到其属性与功能要求。步骤4，在设计结束后，此3D数字模型可用于制造。另外，还可以利用3D数字模型的渲染效果图（例如，产品爆炸图、装配图或动画等）辅助展示产品设计的材料（例如，设计报告、产品手册、产品包装等）。

注意事项：预先确定建模策略和时间计划；制定产品数据管理策略（例如，文件管理、不同版本的部件和产品管理等）；尽可能对称地建立部件和装配件的3D数字模型；提早考虑产品在生产中可能遇到的实际问题；在设计具体化阶段，重新建模，将所有细节都包含其中；注意不同部件以及各装配件的特点和相互关系；运用工程图标准绘制合理的工程图；必须经常备份文件；3D数字模型和设计草图结合使用在设计过程中十分有效，但由于设计过程是一个逐步细化的过程，因此，无论是3D数字模型还是设计草图都会耗费更多的时间和精力。

7. 影像视觉

影像视觉能帮助设计师将未来的产品体验与情境视觉化，展示设计概念的潜在用途及为人类未来生活带来的影响。

影像视觉通过将图片、人物以及感官体验等抽象元素混合制作成影片，充分展示产品在未来场景中的使用细节，并将产品在特定场景中的使用情况进行展示，不仅强调了产品设计的功能，还体现了产品在特定环境中所产生的价值。影像视觉不仅能描述产品设计的形态特点（例如，一件真实的产品），还能展示产品引发的无形的影响（例如，使用者的反应以及情绪）。影像视觉为概念产品的设计、造型以及视觉展示方案提供了巨大的可能，尤其是在蒸蒸日上的服务设计（即处理人、产品和活动之间的交互关系的设计）领域更是应用广泛。

在需要将未来产品设计与服务的完整体验进行展示的设计项目中，影像视觉最适用。然而，制作一段令人信服的短片需要设计师不断地练习，因为这不仅需要特殊的能力与技术，还需要运用各种媒体与设备。影片制作是一项重复迭代的过程，首先需要创建场景描述与故事板，其次进行电影脚本的拍摄，最后对影片进行剪辑与制作。这些制作程序将不断挑战设计师在未来使用情境内架构故事并展示产品概念的能力，该方法的设计价值也因此得以彰显。

影像视觉制作包含三个连续的步骤：步骤1，制作前期准备，即准备影片所需素材：制作故事板和（或）分镜头表；对材料进行合理安排，例如，产品、相机、灯光等；安排演员；安排拍摄地点。步骤2，制片，即拍摄影片。步骤3，后期制作，即对原片进行编辑并添加特效。

方法的局限性：影像视觉很容易占用大量资源，并需要特殊软件、器材以及技术的支持；制作者可能误入歧途，耗费大量的时间追求技术上的完美，从视觉上取悦用户但该方法最主要的价值应该是向用户传达与该设计有关的用户体验。

# 3.3 设计评估与细化

本节将涉及多个设计评估与细化的方法（见图3-6），包括创意概念评估、产品原型评估以及商业创新评估三方面。

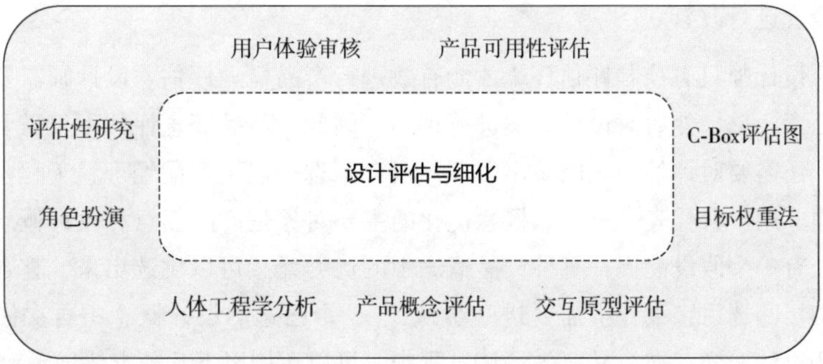


图3-6 设计评估与细化

## 3.3.1 创意概念评估

### 1. 评估性研究

评估性研究是指在设计开发过程中，测试潜在用户对原型、产品或界面的使用情况。评估性研究衡量讨论中的设计组件是否符合人们的期望，确定某种事物是否有用、可用、令人满意。它是设计领域最古老的研究形式，起源于历史悠久的产品、界面中人为因素的测试，俗称“用户测试”。为了避免被认为是测试参与者的术语，现在更偏向称之为“产品测试”。此外，过去的测试主要是针对性能的测试，用于测试完成任务的速度和精确性等变量，但是现在设计评估的重点更加全面，也收集偏好等因素的反馈，包括用户的审美和情感反应。因此，评估性研究涵盖的方法可以测量人为因素、人体工程学、实用性、审美反应和情感共鸣。

最好不断重复评估性研究的过程，根据周期性的概念和原型开发，从潜在用户中获得反馈，以便改善产品和界面细节。不要等到发布最终产品之前，才进行评估性研究，因为此时改变设计既复杂又昂贵。在设计研究的初期，评估现有产品是非常有用的。无论了解竞争产品或产品更新，还是了解同一系统内的互补产品，评估性研究都可以为新产品开发提供参考建议。

在实验室中运用科学实验模型可以严格控制评估过程，这种方法的好处是可以控制外扰变量，但也可能影响其真实性。根据原型的保真度不同，人们可以在真实世界或接近真实世界的条件中使用产品或原型进行灵活性的评估。这种方法的好处是更加真实，但可能没有办法控制其他重要变量。

现在的群众外包方法可以邀请参与者进行在线测试，评估页面、导航，使用原型界面设计和框架，完成最终的数据分析，并用图形和点击热图呈现视觉效果。虽然评估性研究通常包含对潜在用户的测试，但其他方法还邀请了专业评估人员评估产品和界面，比如认知过程浏览和启发式评估。

在深入探索和衍生性研究之后进行的评估性研究通常是为了验证研究结果，评估研究人员在重复和改善设计的过程当中是否考虑了用户的反馈意见。

### 2. 产品概念评估

设计师可以运用产品概念评估了解目标用户和其他利益相关者对设计概念的评价，并依此决定设计方案中的哪些因素需要进一步优化或对是否继续发展该设计概念做出决策。

产品概念评估可用于整个设计流程中：概念筛选通常建立在大量的产品创意和设计概念的基础上，因此在设计流程的初始阶段使用频率更高；概念优化则常被用于设计流程的末期，因为此时设计师需要对现有的概念进行改善。

通常情况下，设计师只有控制评估环境才能有效进行产品概念评估。设计师需要引导参与者对照预先设定的评估因素清单，然后对设计方案进行评估。因此，产品概念评估不仅需要预先产出大量待评估的设计概念，还需要对评估的原因做出解释。概念筛选一般由产品经理、工程师、市场专员等专业性较强的专家而非用户群代表来进行。概念优化的主要对象是产品创意和设计概念中所涉及的具体部件和元素。此处有一个假设前提：每种产品概念中的优秀元素可以挑选出来，整合成一个最优的设计概念。在经历初步筛选后，设计师需要进一步从 2 ~ 3 个已选的设计概念中再次做出选择，并决定是否继续发展这些设计概念。在产品概念评估过程中，可以运用以下几种方法展示设计概念：

1）文字概念：运用场景描述形容用户如何使用该产品，或列举该创意的各方面特点。

2）图形概念：运用视觉表现方式呈现产品创意。在设计流程的不同阶段可以灵活运用不同的表现方式，例如，设计草图、详细的 3D 数字模型等。

3）动画：运用动态视觉影像展示产品创意或使用场景。

4）虚拟样板模型：运用三维的实体模型展示产品创意。

主要流程：步骤 1，描述产品概念评估的目的。步骤 2，选定进行产品概念评估的方式，例如，个人访谈、焦点小组、讨论组等。步骤 3，运用适当的方式表现设计概念。步骤 4，制定一个包含下列内容的评估计划：评估的目的和方式、受访者的描述、需要向受访者提出的问题、产品概念需要被评估的各个方面、测试环境的描述、评估过程的记录方法、分析评估结果的计划等。步骤 5，寻找并邀请受访者参与评估。步骤 6，设定评估环境，并落实记录设备。步骤 7，引导参与者进行概念评估。步骤 8，分析评估结果，并准确呈现所得结果，例如，以报告或海报的形式展示结果。

### 3. 用户体验审核

体验不是存在于真空中无法触摸的，相反，它们会随着时间推移逐渐显露出来，并受到多种因素影响。用户体验审核捕捉用户利用产品或服务完成某个任务或实现某个目标时的所做、所想和所用。整个体验过程为设计小组提供了区分喜悦、冷漠或挫折等特殊时刻的框架——包括前、中、后三个阶段。把体验过程分成几个明显阶段，可以帮助设计师评估每个阶段应推动或是阻止体验过程——无论是直接还是间接地涉及产品或服务。个别的时刻还是设计师获取灵感的源泉，使其从中发现创新的可能。

设计师在进行用户体验审核时，重要的是运用丰富的定性数据建立工作框架，以反映用户的社会、环境和财务的实际状况以及他们基本的信念、价值观和愿望。例如，访谈和引导性叙述可以阐释人们的体验过程，从而引导设计师获得审核内容。经历的情境（或者框架）是因人而异的，只有当设计师充分地了解这些背景之后，才能形象地反映真实的审核过程，才能认识到哪些时刻是因为情感爆发，哪些时刻是受到情境因素的影响，用户什么时候需要帮助，什么时候希望自己解决，哪些时刻是习惯性或“普通寻常”的（创新因此而成熟）。用户体验审核还可以帮助设计师发现哪些方面还需要进行深入研究，以及产品的哪些方面还存在不足之处。

为了适应不断变化的社会、经济和技术因素，需要在产品的生命周期内反复进行用户体验审核，与用户交流他们的体验经历。用得到的人性化数据构建一个框架，形象地讲述人们在更广阔的真实环境中使用产品或服务时的体验，这样会更加令人信服。在理想情况下，这些发现可以帮助研究小组从用户的角度出发，逐步形成对产品或服务使用的整体看法，最终设计出更好的产品，改善用户已有的情境和行为。

4. 角色扮演

角色扮演是由设计师扮演用户的角色，假设用户在现实场景中的日常活动和行为的一种方法。这种方法相对来说成本较低且投资较少，但是仍然需要投入一些精力，才能让角色扮演与用户的现实生活紧密联系起来。

设计小组的成员必须愿意参与并且能够逼真扮演，但有时候扮演者可能会过于投入，以致在社会交流中做出伤害性或破坏性的行为、言语和反应，因此需要谨慎小心。事实上，由于情况不同，有些角色扮演被指责不够真实，有些却太过真实，因此，对角色扮演的批评可以使我们更加注意找到适当的平衡点。

通常情况下，安排角色扮演比较容易，只需要房间里面有人就可以。但如果要求环境背景更复杂，就需要采用模拟活动。如果要求扮演更严格，要产生创意性概念，就需要采用身体风暴的方法。在角色扮演或者模仿用户使用场景时，需要介绍一下整体情况或者提出建议，以需要采取的行动、完成的任务、达成的目标作为指导。然后，扮演者开始扮演各自的角色，其中包括用户和利益相关者。角色扮演要尽量接近真实生活，因此期望并鼓励扮演者即兴发挥。

扮演者很难自己记录扮演的过程，因此应该让设计小组的其他成员通过拍摄照片、录下视频或做笔记等方式记录这些过程。为了了解事情经过，在事情发生之后需要全面分析整个过程，并评估角色扮演带来的真实感受——这个步骤不可缺少。

在设计过程中，可能会遇到无法直接观察用户使用场景，直接观察用户使用场景可能涉及道德问题（比如调查个人敏感问题），或者很难找到实际用户等问题，这时候使用角色扮演就显得尤其有效。然而，角色扮演应该尽可能依据现实场景和用户行为，并用收集到的足够信息指导整个过程，或者至少结合访谈、脉络访查或次级研究等方法，在活动结束之后与真实用户交流，并与真实情况进行对比。

5. C-Box 评估图

C-Box 评估图是一种归纳评估大量设计概念的矩阵图。该方法将所有被评估的设计概念按“创新性”和“可行性”的高低程度排布在一个坐标系中。

C-Box 评估图往往用于概念创意的早期阶段，尤其是在头脑风暴后获得了大量创意（例如，产生了 40 个以上的创意）时。制作一张 C-Box 评估图能帮助设计团队对所有概念创意展开讨论，从而加强对解决方案的理解。同时，也能使所有设计师就设计流程的主要方向达成共识。

首先，需要收集大量的早期创意（约40～60个）。其次，设定纵横坐标轴。最后，将所有的创意想法标注在所对应的坐标位置上并进行归类。C-Box评估图将通过图中的四个象限全面展示所有的创意。基本上所有的概念创意将在坐标系的四个象限中被区分开来。

主要流程：步骤1，在一张大纸上绘制一个坐标系，形成一个2×2的C-Box评估图：X轴代表创新性，其下端代表创新性不高的创意，其上端代表令人耳目一新的创意；Y轴代表可行性，其左端代表可以立即实现的创意，其右端代表不可行的创意。步骤2，将所有创意写（画）在纸上，可以利用便利贴或A5大小的纸。步骤3，设计团队的所有设计师参与到创意的讨论中，对照坐标轴所示的参数将所有创意粘贴到C-Box评估图的对应位置上。步骤4，选定一个最符合设计要求的象限。

将所有的创意都填入C-Box评估图后，就意味着已经成功迈出了第一步，此时可以继续进行下面的步骤，例如，挑选出最具开发前景的创意进行深入设计，并且摒弃那些最没创意且不可行的创意。

#### 6. 目标权重法

目标权重法根据每个设计概念的整体价值来比较、评估不同的设计概念。当设计师必须在筛选出的几个设计概念（或原理性解决方案）中做出选择时，可以采用目标权重法。该方法通常用于评估不同的设计概念，并选出一个适合进一步细化发展的最佳方案。目标权重法会分别赋予不同的设计标准一个权重系数，然后基于每个标准对不同的设计概念进行评分，最后得出一个权重总分，并据此选择出最佳的设计方案。

目标权重法依据不同的设计标准分别为每个设计概念进行评分。然而，这些用于评估的设计标准，其重要程度也不相同。例如，对于某个设计而言，其成本的重要性要低于外观美感的重要性。目标权重法能将这些设计标准的重要程度也纳入考虑，从而使得评估结果的可信度更高。可以将权重系数按照重要程度分为1～5等，或者依据选定的权重系数总分按比例分配给不同设计标准，例如，可以将权重系数总分设定为100分。

主要流程：步骤1，选定方案决策需要参照的设计标准。步骤2，选择3～5个设计概念进行评估。步骤3，比较设计标准的重要性，分别赋予其相对的权重系数。步骤4，建立矩阵图标，纵坐标为不同的设计标准，横坐标为不同的设计概念。步骤5，根据设计要求的完成程度，分别对每个设计概念进行评分，可以按照1～10的梯度给分。步骤6，计算每个设计概念所得的总分（权重系数×设计要求评分）。步骤7，建议选择总分最高设计概念。

注意事项：目标权重法在实践过程中需要保证评估的连续性，以及不同概念之间的关联性。在讨论和核实设计标准的权重系数以及设计概念的评分时需要对照所有的设计标准与设计概念。在决定设计标准的权重系数时，强烈建议将设计标准分别进行比较。

### 3.3.2 产品原型评估

#### 1. 交互原型评估

交互原型评估用来模拟并测试用户与未来产品的交互。它能帮助设计师在设计概念发展的早期进行概念评估，促使设计师在概念发展阶段形成一个快速学习周期。

交互原型评估可以运用于整个项目设计周期，但通常情况下与概念发展阶段制作的粗略原型配合使用最有效。设计师通常会为未来的目标用户与目标产品预设一种特定的交互方式。运用交互原型能快速实现该交互方式并能对设计师预设交互行为的可行性进行测试。通过这种方式，设计师能结合真实的用户反馈对设计概念进行迭代改进。交互原型也能帮助设计师更好地与用户交流未来产品的交互方式。此外，交互原型还能将设计师带入产品与用户交互的各种情境。这些交互情境能为设计师提供与用户体验相关的具体产品信息（例如，使用场合、使用顺序、几何形态特征、材料品质等），从而改进设计大纲和设计要求。

交互原型是在动手制作的过程中不断完善的。设计师可以运用交互原型评估灵活地想象并细化未来的交互方式。该方法将用户的注意力集中于未来的交互方式上，可小规模地使用该方法（一次性或重复使用皆可）。设计师可以运用交互原型评估的方法测试并观察用户对设计概念的感受，从而确定产品的设计特征（例如，物理形态、产品使用顺序等），也能从中看到设计中的知识空白。使用该方法能深入洞察设计师产品设计概念的交互体验特征。使用该方法所得结果有助于设计师进一步发展设计概念并将设计要求清单全面细化。

主要流程：步骤1，为预期的交互方式绘制一张快速场景草图，即故事板。步骤2，制作一个交互原型，即一个粗略、简单的模型，用来探索想表达的各种设计特征。步骤3，邀请用户（或用户扮演者）如同使用真实产品一般使用该原型（模拟与产品的交互过程），然后逐步调整改进最初的设计原型。不断重复该过程，直到得出一个令人满意的、能进入下一阶段发展的设计概念。该步骤需要注意：关注用户的行为，而非其语言；观察者务必记录整个交互过程。步骤4，评估观察所得的交互特点，例如，“用户和产品的互动方式很优雅”。将这些交互特点联系到产品设计中的各种属性上，按需修改设计。

方法的局限性：用户可能会将该方法与产品可用性评估混用。

注意事项：给自己预留一定的空间探索交互原型的不同形态。制作交互原型是一个快速的过程，尤其当设计师积累了一些经验以后。当设计师的能力达到一定程度后，可以让更多人参与到此方法中（例如，在用户会议中使用），尽量邀请一些有即兴表演或戏剧表演能力的人员参与。不过，这并不意味着非要找一个专业的演员或即兴表演者才能使用该方法。任何人都可以制作一个简单的交互原型并观察用户或用户扮演者与该原型的交互行为。所有的交互体验过程尽可能地用行为方式表达出来，避免过多使用语言对话。通常情况下，每个交互原型的使用和评估过程需要2~4个小时。

### 2. 产品可用性评估

产品可用性评估主要用于验证产品的可用性，该方法能帮助设计师了解在现实使用情境中该设计（概念设计或创意设计）的质量，并在测试结果的基础上进行改进。产品可用性评估通常适用于设计过程中几个特定的阶段，在不同阶段中，需要对不同的项目进行评估。

1）在开始阶段，需要测试并分析类似产品的使用情况。

2）在设计的初始阶段，可以运用草图、场景描述以及故事板等方式模拟设计概念并进行评估。

3）通过3D数字模型对造型和功能进行模拟评估，评估中期或终期的设计概念。

4）对接近最终产品的功能模型进行测评。在评估结果的基础上，可以就设计的有效性、效率以及满意度方面提出要求。同时，可能会发现一些错误、分歧、解决问题的其他可能性以及提高产品安全性和用户体验的新机会。

首先，通过有效的手段展示设计概念，并观察用户在现实中的使用情况。其次，观察用户的感知能力（使用中，用户是否能接收到或自己发现使用线索）、认知能力（他们如何理解这些线索）以及这些能力如何帮助用户达到使用目的。最后，观察用户有意或无意的使用情况。

在评估之前，设计师需要进行一番精心地准备，包括寻找合适的材料和参与者。对于一次简单的定性评估而言，一般需要4～10名参与者。最终得出一份设计改进要求清单。评估过程可以用录音、照片以及视频等形式记录下来，以便用于之后的分析与交流。

主要流程：步骤1，用故事板的形式表示预期的真实用户及其使用情境。步骤2，确定评估的内容（产品使用中的哪个部分）、评估方式以及在何种情境下评估。步骤3，详细说明提出的设计假设：在特定环境中，用户可以接受、理解并操作产品的哪些功能（即使用方式和使用线索的特征）？步骤4，拟定开放性的研究问题，例如，“用户如何使用这件产品”或“他们使用了哪些使用线索”。步骤5，设立研究：表达产品设计（故事板或实物模型等），确定研究环境，为参与者准备研究指南和研究问题。步骤6，落实研究参与者并让其知悉研究的范围（例如，个人隐私问题等），进行研究并记录所有活动过程，并观察参与者有意或无意的使用情况。步骤7，对结果进行定性分析（相关问题及机会）和（或）定量分析（例如，计算发生的频率）。步骤8，交流所得成果，并根据结果改进设计。在评估过程中往往会出现许多设计灵感。

注意事项：通常情况下，不需要通过招聘渠道寻找参与者，完全可以发动自己的关系网寻找客观、中立的参与者在会议室或私人空间进行评估。任何形式的评估都比无所作为强。如果资金紧张，也可以进行“游击式测评”。提前考虑参与者的个人隐私问题；提前培训没有经验的研究人员，若无任何经验或正确的研究态度，研究人员很难做到客观评估，同时，也可能使参与者觉得太咄咄逼人。邀请未参与或极少参与此次设计的人参与产品评估，熟悉项目的人容易受已知信息左右而影响评估结果，有时需要向某些领域的专家（例如，市场营销专家或管理人员）证明较小的采样也可能得出有效的评估结果。视频记录是非常有效的交流工具。可以就设计方向以及改进意见方面向参与者提出少许定性的问题，但只能在评估结束后提出，不要因为这些问题干扰了评估过程。评估结果的有效性会随着研究经验的积累而增加。

### 3. 人体工程学分析

人体工程学分析通常运用于评估工具、设备、装置、工作站、工作场所或者环境，使人们工作起来更顺手、更安全、更舒适。

人体工程学分析用于评估人们目前使用的产品或生活环境，通过适应、调整、更换设备等纠正措施改善条件，或者提供灵感以便重新设计。人体工程学分析可以通过评估同类产品或系统，以及参考人类研究、文献和标准，为新的设计建立人体工程学标准。

在人体工程学分析中常用的五个相互关联的标准包括尺寸、力度、范围、空间和姿势，包括微观（手指、手、工具）和宏观（四肢、身体、环境）衡量标准。

尺寸：系统地测量人体尺寸，评估现有的工具的尺寸是否合适，并根据人体尺寸设计新的工具。

力度：有效地使用产品和系统是对人体各部位的力度有一定要求的，比如手指完成触发式动作的力度、用手抓握物体或者施力的力度，以及四肢、躯干和全身完成抓举等动作的力度。

范围：从微观层面看，范围指的是手的宽度、工具和设备设计中的触摸点之间的距离、用来表示抓握的标准；从宏观层面看，范围指的是用来建立和评估有效的身体位置，确保用户安全有效地操作控制设备或工作站的零件、家电，使用建筑中的各种功能。5% 的女性使用者能否使用是范围的判定标准，即如果体型最小的用户都能抓握或使用，那么大多数用户都能做得到。

空间：指的是安全舒适地进行手部操作，在工具、机械内部和周围需要的有效空间，通常也指环境中没有障碍物时的最小空间。通常 95% 的男性使用者能否使用是空间的判定标准，即如果体型较大的用户都可以活动，那么相同体型或较小体型的人自然可以在这个空间内活动。

姿势：评估手部姿势时，应该避免在使用工具时手部位置过度偏离中间位置，即避免手部左右水平移动或上下弯曲。例如，人体工程学键盘会让手腕保持自然的中间位置。对于身体来说，健康的姿势需要减少弯曲，这样可以避免不适和疲劳带来的长期伤害。

尽管人体工程学分析通常对行为的评估是比较客观的，但加入定性评估也同样重要。例如，可以进行舒适度问卷调查，把物理测量和主观感受联系起来相互比较。

### 3.3.3　商业创新评估

商业创新评估主要为成本售价预估。成本售价预估能帮助设计师在设计流程的初始阶段粗略估算设计方案的成本和售价。该方法不仅能预估设计的成本与售价，还能为设计师提供一份不可忽视的额外成本清单。为了达到这个目的，设计师需要收集大量的具体信息，例如，材料选择、产品尺寸、包装和序列号等。设计新人容易忽略隐藏在生产链和分销链中的隐性成本，简单地认为花费 8.5 欧元购买的材料，经过加工后得到的产品以 10 欧元的价格从商店卖出，这中间的 1.5 欧元差价则是自己作为设计师的盈利。但在实际中，完全不是这样的。通过一些粗略的估计方法，设计师可以预估出一个相对实际的售价范围，并通过成本售价预估进一步了解运用何种部件、材料、细节或其他特征能够增加或减少设计方案的预算成本。

设计师可以用定性和定量两种方式来预估成本和价格。定性的方式是以现有产品为基础，将设计方案与现有产品比较得出一个定性的成本价格范围。定量的方式是通过将产品制造、销售的各种成本因素和利润空间累加计算。通过粗略地估计，可以预估产品的成本和售价。

主要流程：步骤 1，定性预估。将设计方案与市场上现有的同类产品做比较。假如要设计一款电动自行车，那么它的成本应该比普通自行车的高，比踏板摩托车的低。发动机的功率和电池的容量往往与成本成正比，增加额外的功能，变速器和轻便轮胎也会增加成本。通常情况下，运用昂贵的材料（例如，钛合金、碳纤维环氧树脂和表面贴片等）也会导致产品的成本增加。随着时间的推移，劳动力成本会逐渐成为决定产品成本高低的重要因素。劳动密集型零部件的成本往往相对较高，例如，焊接管道的成本比弯曲管道的成本要高。表面处理工艺也是开销较高的部分，例如，消除模具痕迹或抛光等工艺都是成本不低的工艺。工业设计通常涉及产品的产量，可能从几百个到上百万个产品不等，且每个系列的产品都需要特定的生产方法和制造成本。因此，控制成本的关键在于找到固定成本（例如，模具）与可变成本（例如，每个产品所需的材料和人工成本等）之间的平衡。注塑成型的模具费用相对较高，但若是大规模生产，则每个产品的模具开销很低，由此可见，聪明的设计能节约成本。

步骤2，定量预估。估算出材料成本：可以应用多种软件进行估算，也可以将包装成本考虑在内。许多粗略的估算方法可以帮助设计师简单估算产品的材料成本：一般而言，产品的销售价格为材料成本的7～8倍，更精确地说，产品的零售价是生产成本的3～4倍。产品的生产成本（即工厂售价）包含人工成本、包装费用和生产商利润等。通过获取这些信息，能更准确地帮助设计师预估产品的成本和售价。经验不足的设计师往往容易忽略产品的包装、运输、分销和增值税等成本。

注意事项：设计学校通常会忽略产品成本和售价的预估方面的教育，但学习设计的学生十分有必要尽早得到这方面的经验，因此，可以在许多教学项目中结合此方法进行练习。

# 3.4 设计实践法则

本节主要介绍设计实践中常用的法则，这些法则主要分为五种，分别为以“提升使用性能”为导向的设计法则、以“表达美感”为导向的设计法则、以“创造情感意义”为导向的设计法则、以“贴合用户认知”为导向的设计法则、以“商业系统创新”为导向的设计法则，如图3-7所示。这些设计实践法则会对设计师创意的发展和完善产生积极影响。

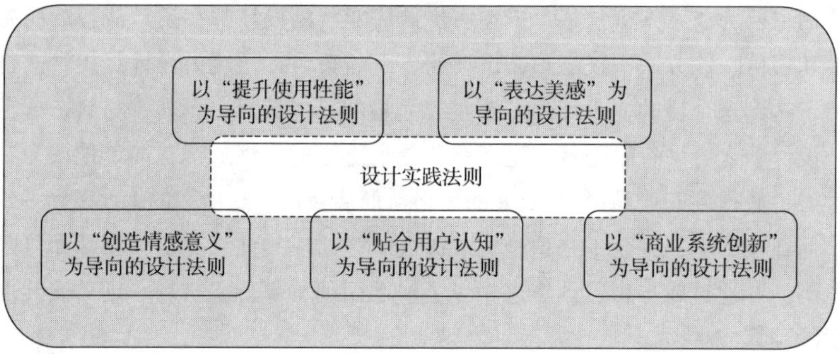


图3-7 设计实践法则

## 3.4.1 以“提升使用性能”为导向的设计法则

### 1. 无障碍使用法则

无障碍使用法则也称为无障碍设计和通用设计法则，其强调好的产品设计应该不需要特别调整或修改，就能很好地服务于各种需要的人。在过去，衡量一个优秀设计是否具有无障碍使用功能时，通常与残疾人的方便使用与否有关。随着人们对“无障碍使用”设计知识的认识和不断积累，人们逐渐地意识到这些设计出来的无障碍产品是适用于所有大众的，而不仅仅是为残疾人士服务的。好的无障碍设计具有四大要素：易读性、易操作性、简易性（简单易懂）和包容性。

所谓“易读性”，就是指不论使用者在感官能力上有何差异，能保证让每一位使用者都可以理解的设计。提升易读性的基本方法如下：

多种不同的标注形式来呈现信息（例如，文字、图像、触觉）；辅助性的感官科技设计提供产品的使用多样性（例如，在网页上的图片加注ALT标签）；以合理合适的方式来呈现操控装置和操控信息，让使用者不论是站或坐，都可以很轻易地去理解和操作。

所谓“易操作性”，就是指不论使用者的身体状况如何，都可以使用的设计。提高易操作性的基本方法如下：

最大限度减少使用者的重复操作和不必要的体力消耗；运用完善和简单的功能及指导准则，使操控装置变得更加容易使用；利用辅助人体活动的高科技，为使用者提供方便、温馨的操作环境（例如，残疾人的专用道路）；以合理合适的方式来呈现操控装置和操作信息，让使用者不论是站或坐，都可以很轻易地去操作。

所谓“简易性”，就是指不论使用者在经验背景、文化程度和注意力上有何差异，都可以保证每个使用者易于操控的设计。提高简易性的基本方法如下：

减去一些不必要的复杂装饰设计；采用清楚明了、持续统一的提示符号和操作信息来标明操控装置与操作方式；遵循循序渐进的展开方式来说明和标注相关信息与操控装置，减去一些无关的信息干扰；对于所有指令（操作说明），都应提供清楚的提示和反馈，确保信息简单易懂和易读性，以适合不同文化程度的使用者。

所谓“包容性”，就是指使操作错误及其导致的后果最小化的设计。提高包容性的基本方法如下：

利用健全的功能可见性和功能可操作性（例如，只标注正确使用方法）来预防错误；利用确认和警告来预防错误；加入设计自正性（设计自我调整）的操作功能和安全网，减轻或避免因错误造成的后果。

2. 包容性法则

包容性（Forgiveness）法则是指设计应该能让人避免错误的发生，而且当错误真的发生时，能把负面影响降到最低。

人难免会犯错，但不一定所有错误终会酿成灾难。设计的包容性有助于在错误发生之前防止，而且就算错误真的发生了，也能把负面影响降到最低。具有包容性的设计提供了安全感和稳定性，因此能鼓励使用者去学习、探索和使用设计。把包容性法则纳入设计的常见策略包括：

良好的功能可见性：设计的外观特征，会影响其使用的正确性（例如，特殊形状的插头只能插到适合的插座上）。恢复之前动作：如果错误发生或使用者改变主意，可以恢复前一个或先前多个动作（例如，软件中的取消功能）。安全网：装置或过程，可以把灾难性错误或失败的负面影响降到最低（例如，飞机上的飞行员弹射座椅）。确认：在执行重要行动指令之前，必须确认其意图（例如，在启动装置之前，必须先开锁）。警告：标志、提示或警铃，用来警告即将发生的危险（例如，前有急转弯的道路警示牌）。帮助：能帮助基本操作、答疑解惑、错误修复的信息（例如，使用说明书或服务热线）。

达到设计包容性的首选方法为：功能可见性、恢复之前动作，以及安全网。有效使用这些方法的设计，会用到最少的确认、警告及帮助功能。例如：如果有很好的功能可见性，就不太需要帮助；如果动作可以恢复，就不需要确认；如果安全网很完善，就不需要警告。使用确认、警告及帮助功能时，要避免隐晦难懂的信息或图示。一定要使信息清楚表明危险或问题，而且指出哪些动作可以做，或应该采取哪些动作。切记，太多的确认或警告会阻碍互动的流畅性，进而增加确认或警告被忽略的可能性。

运用良好的功能可见性、恢复之前动作以及安全网，来创造包容性设计。如果没办法做到，一定要在设计中包含确认、警告和良好的帮助功能。注意：如果设计成功互动需要动用很多外在力量，则表明设计不良。

3. 进入点

进入点（Entry Point）是指身体或注意力进入设计的点。一般来说，人们会用封面来判断一本书，用首页来判断一个网站，用大厅来判断一栋建筑。对系统或环境的第一印象，会影响后续对整体的感受和态度，同时也会再影响后续的互动品质。第一印象大部分是在系统或环境的进入点上形成。例如，有很多网站在进入时，必须先通过下载缓慢的首页，接着是下载缓慢的主页，随后是弹出的一系列广告窗口。对用户来说，经过一系列的操作才能进到一个网站，而且进去以后并不一定能够找到自己所需的资料。网站的这种登入方式一方面会让那些成功进入网站的使用者觉得沮丧和厌烦，另一方面会让一部分使用者因为登入缓慢和使用过程烦琐而离开。不管是哪种情况，对于网站的进一步互动都不是很好。优秀网站入口的设计是无障碍的、有导视点的和渐进式引导的。

无障碍：进入点不应该有障碍阻挠人进入。以下是几个进入点障碍的例子：停车场入口处、信息显示屏前，或零售店门口有销售员或其他任何阻碍人们前进的事物。这里所指的障碍不仅仅是功能上的，也是视觉上的。例如，疏于维护的大楼表面或人造景观就是一种影响人们进入的视觉障碍。

导视点：进入点一方面能让人明白行进方向，另一方面必须给使用者提供明确的导视点，以便使用者能正确地选择。运用导视点的例子有很多，例如，商场入口必须清楚显示店内概况和道路标识，网站首页必须提供清楚明确的导览和引导选择。导视点必须提供足够的时间和空间，让人们可以在全神贯注的状态下正确地选择。换句话说，不应该让人们受环境或他人的影响而感觉到任何不自在，例如，拥挤、急躁等。

渐进式引导：设计优良的登入点形象可以吸引、拉拢消费者。渐进式引导可以是报纸头版的怂恿标题、餐厅的接待员，也可以是位于商店入口再进去一点儿的流行商品展示或目的地标示（例如，厕所）。渐进式引导会让人想靠近、进入或通过入口。

在设计中，利用降低障碍、建立清楚地导视系统、采用渐进式引导，把进入点的效果扩增到最大。在进入点，要给予人们充足的时间和空间，来检视进行互动的机会。可考虑用渐进的引导方法，例如，设计精良的形象、优质的招牌产品等，借此吸引客户的眼球，吸引他们继续进入。

4. 导引手册

导引手册（Guide Manual）是一种利用已有的知识帮助人们理解新信息的教学技巧。导引手册是指在给出新信息之前，提供一些简要的信息模块，以口语、文字或图画的形式呈现，帮助大家更容易了解新产品的设计。导引手册和“概述”及“摘要”完全不同，它给予信息的形式更抽象，在提供细节之前给出一个大方向。因为这项技巧在特定的点上去切入，通常是以线性方式呈现（例如，传统的课堂教学），不适用于非线性方式或需要深入研究性学习。

导引手册分为两种：说明型导引手册和比较型导引手册。至于要选择哪一种，取决于信息对接受者来说是新知识还是已知的知识。如果接受者对于新知识一无所知或不了解，那么“说明型导引手册”就比较适用。例如，要教授一群对叉车完全没有概念的人去操控叉车，在教授之前，需要准备一份“说明型导引手册”，来向大家简要地描述这台机器及其功能。对于有相关知识背景的对象，“比较型导引手册”就较为适用。例如，要教授有经验的叉车司机来操作一款新叉车时，就可以使用“比较型导引手册”让他们对照、比较新旧叉车的特点和操控方法。

这个设计方法的有效性很难判定，但是在实际操作中效果却很明显。如果在教学时，先从入门介绍开始，再以线性方式来授课，那么请应用“说明型导引手册”；如果学习新知识，请使用“说明型导引手册”；如果在已知知识中进一步升华，那么请使用“比较型导引手册”。

### 5. 可供性

“可供性”（Affordance）也叫“功能可见性”，是指物品或环境的特质会影响其功能。一些物品或环境从视觉上会感到适合某些功能。例如，从视觉和经验上看，圆形轮胎比方形轮胎容易滚动，因此圆形轮胎就比较适合滚动的功能；楼梯比栏杆要容易攀爬，因此人们会认为楼梯更适合攀爬。但并不是说方形轮胎不能滚动，或栏杆无法攀爬，而是说圆形轮胎和楼梯的某些特性，会影响到人们认为的它们所具备的功能和使用方式。

如果物品或环境的功能可见性与人们感官的预期相符合，那么这种设计会有很高的接纳率和使用率，同时也会被认为容易操作。相反地，当物品或环境的功能可见性与其预期功能相抵触，那么设计出来的产品就不会有很高的接纳率和使用率了，同时也会被认为难以操作。例如，门与门把手。通常的情况下，带门把手的门都是用拉的方式去打开。在这种状况下，门把手的功能可见性和门的功能相抵触。如果用一片平面金属板代替门把手，那么门就可以直接以推的方式打开，因为平面金属板的功能可见性符合了开门的方式，这项设计也因此得到了改善。

生活中常见物品和环境的图像，可以明确产品的使用性和功能性。例如，计算机屏幕上的立体按钮图标和我们实际生活中常见的按钮特征基本一样，因此，在人们眼里，当看到它时就知道可以直接按下去。计算机操作系统中广受欢迎的“桌面”功能，就是根据“按钮”这个概念发明的。不管是垃圾桶还是文件夹，这些常见图标不论是视觉上还是功能上都与我们在实际生活中的认知相符合，因此这些图标可以用来提示使用者它们在软件中的对应功能。

物品和环境的设计需要尽可能符合人们的心理预期，并且要杜绝一切不当使用。例如，可折叠椅子，设计的时候需要考虑让它们只能用一种方法折叠。在抽象的语境中（例如，软件界面），设计要模拟人们熟悉的物品和环境，来暗示和提醒使用者的新系统中的各部件的使用方法和功能。

### 6. 可见性

可见性（Visibility）是指当系统状态与使用方法清晰可见时，就能提高系统的可用性。根据可见性，如果系统清楚显示处于何种状态、可用的功能、运作后的结果，就会比较容易使用。例如：可以用红灯来显示装置是否有电；用发光的按钮显示当下可用的开关；用明确的听觉及触觉反馈通报装置已经执行功能并完成运作。可见性是基于“人们从一组解决方法中辨认出解决方法比较容易，从记忆中去回想解决方法比较难”。设计复杂系统时，可见性可能是最重要而且是最常遭到背离的设计法则。

要把可见性融入复杂系统中，必须考虑到系统设定多少条件、每个条件的选项数目，以及最后达成效果的数目——组合起来会很吓人，结果使得很多设计师采用过量的可见性。例如，他们尝试让每件东西都看得一清二楚。这种方式看起来好像不错，但实际上因为提供过多信息，反而使相关信息与主要信息变得更难取得。

要处理复杂情况又要维持可见性的好方法有两种："分层组织"与"情境感知"。"分层组织"用逻辑分类控制项与信息，把它们藏在一个高级控制项里，例如，一份软件菜单。分类名称还是可以看到，但除非启动母控制项，否则控制项与信息都被隐藏起来。"情境感知"会基于不同的系统情境内容，显示或隐藏控制项与信息。与某一内容相关的控制项或信息会很明显，但是无关的控制项（例如，不能使用的功能）会减到最少，或者被隐藏起来。

把可见的控制项与信息当作提示，显示什么可运作、什么不可行。设计的系统要能清晰显示系统状态、可以执行哪些功能，以及完成运作后产生的结果，以清楚的回报立即让使用者知道，避免过量的可见性。控制项与信息的可见程度要能切中彼此的关联，运用"分层组织"和"情境感知"可以把复杂度降到最低，并把可见性增到最大。

7. 易读性

随着现代化网络出版、多媒体的出现和发展，以及不断增加的字体及版面编辑整合的需求，使"易读性"（Legibility）成为现代媒体的主要问题。以下是针对"易读性"提出的指导原则：

字号大小：对印刷品中的文章来说，一般认为9～12点的字最为理想。内容是图说和注解时，可适当缩小字号。对于低识别度或年长读者，可适当加大字号。

字体：视觉表现上并没有什么不同，只要根据美感选择即可。内文应该采用一般正文字体大小的原则。在不易识别的情况下，字形边缘平滑的文字可能会让全文略为清晰易读，但其主要功能在于增强字体美感。

反差：浅色背景用深色文字，反之亦然。只要遵守合理对比度，通常不会影响"易读性"，所以根据美感选择对比度即可。有图案或纹理的背景，会大大降低视觉辨识度，应该避免。

文字模块：内文对齐与否，在效果上没有什么不同，所以只要根据美感选择即可。若用9～12点的字，建议每行长度8～13厘米。

间距：用9～12点的字时，设定的行距（两行之间，从底线到底线的距离）要比字大1～4号。字号间距比例合宜的字体比等宽字体更清晰。

8. 人机工程学

人机工程学是以人的生理和心理特点作为研究的对象和依据，系统地分析和研究人、机、环境三者之间的相互作用和关系，为设计安全、舒适、高效、便利的产品提供最佳的理论指导和方法的科学。人机工程学是为解决"人-机-环境"系统中人的效能、健康问题提供理论与方法的科学，其核心和本质是人性化、以人为本。

人机工程学有机地融合了各相关学科的理论，并逐渐完善了自身的基本概念、理论体系、研究方法以及技术标准和规范，从而形成了一门综合性的边缘学科。因此，人机工程学拥有学科命名多样化、学科定义不统一、学科边界模糊、学科内容综合性强、学科应用范围广泛等特点。人机工程学研究的方法包括观察法、实测法、实验法、模拟和模型实验法、计算机数值仿真法、分析法、调查研究法等。人机工程学的研究方法也同样适用于其他的设计。

人机工程学研究的目的和任务是把各学科知识融入产品设计中，获得操作便利、效率高、安全、健康、舒适的产品，使企业获得最佳经济效益和社会效益。

9. 安全系数

安全系数（Factor of Safety）强调对未知的系数做好基本假设，来弥补不明变因的影响，防止系统故障。设计必须要处理一些未知的系数。不管设计师本身多么博学，对设计规格又有多么详细的研究，在每个设计过程中，对某种未知的系数做好基本假设是不可避免的。安全系数就是用来弥补这些未知数可能引起的影响和严重后果的。要达到这个目标，必须在系统中加入更多的材料或零件，让设计超出原本预期足够应付设计需求的规格。例如，设计一个供千人使用的网络服务系统并不复杂，但是为了预防非预期的网络使用过程出现的问题（例如，下载大型档案），它的设计规格会因安全系数（例如，安全系数为三）而增加。这个案例中，安全系数为三表示，网络服务被评估为提供 1000 人使用，但其实它设计成可以支撑三倍的使用量，也就是服务 3000 人。

安全系数的大小，直接对应设计参数的忽略程度，换言之，忽略程度越高，安全系数越大。例如：钢筋水泥建筑物，典型的安全系数是从二到四；木制建筑物的建材品质不一，可能用的安全系数是四到八。当忽略程度高加上材质不一的时候，安全系数会变得相当大。

增加设计的安全系数，表示要在设计中增加元素（例如，材料），元素越多成本越高。新设计因为未知数很多，往往必须加大安全系数。随着时间推移，如果设计表现可靠，系统的未知系数已经处理妥当，考虑到降低成本的压力，减少使用的元素，同时降低安全系数，往往会让设计走向“微调”过程。但不幸的是，这个过程通常会一直持续进行，直到意外或故障发生。到那个时候，成本的考虑就变得次要，安全系数又会增加。

可利用安全系数把产品发生故障的可能性降到最低。要配合设计参数的忽略程序和故障后果的严重性，使用适当的安全系数。降低安全系数要谨慎再谨慎，特别是当设计规格和设计前例不同时更要留意。除了紧急状况外，如果某个决策可能会达到系统限制的极限，此时要遵守评估过的系统使用规模，而不是系统最初设计的使用规模（例如，使用规模也包含了安全系数）。

10. 功能性与使用性取舍

功能性与使用性取舍，就是俗话说的“样样通，样样松”。虽然多功能性的设计比定制化设计能发挥更多功能，但是其功能的效率比较低。根据定义，多功能性设计比定制化设计更复杂，通常适用性不高。例如，瑞士刀有很多附加工具，增加了使用的功能性。把它们跟功能更专业的个别工具相比，瑞士刀的工具没那么好用，而且效率也不高。但是瑞士刀把这些工具集合在一起，赋予使用的多功能性，是任何单一工具都无法提供的。功能性与使用性取舍的法则采用更多折中方式，设计的复杂性也会增加，因为如果要满足设计的多功能性，就必须满足更多的设计需求。

一般认为，设计的功能性越强大越好。然而多功能性设计需要在设计复杂性、使用性、时间及成本上都要付出很大代价。通常只有使用者在对未来没有明确预期时，多功能性才能发挥其优势。例如，个人计算机是有很多功能的设备，跟电动游戏机这类用途更专的装置相比，其操作较复杂。但是个人计算机的主要价值在于，它是提供多元使用的多功能设备，能进行文件处理、报税准备、收发电子邮件等。人们买电动游戏机只能玩游戏，但是买个人计算机可以满足其多种需求，而且许多需求是当时根本想不到的。

购买者对产品未来使用功能的预期，是他们重视设计多功能性或设计使用性的关键指标。当他们清楚自己的需求时，针对其需求做出的定制化设计会比较成功。当他们无法明确自己的需求时，针对其需求做出能应付未来偶发状况的多功能性设计会比较成功。购买者对自己未来需求的了解程度，应该与设计的多功能性或定制化程度相呼应。当购买者已经了解设计能满足的可能需求范围时，购买者的需求会变得比较明确，与此同时，设计必须走专一化路线。随着时代的进步，从多功能性向专一性的转变，是每个系统发展的常见过程，应该列入产品生命周期一并考虑。

多功能性与使用性的取舍，牵涉到权衡两者在设计中的相对重要性。当购买者明确自己的需求时，尽量用定制化设计来有效满足其需求；当购买者不清楚自己的需求时，要用多功能性设计来应付未来应用的最大可能范围。设计多代产品时，应考虑慢慢转向定制化设计，因为购买者的需求将变得比较明确。

11. 效能负荷

效能负荷（Performance Load）是指为了达成目标而努力的程度。如果效能负荷高，执行的时间与错误会增加，成功达成目标的可能性会减少；如果效能负荷低，执行时间与错误会减少，成功完成任务的可能性会增加。效能负荷分为两种：认知负荷与运动负荷。

"认知负荷"是指达成目标所需的心智活动总量，如感知、记忆、解决问题。例如，使用早期的计算机时，使用者需要记住多套指令，然后用特定方法键入计算机，而做一项工作要记得的指令数目，就是那项工作的认知负荷。图形界面的出现，让使用者可以从菜单上看到多套指令，不再需要凭记忆去操作，进而减轻使用者的认知负荷，并大大减少使用计算机所需的精力，最终使计算机变成了大众设备。要减少认知负荷，一般做法会把视觉干扰降到最低，把要记住的资料分区利用记忆技巧帮助记忆，并把需要计算与大量记忆的工作自动化。

"运动负荷"是指达成目标所需的体力活动总量，如步骤的数量或耗费的力量总和。例如，发电报时需要在机械电枢上打一连串的字母，且一次只能传输一个字母，而传递一个信息所需要的打字数量就是这项工作的运动负荷。塞缪尔·摩斯（Samuel Morse）设计的摩斯密码，就是用最简单的密码来代表最常出现的字母，以便降低运动负荷。降低运动负荷的一般做法包括：减少完成工作所需的步骤，把动作范围和行进距离降到最低，以及把重复性工作自动化。

设计应该尽量把效能负荷降到最低。降低认知负荷的方式包括从显示中去除多余资料、把需要记忆的资料组成区域、提供记忆技巧协助复杂的工作、把需要大量计算与大量记忆的工作自动化。降低运动负荷的方式包括减少工作中不必要的步骤、减少整体动作与耗费的精力、把重复性工作自动化。

12. 奥卡姆剃刀定律

奥卡姆剃刀（Ockham's Razor）定律认为简单的设计比复杂的设计好。奥卡姆剃刀也被称为奥坎剃刀（Occam's Razor）、简约之道（Law of Parsimony）、经济之道（Law of Economy），以及精简原则（Principle of Simplicity）。

奥卡姆剃刀定律有很多不同变化，每种变化都可以满足某个领域或知识范畴。奥卡姆剃刀定律的含义是，一些不必要的元素会降低设计的效率，而且增加不可预测后果的发生概率。不管是实体上、视觉上还是认知上，多余的负担都会削弱表现效能。多余的设计元素，有可能造成失败或产生其他问题。这个法则还有美感上的吸引力，可以比喻成"去除"设计中多余的元素，"去除"解决方案的杂质，最后的设计会更严谨、更纯粹。

要在多项功能相当的设计中进行衡量、选择，可采用奥卡姆剃刀定律。这里的"功能相当"是指用一般尺度来衡量设计所展现的功能相似性。例如，有两个功能相当的展示品（资料内容与可读性相等），就选择视觉元素较少的那一个。在不影响功能的情况下，删除多余元素，即在保留原本功能的前提下，让表现形式更简单、更明确。

### 13. 偏好路径

偏好路径一般指的是，人们自然走过或使用而留下的轨迹，例如，人行道上的踩踏痕迹，往往就是通向某个目的地的捷径。偏好路径也泛指使用者在物品或环境中留下的活动痕迹或记号。偏好路径隐含着人们是如何使用某个物品和适应某种环境的，这些宝贵的信息为日后这些物品或环境的设计或再设计提供数据。例如，纽约中央公园的道路重建，就是把多年来由公园访客所创造的偏好路径铺面，而不只是把现存的道路重铺一次。

偏好路径的应用范围不仅限于道路设计，而且涉及磨损痕迹。磨损痕迹代表了实际使用的频繁程度，这对任何物品或环境的设计而言，都是非常重要的。例如，用传统键盘打字时，必须把手腕固定在某个位置，会经常使手部肌肉因重复操作而劳损甚至受伤。为了改善这种现象，有好几家制造商引进了从中间分开的键盘，使用这种键盘打字时腕部无须拱起，双手可以自然摆放。在这个案例中，偏好路径让使用者打字时腕部和双手放到了自然位置，缓解了手部肌肉的劳损。

当设计方案特别强调适用性（人体工程学）时，可以考虑使用偏好路径这一法则。如果条件允许，最好在拟定设计细节之前，先以某种合理的创意方式测量出偏好路径。如果在设计完成之后有偏好路径出现，那么就表明前面的设计忽视了使用者的喜好，或者使用者想要改善使用效率，没有充分地重视偏好路径法则的使用。如果设计的影响不大，就自由发挥；如果设计的影响很大，最好进行调整设计，并把偏好路径纳入其中，让它发挥其正面影响，而不是禁止人们使用。

### 14. 映射

映射（Mapping）是一种出现在控制装置与其动作或效果之间的关系。如果两者之间的映射技术良好，会让产品更好用。

在设计中，转动操作轮、打开开关、按下按钮，就会产生预期的效果。如果效果与预期一致，映射就是好的，或是自然的；如果效果与预期不符，便被视为映射不良。例如，车门上可调整车窗上下的控制开关，当控制开关往上调，车窗会上升，当控制开关往下调，车窗会下降。控制开关与车窗上升或下降的关系很明确。对照到扶手上的控制开关，控制的动作则是向前或向后。这种向前或向后的控制开关，用在控制车窗升降上就变得不明确了：把控制开关向前压时，窗户会升还是降呢？

好的映射主要源自设计、行为、意义中的相似性作用。例如：炉台的开关设计与炉口设计相呼应，这是设计相似性；把方向盘往左转时，车子就左转，这是行为相似性；紧急关闭按钮用红色，这是意义相似性（大部分的人都认为红色代表停）。每一个例子里，相似性让“控制-效果”的关系变得可预期，因此很容易使用。

控制开关的位置与动作，能与装置的设计及性能相吻合。简单的“控制-效果”关系最有效。在任何可能情况下，避免用单一开关来控制多项功能，因为“控制-多重效果”的关系很难取得良好映射效果。万一无法避免，则要利用显著的视觉区隔模式（例如，不同颜色），来指示使用功能。想靠惯例赋予控制装置意义，也必须谨慎为之，因为不同消费族群对惯例可能有不同的看法（例如，在英国，把电灯开关往“上”按，会把灯关掉，而往“下”按会把灯打开）。

### 3.4.2 以“表达美感”为导向的设计法则

1. 对齐

对齐（Alignment）是指设计元素的对齐方式，可以以列或栏向一边对齐，也可以把设计元素主体按照全文中心点对齐。

在设计时，内容的各元素应该和某一个元素或几个元素进行对齐，这样做可以增强版面的统一性和整体性，增强整个版面设计的整体美感和层次感，让人看起来条理清晰、视觉分明。对齐在设计中是一个功能强大的工具，它能够引领读者清晰地读完整个设计。例如，表格的列和栏，能明确表示表格里面的列和栏包含的元素具有相关性，引导读者由左至右、由上至下地阅读。设计介质的边缘（例如，纸张或屏幕的边缘）或设计介质的位置（例如，中线），也应该视为对齐的要素。

在分段的文本中，相对于居中对齐的文本格式，左对齐和右对齐的文本格式有着更加强烈的对齐暗示。左对齐和右对齐的文本格式能创造出无形的分栏，呈现出清晰的视觉提示，让内文中的其他元素进行相应的对齐。相反，居中对齐的文本格式，其对齐的视觉提示比较模糊，而且很难引导内文中的其他元素形成对齐。内文两端对齐能呈现出整齐、条理清晰的版面，尤其是在元素比较多或更为复杂的版面中效果更加突出。

虽然对齐线通常以行或列来确定，但在具体的设计中也有更复杂的对齐方式。例如，把元素沿斜线对齐，那么这条对齐线的角度应该保持在30°以上，如果低于这个度数，就很难被看出来。如果采用螺旋形或圆形的对齐方式，可能需要特别地加强或强调对齐线，才能让人看出来，否则设计出来的元素可能就会显得分散，没有任何设计章法。但也不是那么绝对，例如，不规则内容可以吸引读者注意力和制造版面张力。不过，这种例外在设计中应用的不是很多，因此我们还是应该把对齐当作设计法则。

大部分的设计需要把内容按照行、栏或中轴线对齐。当元素不是以行、栏等格式进行编排时，应该强调对齐线。利用靠左对齐或靠右对齐的整齐版面，能够创造出很好的对齐暗示。尤其是在处理复杂的版面时，请用两端对齐的版面设计。

2. 面积对齐

面积对齐是指根据元素的面积而非元素的边界作为对齐基准。随着专业设计软件的出现和不断发展，在设计案例中设计元素可以非常精准地对齐。然而，计算机设计软件的对齐方式都是以设计元素边界为基准——包括居中对齐在内，因为这里的中心是根据设计元素边界计算出来的。当各设计元素大致相同且对称的时候，这种做法很有效，但是当设计元素的形状不一又不对称时，效果就不是那么理想。如果在设计过程中遇到后面这种情况，比较理想的做法就是，设计师根据设计元素视觉比重或面积作为对齐的基准。但这项技巧通常需要设计师有较高的视觉水平。做平面设计最常见的错误之一，就是在应该采用面积对齐的时候却误采用边界对齐。

如果想做出满意的面积对齐，需要我们把设计元素顺着中轴线摆放，让中轴线两边的面积或视觉比重相等，设计元素就会在中轴线上得到平衡。以相似元素的边界为基准进行左对齐或右对齐，会得到整齐的边线，但若根据面积对齐，则必然会出现凹凸不平的边线。如果设计元素的边线需要直线，那么就必须让对齐的设计元素的某些部分到栏间或页面的空白处，但如果元素的形态不一，这种做法通常能营造出最强烈的对齐感。

面积对齐法除了适用于图形元素，也适用于文字元素。例如，左右不对齐、水平居中的文字模块，如果根据面积对齐，会比根据边界对齐的水平居中的文字模块略偏左，因为面积对齐在计算水平居中的位置时，会把右边不齐所减少的面积也考虑进去，让水平中线向左移，而边界对齐的做法，则只会把文字模块当成一个矩形，并用最右边的字母作为矩形的右边界，然后整块居中。另外一些常见的文字范例还包括：拉出引文时，引用的文字模块应该以文字边线而非引号为对齐基准；出现条列项目和打星、打点之类的条列符号时，也应对齐条列的内容文字而非数字或符号，除非故意要把列出的项目置于次要位置。

如果将不同元素结合在同一个作品里，可运用面积对齐。如果设计元素的形式简单对称，就运用对齐边线；否则，就运用对齐面积。出现条列项目时，要把数字符号拉出，除非刻意要压低这些项目的重要性。

3. 对称

一直以来，自然界的一切生物的美都与对称有很大关系。在人的身体结构上能看到（例如，两只眼睛、两个耳朵、两只手、两只脚），在动物及植物上也能找到。对称有三种基本类型：反射对称、旋转对称、平移对称。

“反射对称”指的是一个相同元素围着中轴线或“镜像轴线”反映出来。只要镜像轴线两边的元素都一样，“反射对称”可以运用在任何地方。生长于地表或在地表上移动的自然物体，都进化到可以展现“反射对称”，例如，蝴蝶的身体及翅膀就展现“反射对称”。

“旋转对称”指的是相同元素绕着同一中心旋转。只要所有元素有共同的中心点，“旋转对称”的发生就可以不限角度、不限频率。生长于地表或在地表上以垂直方式移动的自然物体，都进化到可以展现“旋转对称”。例如，向日葵的花茎和花瓣都展现“旋转对称”。

“平移对称”指的是相同元素的位置出现在空间中不同区域。只要维持元素的基本定位，“平移对称”的发生可以不限方向、不限距离。自然界中的生物通过繁殖来展现“平移对称”，创造出相像的后代。例如，一群鱼通过多样、独立的有机体展现“平移对称”。

对设计师来说，对称除了具备美感特性以外，还具有其他的特点。举例来说，人们倾向于把对称的形态看成图形影像，而不是背景影像。换言之，对称的形态会吸引更多注意，而且比其他元素更容易让人记住。

在设计时，可利用对称传达平衡、和谐及稳定的信息。当辨识和回想很重要时，请用简单的对称。当美感和趣味性很重要时，请用不同类型的对称进行较复杂的组合。

4. 三分法则

三分法则（Rule of Thirds）源于早期构图使用的网格系统，也称为“黄金网格定律”。三分法则首先把媒介的横向与纵向各分为三格，创造出有九个方格和四个交叉点的无形网格，其次把设计的主要元素放在网格中的一个交叉点上，最后呈现为不对称构图。不对称构图让人看了会觉得有趣，而且通常被认为很具有美感。

设计界一直恪守三分法则，因为文艺复兴时期的大师都使用这个法则，而且它大致跟黄金比例

（也称“黄金分割”）有关。虽然把设计分为九宫格，跟黄金比例不同（例如，九宫格的三分之二约为0.666，而黄金比例约为0.618），但这项法则的使用者认为，它运用简单足以弥补很小的近似值。

三分法则通常很好用，而且简单，应该在建构设计元素时就考虑运用。如果主要元素强烈到造成构图的不平衡，可考虑把主要元素配置到中间位置，而不要用三分法则，特别是当周围环绕的元素或空间会强化它的强度时，更应如此。如果周围环绕的元素或空间不会强化主要元素的强度，则可使用三分法则，并且在主要元素的相对交叉点上，加上一个次要元素（也称为对位元素），以达到构图的平衡。如果设计中有强烈的垂直及水平元素，常见做法就是把元素排放在同一方向的网格线上。

### 5. 强调手法

强调（Highlighting）手法是一种把注意力带到某一文字区或影像区的技巧。要想把注意力带到设计的元素中，强调手法是非常有效的技巧。不过，如果用得不对，强调手法的效果就会适得其反，还会削弱这些区域的表现。以下是常用的强调手法的优、缺点：

一般性：在一件设计作品里，强调的内容不可超过10%。强调的内容在作品中所占的百分比越高，其效果越弱。使用少量的强调手法，把它们持续应用在整个设计当中。

粗体、斜体、加下划线：让需要强调的元素看起来和其他元素略显不同，可用粗体、斜体或加下划线的方式，强调题目、标签、标题和小段文字。粗体字通常比其他技巧更受欢迎，因为它为设计带来的变化很小，却清楚强调了目标元素。斜体字对设计造成的变动也很小，但是发现或辨识起来不太容易。加下划线带来的变化相当大，而且有违容易辨识的原则，应该不用或少用。

字体：浏览一小段大写文字很容易，因此在一个复杂的显示区里，用大写来强调标签或关键字很有效。避免用不同字体作为强调手法，因为字体的不同很难看得出来，也会打乱版面设计的美感。

颜色：是非常有效的强调手法，但是应该节制使用，而且要跟其他强调手法并用。可利用一些完全相异的不饱和色彩来做强调。

反白：如果设计的内容是文字，效果会很好；如果是图像或形状，效果就没那么好。这个强调手法可以吸引注意力，却会给设计带来很大的变化，所以要节制使用。

闪烁：让元素在两个状态之间来回闪动，这是吸引注意力的有效的强调手法。闪烁应该限用于强调至关紧要并需要即时反映的信息，例如，紧急状况灯。很重要的一点是，一旦达到告知效果，可以马上关掉它，因为闪烁会影响辨识性，容易使人分心。

### 6. 形式服从功能

形式服从功能（Form Follows Function）强调设计的美感，来自纯粹的功能。形式服从功能可以用两种方式来诠释，一种是描述性诠释，另一种是规范性诠释。描述性诠释指的是美感来自纯粹的功能，没有其他多余装饰。规范性诠释指的是设计注重功能，美感属次要考虑。20世纪初的现代主义建筑师广泛采用这个法则，从此以后，不同领域的设计师也纷纷采用。

描述性诠释原本是基于大自然的形式服从功能的理念，但这个看法不对，如果说自然界有服从什么的话，那就是功能服从形式。演化中的自然淘汰，不会把“意图”传给下一代；基因排列只是被传承下来，留下让每个有机体去发现其遗传形式的使用方法。尽管如此，设计的功能性没有美感性那么主观，因此功能性会变成比其他方法更客观的审美方式。但结果是，耐用的设计常常被大众视为简单无趣的设计。

规范性诠释是从描述性诠释衍生而来。以“形式服从功能”作为设计规范或指导方针会出现问题，因为它让设计师把注意力放到错误的议题上。这个议题不应该是“哪一方面的形式应该省略或者代之以功能”，而是“设计的哪些方面会是成功关键”。成功的标准应该来自设计的规格和决策，而非盲目坚持形式或功能。当时间和资源有限时，不管“成功”的定义为何，都应该将不会损害成功率来进行设计取舍的考虑。有些情况下需要牺牲美感的考虑，而其他情况下，功能的考虑可能就要让一步。至于决定因素呢？就看最符合需要的是什么。

设计师要把描述性诠释当作美感指南，但不要把规范性诠释当作严格的设计法则。设计师在进行设计决策时，要根据获得产品成功的标准，关注设计所有方面的相对重要性，也就是形式与功能。

#### 7. 侘寂

侘寂（Wabi-Sabi）是指让物品或环境体现自然、简单和微妙的不完美，以达到更深层、更有意蕴的美学境界。

“侘寂”是一种世界观，一种生命哲学，一种美学类型。推而广之，它是一种设计法则。这个词汇源自于两个不同的日文概念：“侘”指的是借由微妙的不完美所达到的超凡之美，例如，保留了手作痕迹的陶器；“寂”指的是时间酝酿的美，例如，在古铜器上发现的绿。16 世纪，有一名日本茶道学生千利休，跟随老师武野绍鸥学习茶艺，他的工作是负责照顾老师的庭院。千利休清理庭院的垃圾杂物，并仔细打扫地面。等他把庭院整理到完美极致的那一刻，他随即轻轻摇动一株樱花树，让花瓣与叶片随机掉落地面。这就是侘寂。

侘寂的标准特色是，受到尊重和仔细照顾的物品或环境，一如千利休的庭院。侘寂的美学观点不是杂乱无章，而是合乎自然之道。设计中的侘寂是师法自然，以曲线弯弧取代直线直角。随着朴门永续设计的兴起，西方的设计理念也开始朝侘寂演进，尽管是基于不同的原因。根据侘寂的设计法则进行的设计会呈现干净极简的风格，通常采用木头、石头和金属之类的未加工自然材质，色彩也会采用比较柔和的自然色（例如，棕、绿、灰、赭等颜色）。根据朴门永续设计法则进行的设计，也会采用同样的自然材质，但其强调的重点是永续和再利用，而非它们的美学特质。

### 3.4.3　以“创造情感意义”为导向的设计法则

#### 1. 拟人形

拟人形（Anthropomorphic Form）是指归纳出像人一样的外形，或展现类似人类的性格诉求。人类对应用拟人形的设计法则去创作某些形式和图案十分感兴趣，特别是模仿人脸和人体比例的形式和图案。这种仿效的倾向运用在设计上，是一种非常有效的手段，既可以引起消费者关注，建立积极正面的互动，同时在某种程度上，又可以激发消费者对产品的情感诉求，以达到共鸣。

拟人形是一种吸引注意力和建立情感联结的设计法则。在设计应用中，可多采用抽象的拟人形式，因为写实手法往往会降低美学的感染力，弱化人们的想象力和情感联结性。

#### 2. 恐怖谷

一般而言，拟人形产品可以让人类产生好感，但当它非常接近健康人类却又与健康人类不完全一样时（例如，人体模特或计算机合成人物），人们的好感度会锐减。这种急转直下的魅力落差，就被称为“恐怖谷”。

虽然动画师和机器人专家大部分会奉行恐怖谷法则，但不遵守这个法则的例子也很多。例如，零售业者普遍认为，人体模特的效果好是因为它们很逼真。然而，除非人体模特能和真人一模一样，否则根据恐怖谷法则，抽象一点的人体模特会比高度逼真的人体模特的效果更好。

再现和绘制拟人形的动画时，要考虑恐怖谷法则。选择稍微抽象的人物形象来取代极度逼真的人物形象，可让人们的接受度达到最高。动作比外貌更容易引发负面反应，因此在制作拟人形的身体和脸部动画时，要特别留意肌肉运动或不自然的动作。

3. 娃娃脸偏见

娃娃脸偏见（Baby-Face Bias）是指一种看到有娃娃脸特征的人或物，感觉比成熟的脸庞更为天真无邪、诚实无助的倾向。

长着圆脸、大眼睛、小鼻子、高额头、短下巴、肤色及发色较浅的人或物，让人感觉像小娃娃，因此大家会认为他们天真、无助、诚实、单纯。人们对娃娃脸的偏爱，可以从大人对婴儿的态度中找出缘由。例如，大人们都喜欢娃娃脸特征的婴儿，觉得他们惹人怜爱、可爱、好玩。在这种偏见里，圆圆的头和大大的眼睛是最明显的娃娃脸特征。

在设计角色或产品时，如果需要明显的五官特性，就要考虑娃娃脸偏见（例如，卡通人物或小孩），夸大各种新生儿特征（例如，又大又圆的眼睛），可以使这类角色更有魅力。在产品营销和广告中，如果要传达专业性和权威感，就要使用有成熟脸庞的人；如果要表达的信息具有谦逊精神，那么最好使用带有娃娃脸特征的人。

4. 曲线偏见

曲线偏见是一种倾向：对曲线造型物品的喜爱胜于对锐角或尖角物品的喜爱。当人们面对锐角或尖角物品时，大脑中处理恐惧有关的杏仁核区域就会被激发。这种恐惧反应就像是侦察潜在威胁的潜意识机制一样，意味着棱角特征会影响人们对物品的情绪和美学感知。在实验中，当测试者面对锐角和曲线物品时（例如，方表面和圆表面），测试者对圆弧、曲线物品的喜爱远超过前者。某些相关实验利用功能性的核磁共振造影仪观察测试者的大脑活动，并测试出他们的偏好。实验结果证明：杏仁核的活跃程度和物品的棱角与尖锐程度成正比，与测试者的偏好程度成反比；人类天生就具有曲线偏见。

设计面临的情况比较复杂，不能就此推断所有设计为了增加吸引力而做成圆弧形。因为实验室使用的物品，情绪上是中性的。例如：实验品不会用洋娃娃作为曲线物品，因为它具有一组正面的情绪联想和偏见；也不会用刀具作为锐角物品，因为它具有一组负面的情绪联想和偏见。显然，少了这些互相竞争的偏见和联想，曲线偏见就成为影响整体感知的最主要因素。至于在竞争偏见（例如，娃娃脸偏见）或语义关联感知（例如，罪犯用刀）发挥作用的情况下，曲线偏见对感知还能发挥多少影响力？目前还不清楚。此外，尖角物品会在大脑内部与处理联想有关的区域引发强烈的刺激作用，意味着尖角物品虽然不太受欢迎，但它们比曲线物品更能令人深思，就实际功能而言，它们更有趣，也更能激发人们的好奇心。这似乎符合人们期待潜在威胁的反应，也透露出棱角和曲线特质之间具有一种互补作用：棱角物品有助于吸引注意力和创新精神；曲线物品则有助于制造正面情绪和美学印象。

曲线偏见适用于所有设计领域，特别是情感中立的物品和环境。利用棱角和尖锐特质吸引注意、激发思考；利用曲线特质创造积极正面的第一印象。总体而言，棱角化的程度会和杏仁核活跃程度成正比，因此，必须根据设计目标来决定设计元素的棱角化程度。

### 5. 亲近生命效应

亲近生命效应是指在自然景观和意象的自然环境中，可以减轻压力、提高专注度。一直以来，诗人和哲学家认为，亲近大自然具有恢复健康的功效。近几十年来，这种说法经过各种实验测试证明，置身于大自然的环境中，对于人类的情绪、认知和身体确实有益。

和环境有关的设计，都应该纳入亲近生命效应，尤其是以学习、治疗和培养注意力为主要任务的环境。虽然自然意象似乎在某些时候能够代替真实的自然环境，但是在条件允许的情况下还是要采用真实的自然环境，因为自然环境能产生强烈的普及效应。尽管目前我们了解的还不是特别充分，无法确切知道究竟需要多少自然意象才能让这项法则达到最好效果。

### 6. 大草原偏爱

大草原偏爱也称为大草原假说，是指比起其他类型环境，更偏爱大草原般的环境的一种倾向。人们往往喜欢大草原般的环境（空间开阔、树木零星散布、流水、绿草如茵），不太喜欢简单的（例如，沙漠）、稠密的（例如，丛林）或是复杂的环境（例如，山脉）。这种偏爱的来由有一种看法，就是早期人类在大草原上的存活优势胜过住在其他环境的人类。这项优势最后演变成遗传倾向，所以直到今天，人们还是比较喜欢大草原般的环境。世界各地的公园、度假村、高尔夫球场都跟大草原相似也就不是巧合了，它们可能反映一种无意识的偏好，即人们缅怀远古东非老家的景观与情感。

人们偏爱的大草原特性，包括深度、宽度、广度、一整片绿油油的草地及零星散布的树木，它与受阻的视野、混杂的高度复杂性及粗糙的质感恰恰形成对比。这种偏爱超越了年龄与文化的界限，它在儿童时代最强烈，随着年龄的增长而递减。这项发现证实了偏爱的进化起源，也就是说，随着年龄增长，人类逐渐受到知识、文化和其他环境影响，这些影响与天生的喜好相抵触。

不管文化背景如何，人们对大草原或类似公园的环境，具有普遍的景观偏好。面对景观设计、广告，或者其他需要创造或刻画自然环境的设计时，可考虑用大草原偏爱法则。这种偏爱在幼儿身上最为强烈。因此，在设计童话故事背景或游戏环境时，可考虑用类似大草原的环境。

### 7. 大教堂效应

大教堂效应（Cathedral Effect）关注屋顶高度和人们认知之间的关系。高屋顶有助于抽象思考和创意，低屋顶有助于具体且以细节为导向的思考。大多数人都喜欢宽敞高大的房子，但是很少有人知道，屋顶的高度会影响人们解决问题的思维方式。屋顶的高度会带来帮助还是损害，要依据问题的性质而定。

居住房屋的高矮程度，会造成不同的思考方式和认知类型。屋顶高的房屋有助于抽象思维和创新思维的培养，屋顶低的房屋则有助于具象思维和逻辑思维的培养。如果屋顶处在一个中等高度，那么就不会引起人们的注意，也不会有什么特殊的思维方式产生。在大教堂效应中，高屋顶会激发“自由”等相关概念，低屋顶则会激发“压抑”等相关概念。

大教堂效应可应用在工作场所和零售店面的设计上：当工作内容需要创新思考时（例如，研发工作），高屋顶的大房间比较合适；当工作需要精细化操作时（例如，手术室），则适合在低屋顶的小房间内处理。在零售场所内，高屋顶大空间适合需要消费者发挥想象力的产品（例如，居家装潢改建商店），低屋顶空间则适合零售任务的购物（例如，便利商店）。高屋顶的空间有助于延长顾客停留的时间（例如，大型商场），人们不会喜欢在低屋顶的空间内长时间停留（例如，速食餐厅）。

8. 由上而下光源偏见

由上而下光源偏见也称为上方照明偏爱、上方照明假设。人类普遍认为物体是由上方的单一光源照射而来。在不同的年龄和文化层中，都存在这种偏见，原因很可能在于人类是在太阳照射下的环境中演化而来。如果人类是在超过一个太阳的太阳系中演化，这项偏见就会不一样了。

人们的偏见在于，认为暗色或阴影区常离光源最远，而浅色区离光源最近。因此，上面颜色浅、底下颜色深的物体，会被视为凸起的；上面颜色深、底下颜色浅的物体，会被视为凹陷的。在这两个例子中，明暗区域的对比增强，深度也会增加。如果物体对阴影的提示很模糊，大脑的认知就会在凹凸之间来回转换。

由上而下光源偏见，在诠释深度与自然程度方面扮演了很重要的角色，设计师可以采取各种不同方式巧妙运用：可使用左上方的单一光源，来营造自然的功能性物品或环境；要营造怪异不自然的可怕物体或环境，就多探索由下而上光源的运用方式；利用明暗区域的对比程度来区别深度的表现。

9. 讲故事

讲故事（Storyteling）是从古至今传递知识最令人信服的方式。讲故事可以是口述的，如同传统的讲故事；可以是视觉的，如信息图像或电影；可以是文字的，如诗歌或小说。最近还出现了使用数字媒体来讲故事的方法，形式可能是计算机幻灯片、数字录影或教育软件。说书人可以是任何信息显示工具，能让观众经历一连串的事件。

好的讲故事经验，通常需要某些基本元素。尽管附加元素可以进一步提升故事的品质或讲故事的体验，但一旦基本元素被排除，讲故事的效果就会大打折扣。这些基本元素如下：

1）背景：可以指引观众方向，提供故事的时空感。

2）角色：认同让观众能投入故事中，使观众感同身受。

3）情节：能串联整个故事，也是故事发展的管道。

4）隐形：当观众被好故事迷住时，就会忘了讲故事的人的存在，就像沉迷在一部好电影或好书当中时，会忘却媒介的存在。

5）气氛：音乐、灯光、文体都能营造故事的情调。

6）进展：一个好的故事，事件的顺序和发展要清楚有趣，故事脉络要清晰。

用讲故事的方式让观众注意到设计，从而激发他的情感，也可以提供丰富的内容来增强学习效果。这个方式如果用得好，会使观众以个人的视角去经历、回想故事中的每一事件，并将其变成他们的一部分，这是讲故事特有的现象。

### 3.4.4　以“贴合用户认知”为导向的设计法则

#### 1. 意向整合

意向整合是格式塔感知原理中的一项，这项法则认为，人在任何时候看到一组各自独立的元素，都会把它们视为一个容易辨认的单一图案，而不会把它们视为多个独立的元素。人们想看到单一图案的倾向是如此强烈，所以必要时会自行填补空缺，并加入缺乏的信息，让图案变得完整。例如，当使用一段独立的线条围成环状路径时，人们的第一个反应就是将它们视为一个整体图案，然后才会注意到这个图案其实是由许多独立的线条组成。以这种方式感受信息的倾向是自动的、无意识的，而且可能是一种天生的喜好，人们偏爱单纯甚于复杂，喜欢图案甚于无规则可循。

当可辨认的元素（例如，几何形状），近似简单而且位置很近时，此时意向整合的作用最强。如果简单、可辨认的图案不太容易看出来时，设计师可以利用过渡性元素（例如，利用微妙的视觉暗示，来引导观众找到图案），创造出意向整合的效果。一般而言，如果观众花在寻找图案或形成图案的精力，超过辨认个别元素所耗费的精力，将不会发生意向整合的状况。

利用意向整合来降低设计复杂性，并增加设计的趣味性。如果设计与简单、可辨识的图案有关，可以考虑删除或减少一些设计元素，以便让观众的想象力加入设计。当设计涉及好几个较复杂的图案时，则可考虑使用过渡性元素，帮助观众寻找或形成图案。

#### 2. 共同命运

共同命运（Common Fate）是指向同一方向移动的元素与往不同方向移动或静止的元素相比，会感觉到元素间相关性更强。

共同命运是众多知觉完形法则中的一项。它明确表示，往同一方向一起移动的元素，会被视为一组或一个模块，而且元素之间会被看成相关性更强。例如，一排随意编排的 X 跟 O，如果保持不动，很自然会依相似性各自成组，即 X 跟 X 一组，O 跟 O 一组。但是，如果这一排里面的某些元素往一边移动，而其他元素往相反方向移动，它们就会因共同的动作与方向而被迫分组。

元素在同一时间，以同一速度往相同方向移动，会让人感觉它们之间的关联最强。如果任一条件改变了，元素的关联性就会降低，但这种情况也有例外。如果元素移动时出现了明显的图案或韵律（例如，海浪图案），人们仍会认为它们彼此相关。虽然共同命运的关系通常是指移动中的元素，可是闪烁的静止物品（例如，元素处于忽明忽暗的状态）也会出现这种关系。对闪烁的元素来说，在同一时间以相同的频率和强度闪烁，或者形成可见的图案或韵律时，它们让人感受到的关联性最强。

#### 3. 接近

接近（Proximity）是众多知觉完形法则的其中一项，主张靠在一起的元素会被视为一组或一个模块。因此，比起分开较远的元素，紧靠的元素会被视为有关联性。例如，根据圆点的水平或垂直的邻近间距，简单的圆点矩阵可以有不同诠释，即由数个横排或数个纵列组成，或者是一个间距相等的完整矩阵。

“接近”法则产生的群组，可以减少设计的复杂性，并增强元素之间的关联。相反，缺乏“接近”法则，会造成模块多重、迥异的感受，增强元素间的差异性。某些很接近的位置安排，意味着有特别的关系，应该考虑用在设计配置上。例如，连接元素或部分重叠元素，常常被视为共用一个或多个通用属性；而接近但不碰触的元素，会被视为相关但各自独立。

“接近”法则是设计中的众多利器之一，通常还比匹敌的视觉暗示（例如，相似性）略胜一筹。尽量按照“接近”法则安排元素，并能符合其相关性：确定标签及补充资料要靠近它们所描述的元素；可选择直接标示在图表上，而不要用图解或图例；把无关或关系含糊不清的项目，放到彼此位置相对较远的地方。

4. 一致性

一致性（Consistency）是指当系统相似的部分以一致性的方法表现时，能更好地改善系统的使用性。一致性能让人有效率地把知识运用到新的情境，并能快速学会新事物和专注于与工作相关的事物。一致性分为四种：美感一致性、功能一致性、内部一致性与外部一致性。

“美感一致性”是指风格与外观的统一（例如，公司标志使用一致字体、颜色与图案）。“美感一致性”会增强品牌识别度和产生共鸣，建立情感上的期待。

“功能一致性”是指意义与行为的一致性（例如，交通信号灯在变成红灯之前，会先出现黄灯）。“功能一致性”让人们利用已有的知识了解设计的使用功能，又能增强使用性及学习力。例如，录音机的倒带、播放、快进等控制钮的图形，已经广泛运用于幻灯片、摄像机或 MP3 播放器这类的装置。把这类图形运用在新装置上，既能让人们利用已有的知识了解新设备的操作功能，又使新设备变得更好用、更好学。

“内部一致性”是指在同一系统中与其他元素的一致性（例如，公园里的标志彼此一致）。“内部一致性”能建立人们的信任感，让人觉得系统是经过设计的，而不是随意拼凑在一起的。在任何情况下，元素之间的美感与功能必须保持一致。

“外部一致性”是指与外在环境里的其他元素一致（例如，在控制室中，不同系统的紧急信号灯要一致）。“外部一致性”可以把“内部一致性”的优点延伸到多重、独立的系统，但是要达成“外部一致性”比较难，因为不同的系统很少遵循相同的设计标准。

设计要全面考虑到美感与功能的一致性。若要建立易读性的独特品牌物特质，请使用美感一致性法则。若要简化使用并达到容易学习的目的，最好使用功能一致性法则。一定要确认系统本身拥有内部一致性，同时尽量达到外部一致性。

5. 同一连贯性

同一连贯性是指由一致的视觉特性联结起来的元素（例如，颜色），相较于未联结的元素，它们彼此的关系更强。

同一连贯性来自知觉完形法则。它认为均匀一致的视觉特性让各元素彼此联结，这些元素会被视为单一群组或单一模块，而且跟毫无联结的元素比起来，这些有联结的元素会被认为彼此更为相关。例如，一个由圆点组成的简单矩阵，当共同区域或线条把圆点做垂直连接，就会被视为是列，如果是做水平连接，会被视为行。

设计采用同一连贯性有两种基本策略：一是共同区域，二是连接线。当边缘都靠在一起形成一个视觉领域，并且把元素聚集到区域内，就会形成共同区域。这项技巧常用来将软件的元素或电视遥控器的按钮分组排放。当一条明确的线条将元素联结起来，使相连的元素聚集成组，此时就会形成连接线。这项技巧常用来连接分组不明显的元素（例如，相隔较远的元素），或用来暗示一种顺序。

同一连贯性通常会压过其他的知觉完形法则。在设计中，如果同一连贯性与“接近性”或“相似性”不一致，那么同一连贯的元素会显得比其他两者的元素更有关系。也因为如此，当要更正不好修改、设计不良的配置时，同一连贯性特别好用。例如，控制板上的控制按钮位置通常不容易更改，但是可以利用颜料或外罩做联结，把一组特定的控制按钮集合在一个共同区域。如此一来，共同区域产生的同一连贯性就会胜出，改善了不理想的控制位置。

可利用同一连贯性将产品的元素做视觉联结或分组。运用共同区域来聚集文字元素与控制元素群组，通过连接线来集合独立元素并且暗示顺序。当要更正设计不良的控制项和陈列配置时，可考虑使用同一连贯性。

### 6. 正负形关系

正负形关系是知觉完形法则中的一项，主张人类的知觉系统会把刺激物分为图形元素或背景元素。图形元素是焦点物，背景元素则构成连成一体的背景。这项关系可以从视觉刺激（例如，照片）或者听觉刺激（例如，有对话及背景音乐的配乐）方面得到实证。

当作品的图形与背景很清楚时，这项关系就很稳定，图形元素会得到更多注意，而且比背景容易让人记得。在不稳定的正负形里，这项关系就很模糊，可以做出不同的解读，元素不确定性解读会在图形与背景之间来回转换。哪些元素被看成图形、哪些元素被看成背景，由以下视觉暗示决定：图形有明确形状；背景没有形状；背景持续位于图形后面；图形在空间中有清楚的位置，感觉似乎比较靠近；背景在空间中没有清楚的位置，感觉似乎比较遥远；位于地平线以下的元素，可能被视为图形；位于地平线以上的元素，可能被视为背景；靠近下方区域的元素，可能被视为图形；靠近上方区域的元素，可能被视为背景。

要清楚区分图形和背景，以便集中焦点，让知觉混淆降到最低。运用上述适合的视觉暗示，确保设计含有稳定的正负形关系，并把作品中的重要元素作为图形，以增加回想的可能性。

### 7. 相似性

相似性是众多知觉完形法则其中之一，主张相似元素会被看成同一组或同一模块，因此比不相似元素更让人觉得有关联性。例如，一个有圆点及方块交错排列的简单矩阵，会被视为只有一个成排的群组，因为相似元素群聚形成了水平线。根据元素的颜色、大小及形状可知，一个复杂的视觉呈现会被视为不同的信息区域及信息类型，而相似元素则被视为具有关联性。

相似性产生的分组效果会降低设计元素的复杂性，并增加设计元素的关联性。相反，缺乏相似性会令人觉得有多个不同模块，增加了元素间的差异性。依不同情况，颜色相似会产生最强的分组效果，颜色少时效果最强，随着颜色增加，效果也会削弱。当元素之间的大小差距明显时，大小相似性效果最强，而且如果元素的大小还附带其他优点的话，就更适合拿来当分组策略（例如，大按钮比较容易压）。形状相似是最薄弱的分组策略，最好在其他元素的颜色或大小相同时才使用，或与大小、颜色配合使用。

可用相似性来表现设计元素之间的联系。要让元素的相似性与其关联性相呼应，还可以用不同的颜色、大小和形状，来呈现不相关或关系模糊不清的元素。为了达到最强的分组效果，尽量用最少的颜色和最简单的形状，并且确认元素之间有明显区别，以达到容易辨识的目的。

### 3.4.5 以“商业系统创新”为导向的设计法则

#### 1. 成本效益

从设计的角度来看，成本效益（Cost-Benefit）法则一般是用来评估伴随着新功能或新元素出现新增加成本的最后财务回收状况。从用户角度来看，成本效益法则也可用来提高设计的品质。如果与设计互动的相关成本大于收益，就是不良设计；如果效益大于成本，就是优秀设计。例如，把走一段路到博物馆看展览当作成本，把看展的趣味程度当作效益，如果趣味程度超过走路的成本，那么这个展览设计就是优秀设计。

每个设计的品质都可以用成本效益法则来进行测量：要想读懂一个信息，多少文字才能解释清楚？要设置摄像机的时间和日期，设定多少个步骤才算合理？网页下载多长时间才算合理？这些问题的答案，都要依照互动的成本效益法则而定。例如，网页下载的时间，常见的说法是不超过十秒。但是，接受下载时间的长短，更多的是由下载网页提供的效益决定的。网页的合理效益，可以与下载需要超过十秒的成本抵消。相反，低效益的网页，就与合适的下载时间成本成反比。降低互动成本，可以改进设计品质，如果仅仅考虑成本限制范围，而不考虑互动效益成本，这就完全没有抓住设计的主旨（例如，设计能提供效益）。

使用成本效益法则，常见的错误就是主观地将预设系统中的一部分视为成本，另一部分视为效益。例如，令设计师感到兴奋的新设计功能或元素，常常被使用者摒弃不用或完全忽略。在一些案例中，许多新的功能和新元素反而增加了系统的复杂性，也提高了设计的互动成本。为了避免此情况发生，要在符合设计的实际目标环境中，观察人们与这项设计或类似设计的互动。当设计在研发阶段，无法观察到其真正的使用情况时，想估算设计的成本效益，焦点小组和可行性测试是很有价值的。

设计在各个层面都要考虑成本效益法则。设计决策不能只把成本当作参考指标，要把互动产生的效益也纳入考虑范围。通过细心地观察、焦点小组论证和可行性测试，来验证目标人群对成本效益的看法。

#### 2. 开发周期

成功产品的开发周期（Development Cycle）遵循创造的四个阶段：需求、设计、开发与测试。所有产品的出现，大多经过这套基本的创造阶段。在每一阶段能了解并使用有效做法，会使设计师的产品达到最大的成功率。

需求：在正式的设计过程中，需求的资料是通过市场调查、顾客反映、焦点访谈及使用测试收集而来。至于在非正式的过程中，设计需求常常是从已知的知识或经验中获得。获得设计需求最好的方法，就是在可控的情况下，设计师与目标对象进行互动，而不是简单地问客户要什么或喜欢什么，因为通常客户自己都不知道或无法完整表达自己的需求。

设计：在这个阶段，设计需求被转化成视觉形式，并产生一套思路。此时的目标是要符合设计需求，而且要以独一无二的方式来表达，达到目标需求。要完成绝佳的设计，通常需要审慎分析并研究现有或类似的解决方案，与许多不同参与对象积极进行头脑风暴，大量使用初稿设计，以及一再重复地试验、测试和调整概念。在这个阶段，如果设计的结果跟刚开始时一样，那么，这个设计就算不上创新了。

开发：把设计概念转变成实际的产品。开发的目的在于确切配合设计规格，有两种基本的操作方式可以用来达成这个目标：一是减少材料、配件制造以及配件组装的变因；二是确定在整个开发过程中，设计概念维持不变。

测试：测试产品，以确保产品符合设计需求和概念，而且能被目标对象接受。这个阶段的测试通常集中于模块的品质和它们的整合、实际的表现（真实的情境与使用者），以及安装和操作是否容易、可靠。

开发产品时，要凭借控制下的互动，从目标对象中获知需求，而不要靠简单的反应或设计小组成员的猜想。首先，利用研究、头脑风暴、原始设计和反复再设计，以达到最佳设计效果。把产品设计过程中的变因降到最低，以增强品质。最后，要尽可能全面地测试设计。

3. 产品周期

所有产品都要经历发布、成长、成熟、衰退四个阶段，就像人类的婴儿期、青少年期、成人期、老年期四个阶段一样。例如，一款新的电子设备经过创作、开发，到越来越受欢迎，但过了一段时间之后，销售到达瓶颈，最后销售量下滑直到退出市场。了解这其中每一阶段的影响，可以让设计师针对产品周期做好必要的准备。产品周期包含四个基本阶段：

发布：是产品正式诞生的时期，有时候会与发展周期的最后测试阶段相重叠。此时的设计重点是考察产品的早期使用情况，确保其表现正常，并且与客户密切合作，必要时进行微调或修补产品。

成长：是最具挑战性的时期，大多数产品会在这个阶段败下阵来。这个阶段的设计重点是衡量产品的供应与表现，以迎合市场越来越大的需求，并且要提供必要的支援，以便维持客户满意度和成长率。要知道下一代产品的需求，在这个阶段就要开始努力收集资料。

成熟：是产品周期的巅峰期。在这个阶段，产品销售量会开始下滑，而且对手的竞争很强。这个阶段的设计重点是强化、提升产品，让客户充分满意，维系客户关系。到了这个阶段，下一代产品的设计与开发应该早就开始了。

衰退：是产品周期的结束期。产品销售量持续下滑，核心市场占有率岌岌可危。这个阶段的设计重点是把维护成本降到最低，做出过渡期的策略，让客户转向新产品。下一代产品测试应该在这个阶段开始进行。

替未来规划准备时，要考虑到产品周期。在发布阶段，跟早期采用产品的客户密切合作，以便提升、微调产品；在成长阶段，注意衡量产品的供应与表现；在成熟阶段，需关注客户满意度，加强产品表现并改善支援；在衰退阶段，重点放在协助客户过渡到下一代产品上。注意：下一代产品的开发周期，应该在现行产品的成长阶段开始。

4. 前卫与亲近性

前卫与亲近性是指一种用来判定最具商业可行性的设计美学的方法。什么叫成功的设计？有人从美学角度界定，有人从功能着眼，也有人从适用性考虑。著名工业设计师雷蒙德·罗威则从商业绩效角度来定义成功的设计，也就是销售量。根据这项标准，雷蒙德·罗威认为，美学诉求就是要在以下两个变数之间取得平衡，即亲切熟悉和独一无二，或套用现代心理学的说法就是典型性和新奇性。如果能在这两个变数中找到最理想的平衡，就能找到在商业上大获成功的契合点。根据雷蒙德·罗威的说法，利用“前卫与亲近性”法则就可找出契合点。这项法则声称：当某物品或环境拥有最前卫的形式，同时又能让人感觉到像是某样熟悉的东西时，最有可能在商业上大获成功。虽然雷蒙德·罗威经常把“最前卫”和“最新型”画上等号，但更准确的现代诠释应该是：“最前卫”等于“最新奇”。

“前卫与亲近性”法则显然具有实用主义的诉求，但这项说法是否正确，还是要经过实验证实，目前有越来越多的研究支持这项法则。人们的确喜欢熟悉的东西，这项观察已得到曝光效应的支持。曝光效应指的是，物品或环境的吸引力会随着曝光次数而递增。人们也喜欢新奇，特别是在设计圈和艺术圈，这两个群体对原创性的重视程度超过他人。此外，人们对新奇性的关注和记忆都胜过典型性。针对典型性和新奇性相对价值的研究指出，这两项变数对于美学诉求的感知影响似乎不分上下。问题是，“前卫与亲近性”法则认为最理想的做法是兼顾“熟悉性与新奇性”，这点是否正确？研究显示，有相当多的证据证明雷蒙德·罗威是对的。对设计师和艺术家之外的一般人而言，最新奇但依然熟悉可辨的物品或环境，在人们的感知中最富美学吸引力。

在设计以大众为对象的产品时，可应用“前卫与亲近性”法则。当要引进某种新类型的创新产品，可考虑融入相关的熟悉形式。如果判定美学标准的对象是设计师或艺术家（例如，由专家评审的设计结构图），“前卫与亲近性”法则就不适用——只要强调新奇性就好，因为在这类情况下，新奇性的分量会高于典型性。

## 小　结

本章介绍了产品设计方法，包括设计研究与定义、概念形成与表达、设计评估与细化以及其他设计实践法则。在具体的设计项目中，设计师在不同的设计阶段需要用不同的设计方法来解决相关设计问题，这就需要设计师对设计方法有一定的积累。本章详细阐述了不同阶段的设计方法，但这些方法更应该在实践中检验，只有这样，设计师才能筛选出“有用的方法”，并“内化”于心，进而应用于更多的设计实践之中。

## 习　题

3-1 请简述思维导图这一研究方法。

3-2 请阐述参与性设计。

3-3 请说明 5W1H 分析法的基本内容。

3-4 何谓人体工程学分析？

# 第 4 章　产品设计基础

第 2 章和第 3 章已对产品设计程序、产品设计方法进行了阐述，接下来本章将介绍产品设计的基础，包括产品造型语言、产品表现技法、CMF 设计、产品结构设计基础等内容。

## 4.1　产品造型语言

本节结合语言学和符号学知识，对产品语义学、产品符号、产品造型语法、产品造型比例等内容进行了详细阐述。

### 4.1.1　产品语义学

产品语义学的理论结构始于德国的乌尔姆设计学院的设计符号论。1983 年，美国的克里彭多夫、德国的布特教授明确提出了“产品语义学”的概念，并于 1984 年在美国克兰布鲁克艺术学院由美国工业设计师协会（IDSA）举办的“产品语义学研讨会”中予以定义：产品语义学是研究人造物的形态在使用情境中的象征特性，以及如何应用在工业设计上的学问。产品语义学是研究产品设计意义的学科，认为产品形态在设计过程中呈现了许多的符号意义。产品语义学打破了传统设计理论中将人的因素都归于人机工程学的观点，将设计因素延伸至人的心理和精神因素。

当前，许多设计师希望通过产品传达更多的情感、精神和文化内涵等内容。然而，很多产品传达的信息与设计者意图之间存在较大差距，导致消费者难以理解产品的使用意义，从而产生错误的识别和操作，出现了许多失败案例。这要求设计师在产品设计中更深入地研究和探讨产品语义学，使产品设计不仅仅满足功能需求，还能满足情感和精神需求。产品语义学研究涵盖了外在认知、内在情感以及象征意义，包括功能语义、情感语义和象征语义三个方面。

1. 功能语义

功能语义基于人的感觉和认知，具有理性特征。它以准确简单的方式表达，突出实用意义。例如，许多日用品采用各种实用功能的形态语义，通过产品形态使使用者轻松理解产品的功能。

2. 情感语义

设计不仅在解决实用性的功能问题，还在创造情感意义。对于某些产品品类，仅满足使用功能已不再具有吸引力。因此，许多产品设计已经从功能转向情感关注，赋予产品丰富的情感和趣味性。

3. 象征语义

产品的象征语义通过产品的形态或属性表达某种代表含义，体现使用者的社会地位和阶层，表达某种文化潮流或某个时期的审美价值。因此，象征语义具有时代性，体现了某一时期的鲜明特征。例如，明清家具反映了明清时期的政治和经济关系，体现了中国的儒家文化思想。

### 4.1.2 产品符号

当一个设计定义确定后，设计师需要思考将创意概念表达到现实世界中的方法。在自然语言系统中，我们表达一个概念和想法的途径是具体的言语，如有声语言或具体手势等动作。

在语言学中，有具体研究自然语言意义表达规律的学科，如语形学（Syntactics）、语义学（Semantics）、语用学（Pragmatics），它们是当代语言学的三大分支。语形学研究语言符号的空间排列关系，语义学研究语言符号的指称和意义，语用学研究语言符号和使用者之间的关系及其对语言意义的影响。但是，一个设计过程并不等同于自然语言的形成过程，用设计表达意义不同于用自然语言来表达意义。那如何用一个设计或具体的事物来表达脑海中形成的创意概念？如何探讨非自然语言的意义表达规律？这里我们需要引入符号学。

符号学和语言学相互影响，符号学重在研究非自然语言系统的意指关系，也将上述三个名称用于整个符号领域。在符号学中，这三个名称被称为符形学、符义学、符用学。从语言到符号：符形学重在研究符号组合的形成方式；符义学侧重研究符号学的核心问题，即意义的传达与解释；符用学研究符号与接收者之间的关系，研究接收者在什么样的条件、情景下会得到何种意义，以及如何使用这个意义。可见符义学、符用学背后的思想对设计中的“意义创造”有很大启发。此外，设计师在表达意义时不能仅关注“物质性符号”，也要注意到“空符号”，从而更好地表达设计意图，以下为详细的叙述。

#### 1. 符义学与设计

符号（Sign）是被认为携带着意义的感知。那么，一个设计作品的意义是如何被感知的？如何才能创造具备丰富意义的设计？我们可以试着从符义学中找到相关解释，因为符义学主要研究符号学的核心问题，即意义的传达与解释。而符号意义的实现，在符号学家赵毅衡看来主要分为三步：感知、接收和解释（见图4-1）。

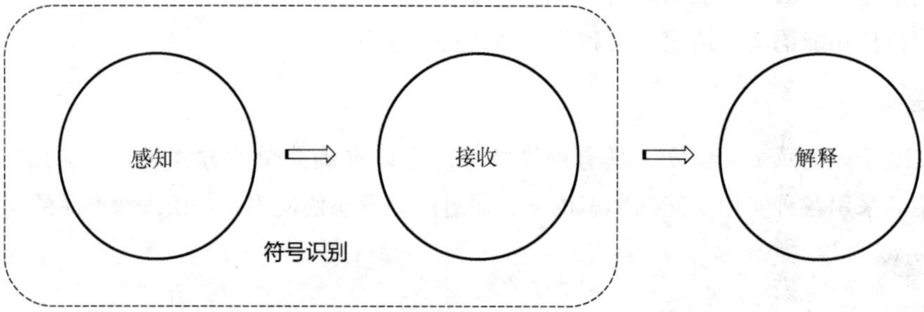


图4-1 符号意义的实现过程

在符义学中，符号意义的“被感知”为第一步，而感知却不一定导向认知。符号的解释过程是一种“选择性接收”，被排除出意义接收的感知，是“噪声”。同时，真正的理解是一种“内化”，用自己过去的经验积累，来解释这个符号的意义。通过延长或缩短符号识别过程，会让我们获得不同的意义。

（1）通过延长符号识别过程来表达设计的诗意

艺术符号需要延长符号识别过程，这样会让艺术符号与意义的解释之间具备一定的距离，使得观者在识别和解释艺术符号意义的过程中获得很多乐趣。而一个“艺术化”的设计作品也需要用户在解释作品的过程中获得丰富体验。

某手机公司在 2023 年发布的某款折叠屏手机如图 4-2 所示，在宣传资料上可以看到其像一款时尚人士携带的手包。设想一个之前没有见过这款折叠屏的用户，当他看突然看到这个“包”，感知到它的时尚感，并在进一步观察发现其手机的本质后，会多么有趣。于是“包 + 手机”的创意，延长了用户对产品具体功能和意义的解释，增加了产品的艺术性，从而为设计赋予了“诗意”。由此可见，我们可以通过适当延长用户对符号的识别和感知过程来调控设计的表意过程。

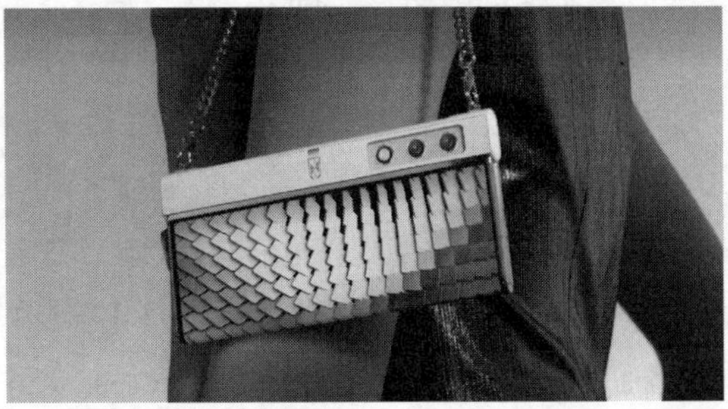

图 4-2　某款折叠屏手机

（2）通过缩短符号识别过程来体现设计的实用性

还有很多设计需要具备更多的实用属性，如交通信号灯的设计，其实用性远远超过其艺术性。这类实用性的设计需要用户立刻了解设计背后的意义，从而根据其指示做出准确且高效的反应，以某品牌电动工具的设计为例进行分析（见图 4-3）。

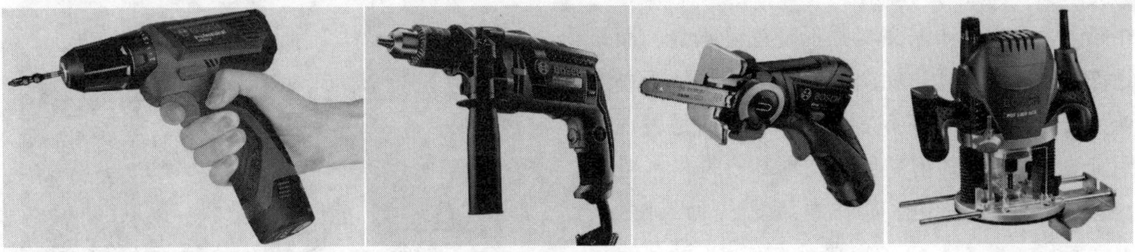

图 4-3　某品牌电动工具

在该电动工具中，其手握的造型用黑色分件区分，红色的操作按钮与冷色的主体形成鲜明对比。这种设计减少了用户对产品功能的识别过程，从而让设计更加“实用”。由此可见，该电动工具可以让用户高效地接收符号意义，使用户立即获得意义的解释，从而让用户更加安全、高效地使用产品。所以在设计的表意过程中，对于这种“实用的设计”，需要压缩用户对设计的识别过程，让用户“不假思索”地理解产品，从而对产品的符号特征“自动化”地反应。

但是我们也需要注意到，很多设计既需要一定的实用功能，又需要具备一定的诗意属性，如一些日常家居产品的设计。对于这种设计，设计师需要把控好符号识别的程度。而这个度的准确控制，则需要设计师积累的经验支撑。

### 2. 符用学、语境论与设计

符义学的重点在于意义的传达和解释，符用学则侧重于研究符号与接收者的关系，研究接收者在不同语境下获得意义的内容和使用方式。

(1) 在使用中获得设计的意义

由于具体的语境变化无常，因而符号的意义便难以确定。维特根斯坦提出："一个词的意义就是它在语言中的使用。"他向我们指出，符号的真正意义就是使用意义，因为一件设计作品在不同的语境下使用会呈现不同的意义。

符号的意义就是符号的使用。某款折叠屏手机在不同的语境和情景下会产生不同的意义：在商场的商柜中体现的是售卖意义；在直播间中体现的是宣传和营销意义；在多人聚会上送给朋友表达的是友情；当男生送给女友时可能体现的是爱意。所以在具体使用中，这款折叠屏手机会获得具体的意义。

因此我们可以联想到：生活产品的具体意义在人们日常生活的使用中获得，即在具体的生活方式中获得；而工作设备的具体意义在我们日常工作的使用中获得，即在工作方式中感受。

(2) 调控设计语境，使用户获得核心意义

由上文可见，符号在不同的使用语境下会呈现多种多样的意义，但是一个设计作品的意义往往是有适用范围的，所以设计师应该合理调控设计语境，让用户获得核心的设计意义。

按照皮尔斯的符号意指三分式，符号处在再现体、对象、解释项的三元关系中，即对应着意义发送者、符号文本和意义解释者。在一个具体的设计中，设计师为意义的发送者，设计本身作为文本，设计的使用者为意义的解释者。我们应该注意到无论是设计师还是用户，在具体的行动中都受到了语境的影响，并因语境的变化而产生不同的意义表达。

语境可以分为内部语境（即伴随文本）和外部语境，其中伴随文本并不是符号本身，而是符号传达的方式。如图4-2所示的某款折叠屏手机的保护套，并不是手机本身，而是表现手机的一种方式。但是伴随文本却对符号本身的意义产生重要影响，如日本某设计师设计的果汁包装（见图4-4），将常规的方体果汁包装仿生化处理，通过伴随文本（包装）这种内部语境的调控，使得用户充分感知到果汁的种类和大致的口感。

图4-4　日本某设计师设计的果汁包装

赵毅衡将外部语境分为"场合语境"（Situational Context）和"伴随文本语境"（Co-Textual Context）。场合语境是指意义解释者在不同的场合会感受到符号文本不同的意义，而伴随文本语境是指符号的表意受到我们先存的或共存的其他符号行为的影响。

目前，有的符号学研究者也将外部语境细分为前外部语境（Pre-Outside Context）和后外部语境（Post-External Context），其中前外部语境可以影响设计师（意义发送者）的表达，后外部语境可以影响用户（意义解释者）的理解（见图4-5）。

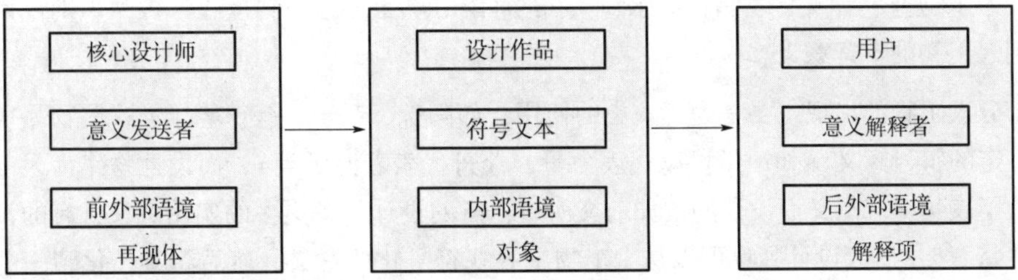


图 4-5　符号意指三分

对于用户也是如此，在不同的使用环境（场合语境）中用户对同一件产品的理解可能不同。而不同文化背景（伴随文本语境）中的用户对一个设计的认知也会有所区别，比如，大多数西方人对筷子可能理解为是吃饭的工具，却不知在使用筷子的过程中，夹菜的方式及筷子摆放的位置都体现着东方的文化和礼仪。

由此可见，在调节设计的意义表达时，我们可以通过调节设计过程的外部语境和内部语境来准确地表达设计意义。通过调节设计师所处的设计语境（前外部语境）和用户在体验产品时的语境（后外部语境），并考虑设计作品的内部语境（伴随文本）来进行语境限制下的意义表达，从而规范设计所传达出的意义范围。

### 3. 符号、感知与设计

(1) 物质性符号与设计表意

符号是被认为携带着意义的感知，可以是“一个事物”（An Entity），如一个设计作品、一场电影。符号也可以是“非事物”，即其需要的是一个感知作为符号载体（Sign Vehicle）。而感知有三个来源：客观的物、物质的缺失和人的心理（见图 4-6）。

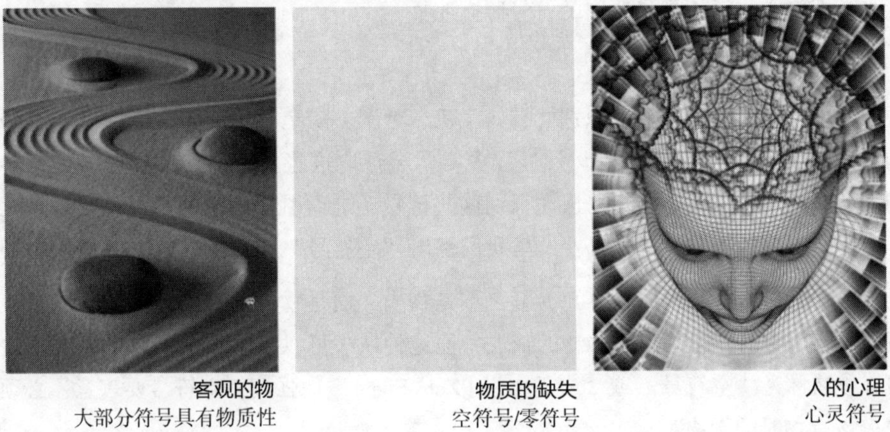


图 4-6　感知的来源

客观的物主要包括自然物和人工物。自然物和人工物都是设计师感知的来源，如猎豹、老虎、猫等自然物，它们本身并不是为了富有意义而产生的，但当人们感知到它们的特征后，会将其符号化，赋予其不同的意义（如猎豹代表着速度，猫代表着可爱）。设计师在设计过程中可以利用自然物符号化后携带的意义进行设计，如通过仿生、拟态、抽象等手段，将自然物的特征（符号意义）赋予人工物，从而让人工物携带着人类“熟悉的感知”，进而让用户通过感知到接收，再到识别设计物的过程中，感受到人工物的丰富意义。

有一部分人工物的出现主要是为了人类的使用，如陶碗、锤子、镰刀等，但这些物品被人们感知后会具备一定的符号意义（如锤子可以代表力量，浮舟代表着游子等），而设计物作为人工物，本身就是人们为了表达一定意义而设计的。如前文所讲，有的设计具备更多的实用意义，有的设计本身富有更多的“诗意”。所以设计师也可以从人工物中寻找符号化的意义，然后将其转化到一个新的意义表达中（见图4-7），就像上文中提到的某款折叠屏手机，其将“手包”符号进行概括，运用到了折叠屏手机的保护套设计上，让折叠屏手机变得时尚有趣，并让人感受到丰富的含义。

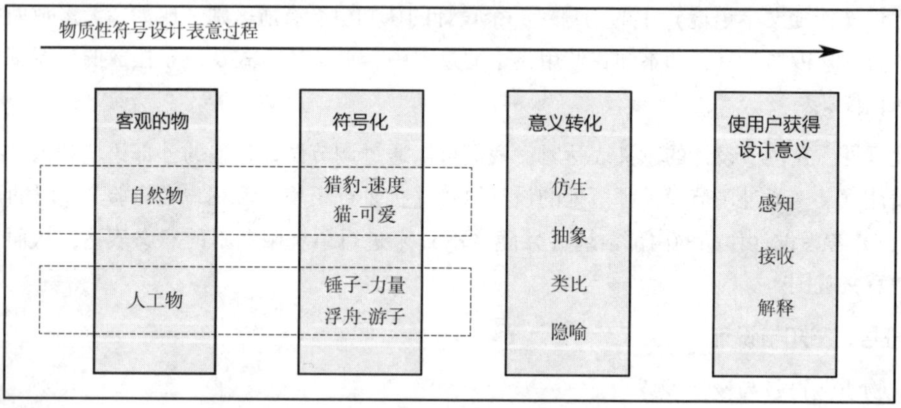


图4-7　物质性符号设计表意过程

客观的物会带给设计师丰富的感知，会唤起设计师丰富的经验解释，激发设计师的灵感和创意。但在符号特征确定后，设计师需要注意将符号抽象、转化，提取符号背后的理念，充分利用符号背后代表的意义甚至精神，而不是将选取的符号照搬照抄。

（2）空符号与设计表意

客观的物中蕴含着强烈的符号识别性，如飞机、老鹰、鲸鱼等符合空气动力学的符号特征会给人以强烈的“速度感”，一些设计师在设计过程中常常会选取这些具有强烈感的符号进行转化，并应用于具体的设计中，从而让用户感知并快速识别这些符号，进而引发用户的共鸣。但是激发用户的感知和共鸣一定需要强烈的物质性符号吗？这里我们引出“空符号”（Blank-Sign）的概念。

赵毅衡提到，作为符号载体的感知，可以不是物质，而是物质的缺失：空白、黑暗、寂静等。绘画中的留白、音乐中的休止等是一种物的缺失，但这种缺失可以被感知，且携带着重要的意义。这种非物质的符号被称为“空符号”或“零符号”（Zero-Sign）。他强调，空符号要表意，必须要有一个背景，是“应该有物时的无物”。

符号学家韦世林在《空符号论》中谈道：空符号是以“空白”“间隔”“停顿”等方式来分隔、提示、衬托实符号的特殊指索符号；空符号能提供符号单位和结构的形式化的判别；空符号是在符号活动和符号系统中介于一定的实符号与实符号之间而又明显依附于实符号的特殊符号。

关于空符号的定义还有很多争论，但提起空符号，大多是在谈论空符号与物质性符号的一种“对比”关系，这种对比可以给人强烈的感知。空符号与实符号的对比对于设计表意至关重要，设计师通过调控物质性符号与空符号的排布，让用户更好地感知和理解品牌、产品、空间等二维、三维设计物背后的意义。

以某杂货品牌的设计为例：首先，在二维的图片和海报宣传中运用了大面积的空符号与客观的物质性符号图像进行对比；其次，选用的客观物质图像往往是自然物，如青苔、海面、天空等；最后，通过海报做少字、少图案或无字、无图案的对比，来强调自然物的符号意义，体现自然物本身的亲和感、纯净感、舒适感等意义，进而表达出本品牌的品牌理念（见图 4-8）。

图 4-8　某杂货品牌的宣传海报

这一品牌体现了“应该有印而无印”的特点，其去除了多余的装饰和标签，让用户感知不到品牌标签的物质性存在，却让用户感受到品牌的重要意义。同时，其产品表面大多素面简约，无强烈的符号意义，着重体现出产品本身的质感，如白色塑胶表面的亚光感，木材表面的纹理感等属性（见图 4-9）。

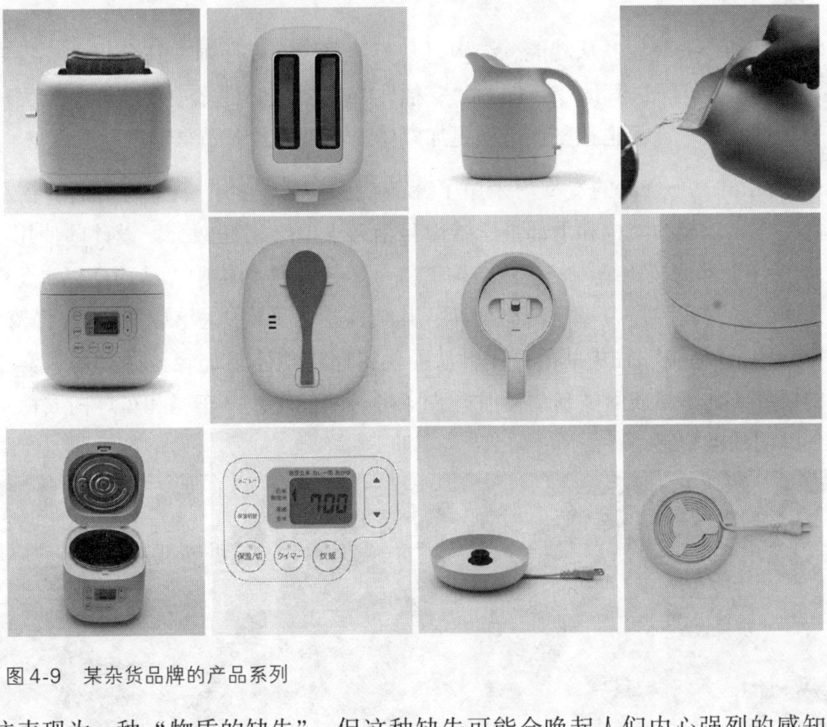

图 4-9　某杂货品牌的产品系列

空符号往往表现为一种“物质的缺失”，但这种缺失可能会唤起人们内心强烈的感知。同时我们也要意识到，感知不只停留在视觉层面，还有听觉、嗅觉、味觉、触觉等层面。在设计表意中，我们可以适当调控用户对设计物的感知，通过合理的“停顿”“留白”等空符号手法，让用户更自然地理解设计物所诠释的意义。

4. 小结

本节主要从符号和意义的角度对设计的表意过程进行研究。首先从符义学、符用学、语境论等角度对设计中意义的传达与解释进行了梳理。其次强调了符号、感知对设计表意的影响，并结合相关案例进行研究，梳理出设计表意过程中的一些方法和规律。最后对空符号在设计中的应用进行了探讨，从而从整体上解读设计的表意过程。

### 4.1.3 产品造型语法

上文提到了产品语言与符号意义，在具体的产品造型过程中，我们可以试着找出产品造型中的语法规律，并将造型语法总结，以方便设计师进行产品造型设计。产品造型语法分为形体之间的构成法则和形体表面的构成法则。形体之间的构成法则可以分为“缠绕和穿插”“膨胀和打破”“放射和旋转”“连接与过渡”等产品造型语法。形体表面的构成法则可以分为“排列和层叠”“挤压和扭曲”“尖锐和平滑”等产品造型语法。

1. 形体之间的构成法则

一个产品往往是由多个零部件构成的，零部件之间的配合既要满足结构和功能需求，又要符合美学规律，从而能够给用户带来良好的产品体验。

（1）缠绕和穿插

当多个零部件结合的时候，从功能、结构以及美学角度，设计师往往会将主要零部件之外的其他零部件“缠绕”或“包裹”，其他零部件会“穿插”在主要零部件之中，这样一方面可以保证整体结构的强度和稳定性，另一方面也让整体造型更加整体、美观并具备节奏的变化。

如图4-10所示的三个产品的造型均采用了“缠绕和穿插”的产品造型语法。在左图的水龙头设计中，顶部具备按压功能的结构和下部主体结构互相独立但又相互融合，设计师使用“C”字形的主体结构“缠绕”住顶部的按压结构，按压结构“穿插”于主体结构中，从而使得水龙头主体造型更整体，且富有艺术性；中间图片为一把座椅设计，其结构主体采用木板热弯工艺，将椅背和椅座融合，构成座椅主体结构，“缠绕”住中间的椅座，从而使得座椅整体更加轻盈并具备节奏变化；右图为某电动概念车的尾部，其车身表面“包裹”住尾部条形灯，使轮包、车尾和车灯构成稳定的视觉和功能整体，并具备鲜明的雕塑感。

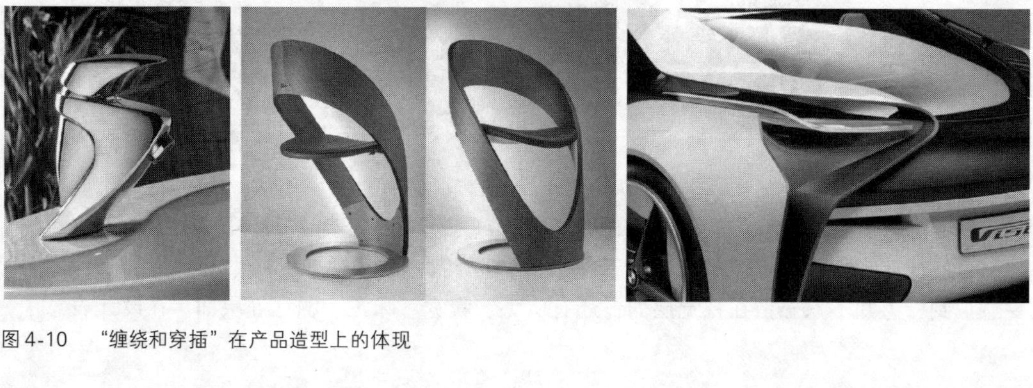

图4-10 “缠绕和穿插”在产品造型上的体现

（2）膨胀和打破

当一个产品的主要形体因为功能或美学要求表现为一个饱满的形态时（如球体、椭球体等形态），其形体本身会表现出一种“膨胀感”。当其他部件与膨胀的主要形体组合时，设计师可以根据产品功能和美学属性，通过“打破”的方法使次要形体“凸起”或“凹陷”于主要形体之上，并通过控制“打破”比例的多少来控制主要形体“膨胀感”的程度，进而表现出合理的设计作品。

某便携式音响（见图 4-11）的主要形体为球状，侧面用圆形喇叭口“破开”主要形体，使主要形体“膨胀感”减弱，并将条状电镀件“凹陷”于球形表面，从而使圆形喇叭口和主要形体在视觉上相连。同时条状塑胶件“凸起”于主要形体，其将操作按键、主要形体和提手结构统一，增加了产品造型的统一感和层次感。

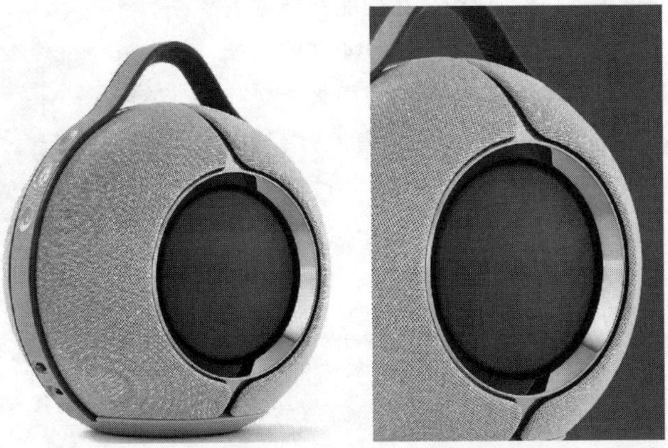

图 4-11　某便携式音响

某音响也使用出了这种设计方法（见图 4-12），其整体造型采用饱满的“椭球体”，侧面采用圆形和“跑道圆”形的部件与整体“破开”。“跑道圆”内的形体“凹陷”，圆形部件的“凸起”，再加上材质和配色的区分，让侧面的形体变化更有节奏，也使得形体本身更有特点和识别度。其前面出音口的功能部件与主体“打破”，并产生三根分缝线，从而让产品本身的造型具备更多的变化与节奏。

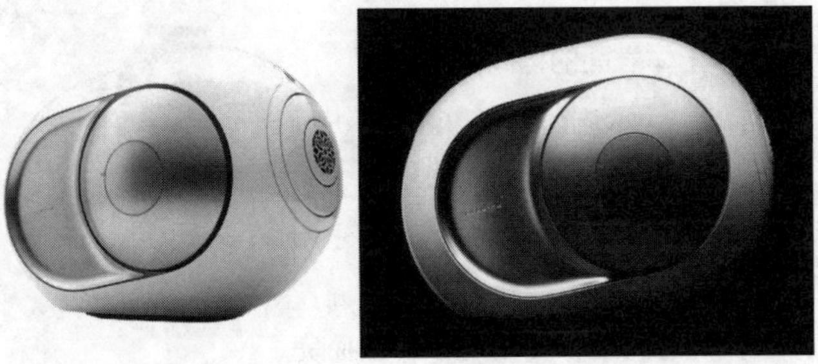

图 4-12　某音响

（3）放射和旋转

当多个相似的形体呈现出“放射和旋转”的状态时，会表现出一种特殊的“张力”，一方面可以让产品形体具备节奏感，另一方面可以借助这种构成方式表达出特定的语义。图 4-13 左侧的“水母灯”，其“触角”呈现出“放射和旋转”的造型特点，灯光从触角之间的缝隙透过，形成了特殊的灯光效果；图 4-13 中间的加热器，其旋转排列的叶片呈现出放射状，一方面满足了该加热器特殊的功能特点，另一方面也表现

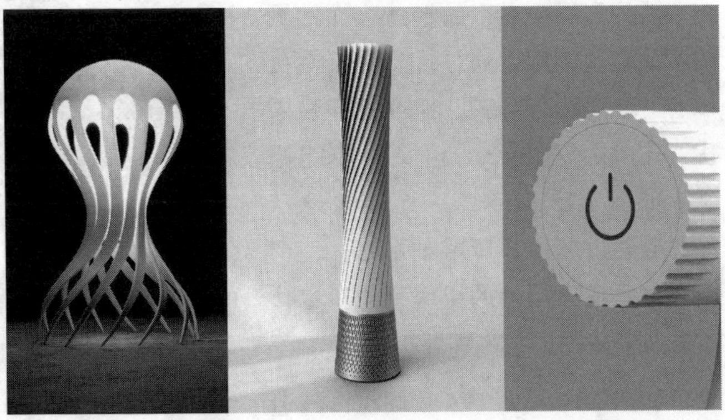

图 4-13　“放射和旋转”在产品造型上的体现

出“风”的语义；图4-13右侧的旋钮，其边缘形体凹凸不平，并呈现出从中心向外部的“放射”状，进而让用户感受到物体可以旋转。

（4）连接与过渡

一个产品往往由多个部件构成，而部件和部件之间的连接则需要考虑“过渡”，从而让产品在功能和视觉上给用户更好的体验。图4-14左侧的加湿器，其顶端为一个交互面板，交互面板下层为出气口，面板的底端与出气口的边缘形成了均匀的“过渡”缝隙，这样一方面可以让气体沿着这个“过渡”的缝隙均匀散出，另一方面也让加湿器的顶端具备更多的视觉美感；图4-14右侧的六根木棒的“过渡”则是通过中间的“六通道节点”形成，使得整体结构受力均匀，并具备较好的美感，从而做到了形式和功能的统一。

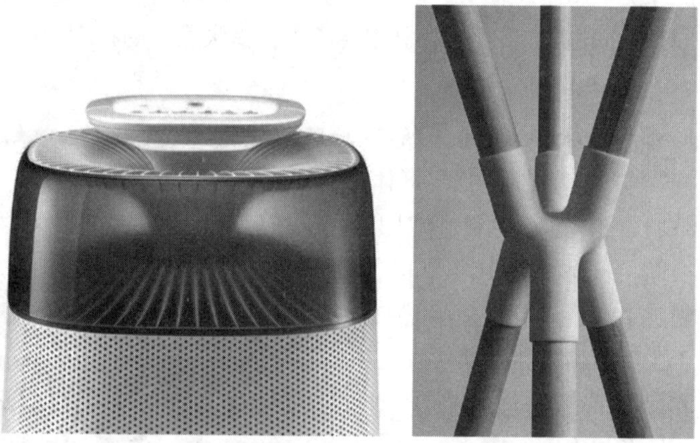

图4-14　“连接与过渡”在产品造型上的体现

2. 形体表面的构成法则

明确部件之间的基本构成法则后，我们对产品整体的造型构成关系有了宏观的了解，下面需要进一步明确形体表面的形态变化，从而掌握产品形体表面的细节变化规律，进而完善产品形态。

图4-15　“排列和层叠”在产品表面上的体现（一）

（1）排列和层叠

排列和层叠是产品形体表面常见的产品造型语法，通过排列和层叠可以让产品表面具备更多的细节和层次，同时表达出产品相关的功能语义。如图4-15所示的一个实验性产品，其通过数控机床雕刻木材，使产品表面呈现出均匀的层次变化，也让产品具备较强的艺术性。

如图4-16所示的一款硬盘，其造型的概念来源为拟人化的有机形体和

图4-16　“排列和层叠”在产品表面上的体现（二）

多块板材的穿插组合：板材的排列具备较强层次感，形成了一个如同“笼子”的外壳；代表技术的有机形态被“笼子”限制，从而引发人们对技术的反思；外壳整体采用铝材，表面层叠的铝片也增加了整体的散热性能。

如图 4-17 所示的产品，利用“排列和层叠”的产品造型语法将表面形式与内在功能统一，无论是折叠包装还是折叠帐篷，其表面均为层叠形态，但这种层叠不只是单纯地为了功能的需求而设计的，也具备较强的形式美感。

图 4-17　“排列和层叠”在产品表面上的体现（三）

（2）挤压和扭曲

通过对形体进行“挤压和扭曲”，可以使产品表面具备更多的变化，使产品具备更强的“有机感”。图 4-18 左侧的吊灯，其通过“挤压和扭曲”的产品造型语法，将垂直向下的灯光与水平的氛围灯分离，使氛围灯具备更强的神秘感，也让灯体本身更加具有层次；图 4-18 右侧的椒盐瓶，其通过“挤压和扭曲”的产品造型语法，让形体表面具备了更强的有机感，同时挤压的形态也更方便用户捏住瓶体，打开瓶盖。

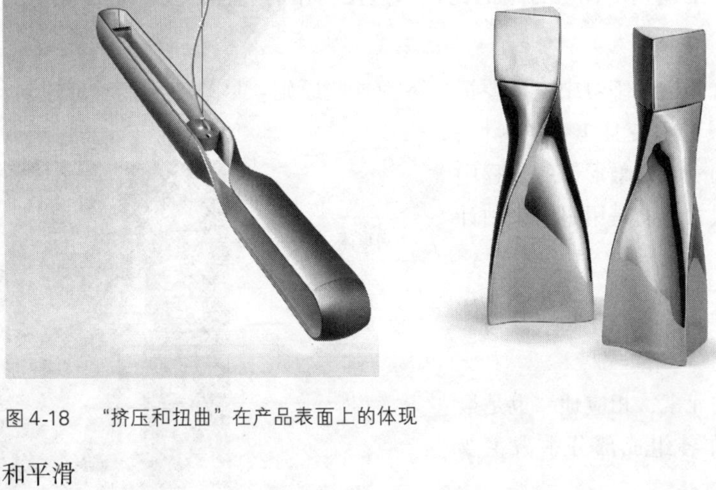

图 4-18　“挤压和扭曲”在产品表面上的体现

（3）尖锐和平滑

对于一个“极简”的产品而言，其形体表面往往平滑简约，但也难免少了一些造型特点，会给人一种“单调”的感受，如何让极简的产品具备更强的造型特点和识别性？设计师可以尝试使用“尖锐和平滑”的产品造型语法：图4-19左侧的餐具，其形体本身为功能性造型，但是其表面有一根凸起的直线，一方面增加了餐具把手的厚度，另一方面让餐具的造型具备了更多特点；图4-19右侧的挎包也体现了产品造型语法，其表面具备连续的转折面特征，将“软”的皮包表现出一种“硬”的感觉，从而给用户带来不同寻常的使用体验。

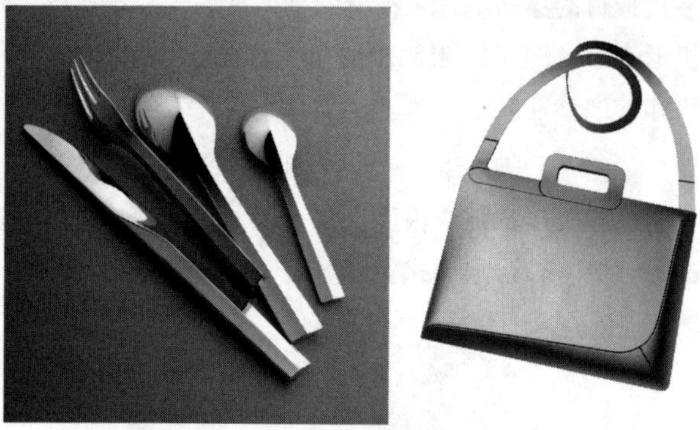

图4-19 “尖锐和平滑”在产品表面上的体现

以上为关于产品造型语法的规律总结，主要从宏观层面对形体之间和形体表面的产品造型语法进行了归纳。但在使用这些语法时，也要注意，由于产品造型的丰富和复杂度，产品的造型语法肯定不止于此，还需要设计师本人不断思考和积累经验。

### 4.1.4 产品造型比例

上文提到了形体之间和形体表面的产品造型语法，但是在使用这些语法时，我们还需要注意把控形体之间和形体表面的比例，从而让设计物具备较好的比例关系，避免设计出矫揉造作的产品外观。

1. 形体的轴线与比例关系

关于形体的比例关系，这里我们引入盖尔·格瑞特·汉娜所著的《设计元素》一书中关于“直棱体组合”比例训练的相关内容。

（1）主次关系

《设计元素》一书提到用黏土制作多个形态各异的直棱体。黏土是很适合推敲形体的材料，因为我们能随时通过增减黏土调整形体至合适的比例，但在制作的过程中要尽量使黏土的形体边缘清晰明确。

在三个直棱体组合的构成练习中，需要记住下面这些原则：尽量使用能够形成对比鲜明的体块，选择的体块要尽可能具有多变且丰富的特性，而且两两尺寸不能相同。在推敲形体的过程中不要去实际测量体块尺寸，而是用眼睛来估计体块的尺寸。

通过选定主要形体、次要形体和附属形体来建立体块间的关系（见图4-20）。

主要形体是最大的元素，相应地，也是最有趣、最生动的。它在各组成部分中占主要位置。

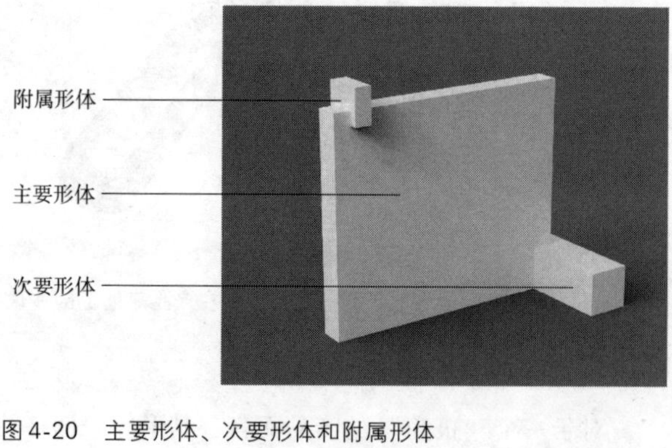


图4-20 主要形体、次要形体和附属形体

次要形体的特征为主要形体进行补充。次

要形体如果不能将主要形体的特点放大，那就说明还需要更多的尝试与改进。对主次关系的讨论不仅要考虑体量的对比，位置也很重要。多数情况下，如果贯穿它们的“轴线”并非互相平行，那这种体块之间的关系就会被加强。主次关系是非常重要的，对此，第一要义就是要保持其互补关系。它们必须能够完美配合，互惠互利。

附属形体同样会为整个设计增添趣味性。附属形体将使设计变得更具空间感，与已存在的各个形体形成互补关系，从而实现整个设计的统一性。它并不像主要形体和次要形体那样独立。虽然也需要与其他体块有鲜明的对比度，但附属形体更需要关注其他形体，并为它们“服务”。

在推敲形体的时候要注意比例关系：整体比例、固有比例、相对比例。固有比例指的是一个形体本身的各种比例：长、宽、高互相之间的比例。相对比例指的是两个形体之间的比例，就像一个高高瘦瘦的人与一个矮小壮实的人站在一起形成的对比。整体比例指的是一个组合形体的特征或大体轮廓。若眯着眼看一个组合形体的外轮廓之间的比例，那看到的就是它的整体比例。

不管从哪个视角看，组合的形体都应该各有其特征，而不应是枯燥无味的。通常，在尝试过程中，当我们从水平方向上放大一些形体时，还可以把另外一些形体在垂直方向上放大一些。在设计作品时采用不同的比例关系是非常重要的，同时也乐趣横生。我们最不愿意看到的就是各个形体被排列得中规中矩，并在大家的预料之内。

一个形体是优美还是普通，其区别就在于比例，这是一种无法触摸但又真实存在的特性。能够领会这种特性，是艺术家和设计师最珍贵的财富之一。培养设计师自身的比例敏感性，并让其最终能依靠直觉意识到优美的造型关系，在这一方面投入多少时间也是不为过的。

（2）轴线布置

除了主次关系，《设计元素》一书还提到了另外一个视觉元素——轴线。轴线是指一条假想的线，其穿过形体最长的那一维的中心，能够显示出形体动态感最强的方向，并确定形体在空间中的位置（见图 4-21）。

图 4-21　形体内假想的轴线

在这个练习中，要保持各个形体之间的轴线处于相互垂直的状态，这样的轴线关系是最简单的，并且能帮助设计师摆脱平淡的产品方案设计。实际上，如果要让设计方案更加具有立体感，我们应该尽可能地使轴线具有动态感。但在初步练习中，我们可以先从轴线的垂直关系开始推敲。

构思作品时要考虑到所有角度。我们可以在转盘上进行推敲，然后不时地转动草模，从而保证作品的每个角度都能观察到。在推敲的过程中，要思考各个体块间的连接关系。体块之间有三种连接方式：楔入、支撑、贯穿（见图 4-22）。

当我们在观察自己的设计时，可以思考如下这些问题：主要形体和次要形体之间有没有对比关系？它们是不是互补的？它们在大小和形状上是不是太相似？主要形体是否处在最显著的位置上（学生们往往喜欢把主要形体放置在底部，这样看起来能够支撑其他形体，但这并不必要）？附属形体有没有为整个三维立体添加一些特征并促进整体的统一性（大家容易把附属形体孤立起来，放置在一旁）？从所有的角度去观察（平视或俯视），呈现的作品是不是都不错？

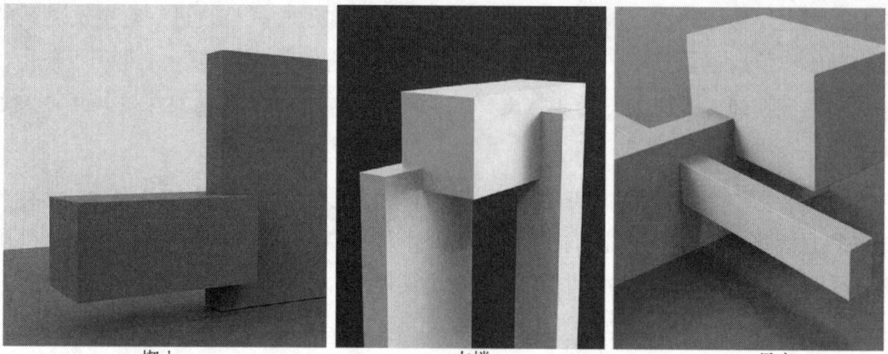
楔入　　支撑　　贯穿

图 4-22　体块之间的三种连接方式

从设计主要形体开始，然后设计次要形体，花时间去处理它们之间的关系，并快速地完成附属形体，将其置入组合形体中，看看怎么才能最大限度地增加整体的立体感，这能训练设计师把握总体外观的能力。接着，我们可以开始完善造型。在每个草模中，要么突出垂直比例，要么突出水平比例。所有连接点都应该体现出一定的结构性，要建立各个方向上的力或动态感的平衡，即设计应该从每个角度看起来都有趣并且立体。它应该达成一种统一感，即每个部分都与其他部分密切相关，且每个部件的关系都服务于整体。

统一感意味着视觉上的凝聚力，它让所有形体看起来浑然一体。当设计中所有的视觉关系都被精妙地组织起来，相互依存，且所有元素都相互支持、相互加强，任何细小的改动都会扰乱这种完美的平衡感和张力感时，我们就知道统一感已经达到了。

挑选出最好的草模，发展成石膏模型。我们可以把石膏草模做得比黏土草模大一些（1.5 倍或 2 倍），因为在放大模型后，比例上的差异会更明显。放大不是纯复制这么简单的。它要求我们关注微小的改变，进而来达成整体的协调。注意：一定要用高强度石膏水泥来制作，因为这种混合物比普通石膏更坚硬，最后呈现出的效果也更好。当然我们也可以在软件中推敲并确定形体的主次关系，然后通过 3D 打印等快速成型手段制作出各个形体，然后将各个形体拼接组合起来。

以上是《设计元素》中的核心部分，其中提到了形体的比例关系和轴线布置，虽然上文的示例是采用简单的方体进行推敲的，但其核心思想值得设计师学习，并应用到具体的设计之中。

图 4-23 是一款儿童机器人的设计，其主要形态来自方体的组合，设计师通过调控方体的主次关系与轴线布置，使得整体造型既满足了产品功能，又充满着活泼可爱的气质。

图 4-23　产品设计中的造型轴线与比例关系

### 2. 设计几何学

上文提到的造型轴线及比例关系，主要是让设计师去“主观”地控制产品造型的比例及“张力”。那是否存在相对“客观”的完美比例，以便设计师使用？这里引入《设计几何学》中的核心观点，能够更好地让设计师精准地调控产品造型的比例及细节。

《设计几何学》的作者金伯利·伊拉姆强调，并不是要通过几何学来量化美学，而是要揭示构成生活的根本要素之间的视觉关系，包括比例、生长、模式和数学，借此洞察设计过程的内涵，并通过视觉结构阐释设计作品中的视觉关联。这种直达本质的过程能使艺术家和设计师找到他们个人及其工作的意义和价值。

(1) 认知比例偏好

有史以来，不论在人工作品中还是在自然界中都记载着人类对于黄金比例的认知偏好。最早使用黄金比例矩形的记载可以追溯到前 20 ~ 前 16 世纪的史前巨石阵，其长宽比为 1:1.618。在前 5 世纪的古希腊文字、艺术和建筑中也发现此类记载和使用黄金比例的人工作品。此后，文艺复兴时期的艺术家和建筑师也在他们非凡的雕塑、绘画和建筑作品中研究、记录和运用黄金比例。除了人工作品，自然界中也能找到黄金比例，例如，人体各部分的比例以及许多植物、动物和昆虫的生长结构。出于对黄金比例的兴趣，德国心理学家古斯塔夫·费希纳在 19 世纪末调查了人们在面对黄金比例的矩形时，对其特殊的审美意义的反应。他在实验中广泛关注人工制成的物品，测量了数以千计的矩形物品，例如书籍、盒子、建筑物、纸板火柴、报纸等。他发现诸多矩形物品的长宽比的平均值为人们熟知的黄金比，即 1:1.618，并且绝大多数人喜好接近于黄金比例的矩形物品。古斯塔夫·费希纳进行了彻底而又随机的测试，后来查尔斯·劳罗在 1908 年用更科学的手段重复了这一测试，再后来又有许多人加入这一行列，所有的测试结果都惊人地相似。

(2) 斐波那契数列

斐波那契数列 (Fibonacci Sequence) 是一系列的数字，其中后面一个数是前两个数的总和（例如 1，1，2，3，5，8，13)。这种数列在自然界常常可以看到，比如花瓣、银河系的涡状星云，以及人类手掌的骨头数目。这种数列在自然界无处不在，因此许多人认为根据斐波那契数列设计出来的样式，本质上就是美的，值得设计师学习。

斐波那契数列可以在许多古典作品中找到，包括古典诗歌、艺术、音乐和建筑等。例如：有学者主张在史诗《埃涅阿斯纪》中，诗人维吉尔 (Virgil) 就用斐波那契数列作为史诗架构；在莫扎特的奏鸣曲和贝多芬的《第五交响曲》中，都可以发现斐波那契数列的足迹；勒·柯布西耶 (Le Corbusier) 把人体的重要尺度与斐波那契数列紧密结合，发展出“模矩” (Modulor)。“模矩”是一种测量建筑比例的古典系统，能帮助设计师完成实用又和谐的设计。

斐波那契数列通常跟黄金比例配合使用，二者紧密相关。例如，斐波那契数列中任何两个相邻的数字相除，得到的结果会与黄金比例差不多。在数列较前面的数字，得出的结果会相差比较远，但是随着数字增大，其结果也越来越精确。跟黄金比例一样，大家对具有斐波那契数列特征图案的美感价值争论不休。这种图案比较有美感，是因为人们觉得它们比较漂亮？还是因为人们被教导才相信它们的确比较漂亮？根据对黄金比例的美感研究显示，答案比较倾向于前者。

在数学或设计领域，斐波那契数列一直是最有影响力的形态之一。要创造有趣的构图、几何图形，以及有机的主题和内容，尤其是涉及多种元素之间的节奏和谐关系时，可考虑使用斐波那契数列。不要拿设计去勉强配合斐波那契数列，但是在不会牺牲其他设计方面的情况下，也不要放弃探索斐波那契数列关系的机会。

（3）自然界的比例

对黄金比例的偏好并不局限在人类的审美中，在动植物等生命体的生长模式中也存在着这一比例。贝类的螺旋形外壳揭示了一种积累型生长模式，它成为许多科学和艺术研究的对象。这种生长模式下蕴含着黄金比例的对数螺线，被誉为完美的生长模式。

西奥多·安德烈亚斯·库克在他所著的《生命的曲线》一书中称这种生长模式为“生命的必然过程”。在螺旋体生长的每个阶段，新旧螺旋截面按照接近于黄金比例的方式增长。然而，生物的生长模式总是一步步接近，但从未达到精确的黄金比例。

正五边形和五角星也有黄金比例，许多生物中都能寻找到，例如海胆。正五边形的内部切分后能产生一个五角星，五角星的任意两条边的比例为黄金比例。

松球和向日葵也有类似的螺旋生长模式。它们的种子都沿着两种交叉螺旋线生长，并且每粒种子都同时拥有两种交叉螺旋线。对松球种子的螺旋线进行检测后能发现 8 条螺旋线沿顺时针方向生长，13 条螺旋线沿逆时针方向生长，非常接近于黄金比例。向日葵种子的顺时针螺旋线数和逆时针螺旋线数分别为 21 条和 34 条，也很接近黄金比例。

不论是松球种子中的 8 和 13 两个数字，还是向日葵种子中的 21 和 34 两个数字，都为数学家们所熟知，它们是斐波那契数列中相邻的两个数字。该数列中的每个数字均为前两个数字之和：1、1、2、3、5、8、13、21、34、55……数列中相邻两个数字的比值逐渐接近于黄金比例。

（4）勒·柯布西耶的辅助线

“辅助线是建筑不可或缺的因素，是建立秩序的必要条件，它能确保避免随心所欲，使人明了并获得满足。辅助线能成为引导工作的指引，但不是一个秘方。选好辅助线并良好地表现它与建筑创作密不可分。”这句话引自勒·柯布西耶所著的《走向新建筑》。

在《走向新建筑》一书中，勒·柯布西耶显示出他使用几何结构及数学概念的兴趣。他探讨了采用辅助线来创造建筑美感和秩序的必要性。有评论批评他：“你用辅助线扼杀了想象力，你造出了一个万金油。”他回应道：“历史提供了证明，人像、华石板、石刻、羊皮纸文卷、手稿和印刷品等，这些都是明证。即便最早期、最原始的建筑师也鼓励使用手、足及前臂作为校准单位来进行测量，以此将任务变得系统和有序。同时，建筑比例与人体比例是互相对应的。”勒·柯布西耶认为辅助线是“灵感爆发的决定性力量，是建筑生命力的关键因素”。

## 4.2 产品表现技法

### 4.2.1 产品手绘表现技法

#### 1. 手绘表现与透视法则

透视法则包括一点透视、两点透视以及三点透视（见图 4-24），我们通常选择使用两点透视来绘制产品效果图。选择两点透视的原因在于，该方法正中线上没有灭点和交叉点，因此不会出现前缩透视。这有助于突出物体的视觉效果，同时保持实际造型。实际上，我们在观察或感知物体时，往往或多或少地采用了两点透视。然而，当我们给产品拍照时，很快就会注意到三点透视效果。考虑到大多数产品通常具有较小的体积，为了便于表现和迅速传达设计概念，产品设计手绘通常采用两点透视的绘画方法（见图 4-25）。

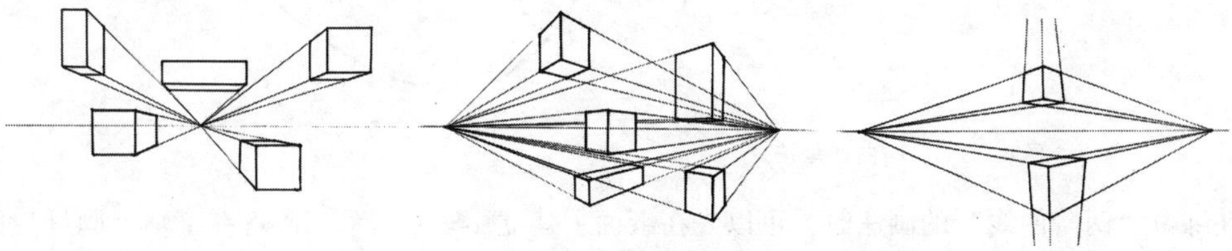


图 4-24　透视的基本法则

2. 产品线稿练习

（1）直线的练习

在画直线时，应该端正地坐在桌面前，手握彩铅笔或者圆珠笔，利用大臂带动小臂，快速画出直线，使得画出的直线尽量满足“中间实，两边虚”的状态。之所以要画出这种“中间实，两边虚”的直线，是为了在推敲方案时，让多根交叉的线条边缘在后期刻画时能够更好地过渡，使得形体的表现力更强。同时这种直线，也是快速刻画线条时自然产生的，因为在手绘推敲时设计师要专注于设计的思维发散和创意。为了能够更快速地表现出脑海中的创意，需要设计师利用各种线条高效地表现出形体。在具体的直线练习时，可以采用“定点连线”的方法，即在纸上点两个点，然后相连，尽量使直线两端能够准确地落到两个端点上（见图 4-26）。在练习时，也可以将多根不同方向的直线通过一个中心点，从而训练对直线的控制能力（见图 4-27）。

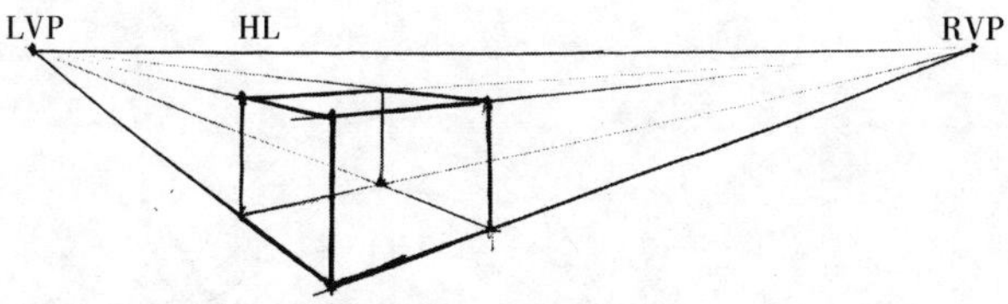


图 4-25　两点透视

图 4-26　直线画法

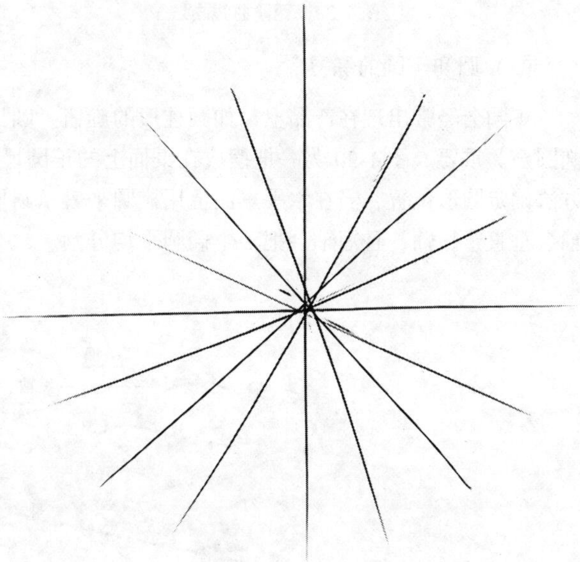

图 4-27　直线练习

（2）曲线的练习

在练习曲线时，需要明确曲线的“阶数”和“控制点”。图 4-28 画出的曲线是有四个“控制点”的“三阶数”的曲线。认识这种曲线，对于后期建模至关重要。在画这种三阶曲线时，可以先在纸上点四个控制点，然后利用大臂带动小臂，用线条快速且准确地通过控制点，然后画出曲率和谐的曲线。

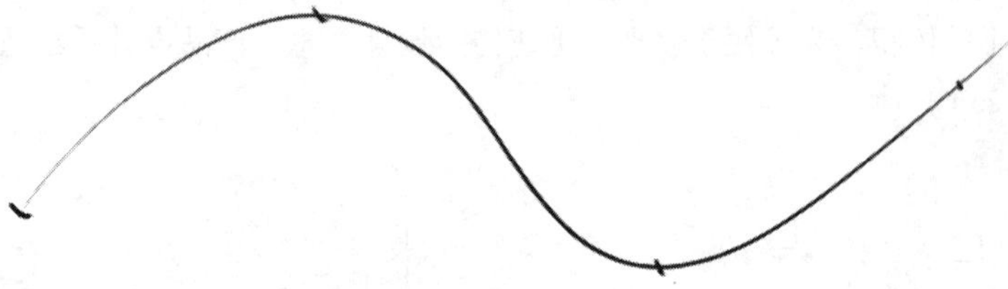

图 4-28　三阶曲线画法

在练习“两阶曲线”的画法时，可以先在纸面上建立 $x$-$y$ 坐标系，接着在 $y$ 轴上画好控制点，然后连接 $x$ 轴上的两个端点和 $y$ 轴上的某个控制点，这样就可以依次画出不同曲率的“两阶抛物线”；也可以在纸面上建立 $x$-$y$-$z$ 坐标系，在 $z$ 轴上画好控制点，然后把 $x$ 轴或 $y$ 轴上的两个端点和 $y$ 轴上的某个控制点相连，依次画出不同曲率的“透视抛物线”。两阶曲线画法如图 4-29 所示。

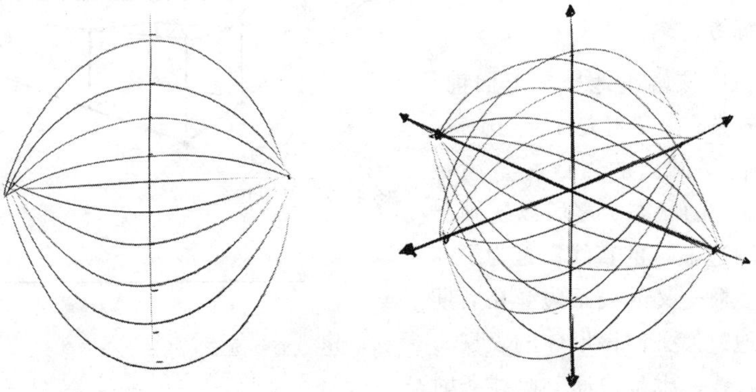

图 4-29　两阶曲线画法

（3）圆和椭圆的练习

正圆会经常出现在产品上，如圆柱形的旋钮、圆形的镜头等，但是正圆的透视为椭圆，所以画好椭圆至关重要。图 4-30 为一把摆放在桌面上的正圆尺，其上面的正圆在透视中为椭圆形。无论用何种方法确定圆形位置，当在水平桌面上用椭圆来表示圆形时，椭圆的方向（长轴）应始终保持水平，短轴会垂直于长轴，且短轴会把整个椭圆平均分割。

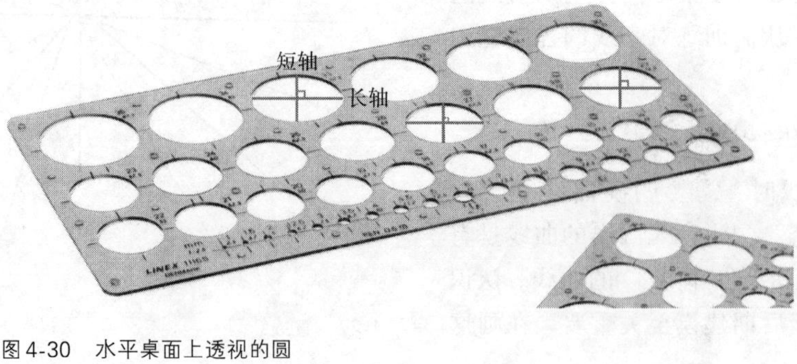


图 4-30　水平桌面上透视的圆

在进行椭圆练习时，可以先确定短轴的位置，然后画一根过短轴的中轴线，并根据需要的“椭圆度”画出椭圆。在画椭圆的时候要让这根中轴线平分椭圆，这样方便我们快速表现正圆的透视（见图 4-31）。

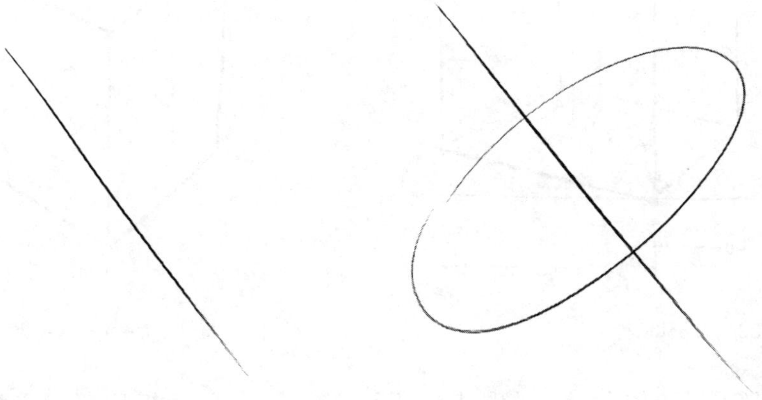

图 4-31　先画一根中轴线，接着画出椭圆

（4）几何体的线稿练习

在练好基本的线条画法之后，接着就要利用这些线条来刻画基本几何体，例如立方体、圆柱体等。

1）立方体的刻画：首先，在草图中画出一系列透视交叉点，如 $a$、$b$、$c$、$d$，以及 $a'$、$b'$、$c'$、$d'$；其次，采用两点透视，将左侧的垂直边线 $bb'$ 画得比右侧的边线 $dd'$ 更加靠近正中间的边线 $aa'$，因为边线 $bb'$ 离左侧灭点的距离更近；再次，通过两条水平边线 $bc$、$cd$，以及一条垂直边线 $cc'$，确定视角的位置；最后，在底面 $abcd$ 画好之后，根据右侧灭点位置画出边线 $cc'$ 和上表面 $a'b'c'd'$。立方体的刻画如图 4-32 所示。

如图 4-33 所示，可以用以下方法检查所画立方体的透视是否正确：

一是比较底面和上表面的面积大小。上表面的面积应较小，因为离视平线更近。

二是检查左右两侧垂直边线 $bb'$、$dd'$ 与正中间边线 $aa'$ 之间的距离，注意它们应该是不同的。

三是透视角度最大的立面（面 $abb'a'$）应该比其对面的立面（面 $dcc'd'$）面积小。

四是透视角度最大的立面（面 $abb'a'$）与基线 I 所成的夹角，应大于透视角度较小的立面（面 $aa'd'd$）与基线 I 所成的夹角。

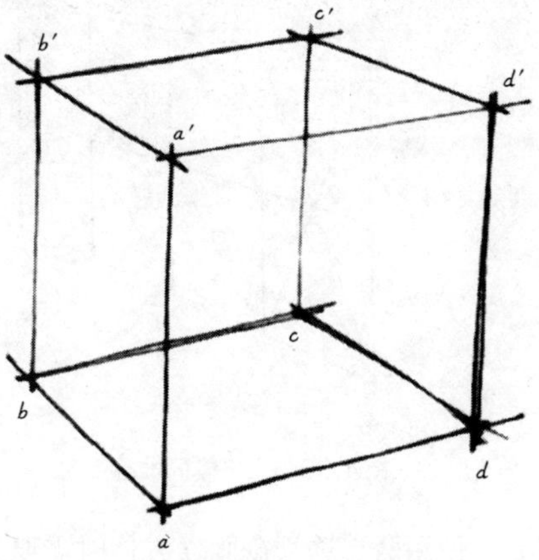


图 4-32　立方体的刻画

明确立方体的基本画法后，我们就可以训练快速表达立方体的能力。在刻画出立方体的轮廓线后，需要给立方体的各个面加上剖面线，因为剖面线可以较好地诠释形面的转折关系，从而让线稿更加立体（见图 4-34）。

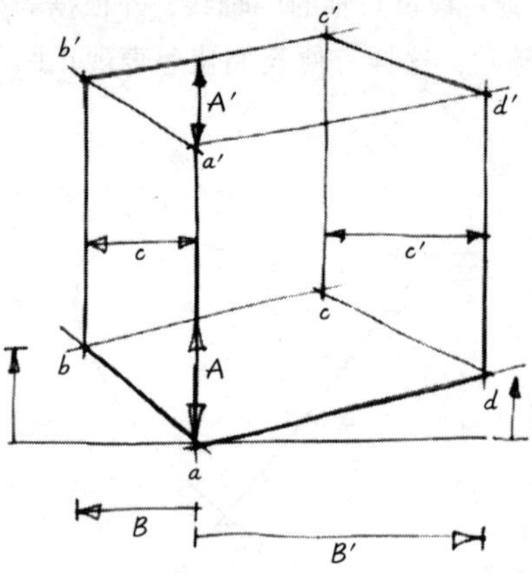


图 4-33　立方体的检查

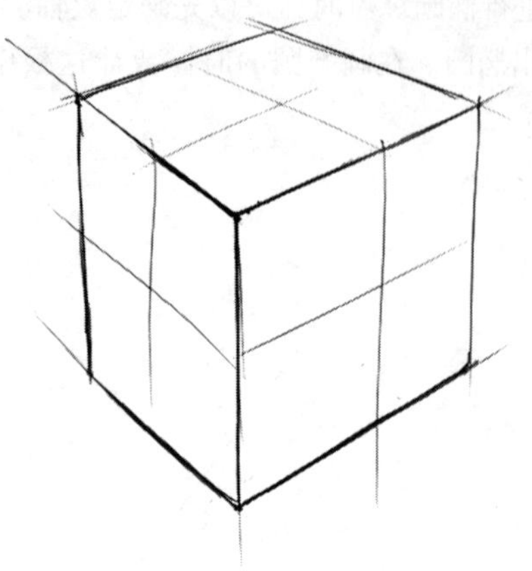

图 4-34　立方体的快速表达

接下来可以练习立方体的堆叠，如图 4-35 所示。首先，画出一个矩形，包括平面中的矩形和透视中的矩形。其次，连接矩形的四个顶点以找出中心点（注意这两条连接顶点的辅助线要轻画），并通过中心点往要复制的方向画出一条水平线，从而找到水平线与矩形一边的交点。再次，从矩形的一角通过新交点画出一条对角直线，直到连接到底端的延长线上。然后，以底端延长线交点为起点画出一条垂直线交于顶端延长线上，这时便复制出一个相同大小的平面了。最后，根据上述步骤，通过复制平面的手段来刻画出堆叠的立方体。

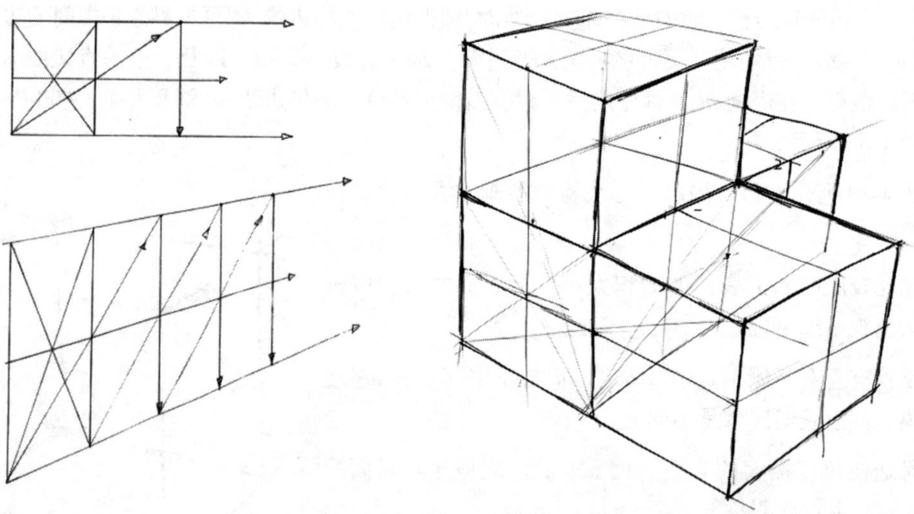

图 4-35　立方体的堆叠练习

使用两点透视刻画立方体时需要注意：

一是离视平线越近的水平面，面积应该越小。如图 4-36 所示，其长横线为视平线，离视平线越近的平面，在透视中面积越小。

二是离视觉灭点越近的立面，其面积在透视中的表现越小。如图 4-37 所示，右下方的立面离右侧视觉灭点较近，其在透视中的面积较小。

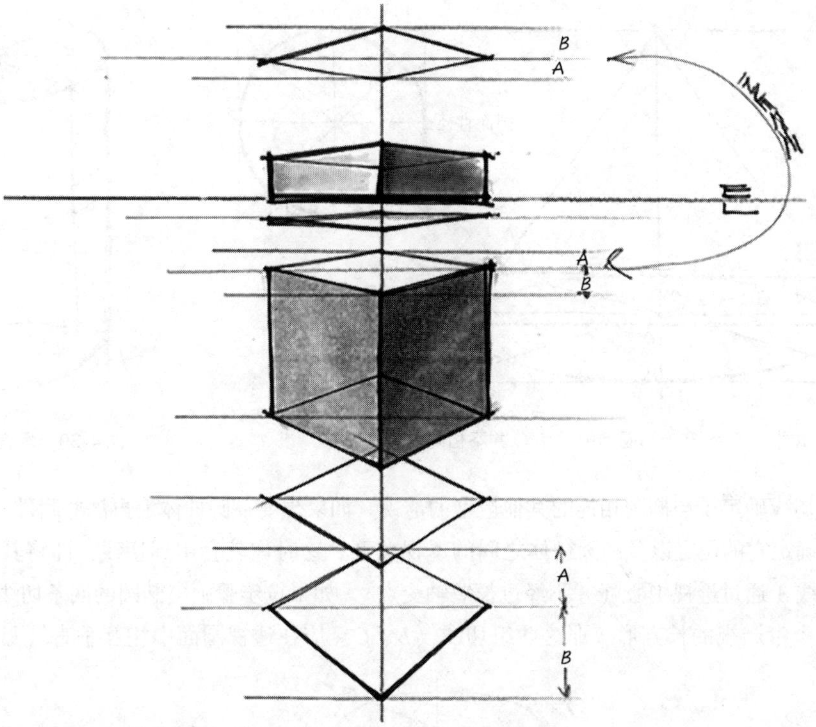


图 4-36　两点透视中的水平面

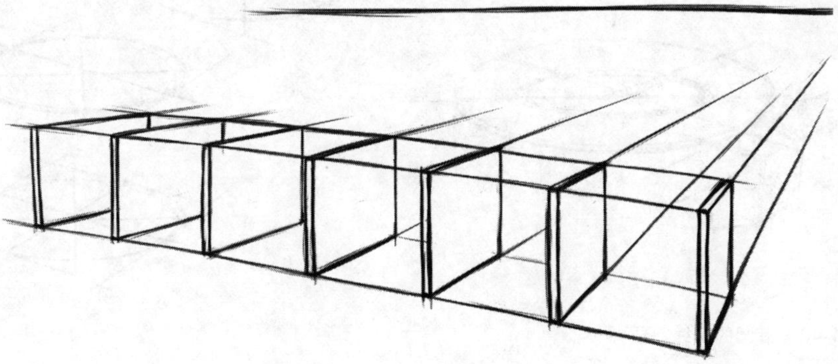

图 4-37　两点透视中的立面

2）圆柱体的刻画：主要包括垂直圆柱体和水平圆柱体。用方中求圆的方法画一个带透视效果的圆，就是将其画成一个椭圆形。这个椭圆的画法与它的两个轴密切相关，其中长轴是椭圆中最长的那条线，短轴则是可以将长轴平均分成两半的那条线。两条轴线交叉的位置必须在椭圆的中心，且两线相交呈 90°角。如图 4-38 所示，绘制圆形透视图的时候，透视中心点 $O'$ 与椭圆的中心点 $O$ 并不相同。

在绘制带透视效果的垂直圆柱体时，需要画一条中轴线、一个椭圆形的顶面和一个椭圆形的底面、两条垂直于底面的切线，以及两根垂直于底面的剖面线。底部的椭圆由于透视的关系会画得比较圆。刻画垂直圆柱体可以参照画立方体的方式，但是不需要先画出立方体后再在其中画出圆柱体（见图 4-39）。

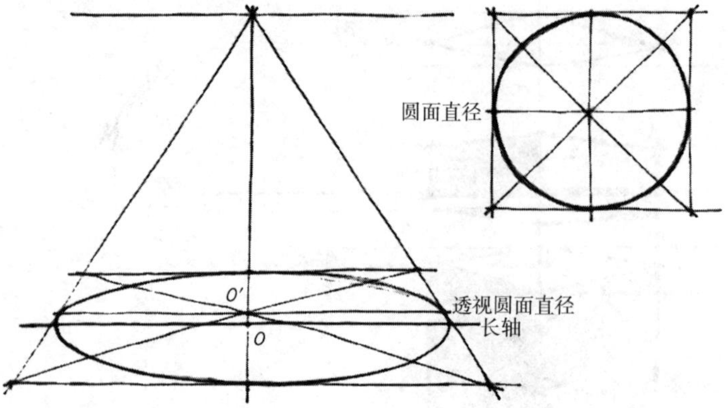


图 4-38　透视中心点 O′与椭圆的中心点 O 并不相同

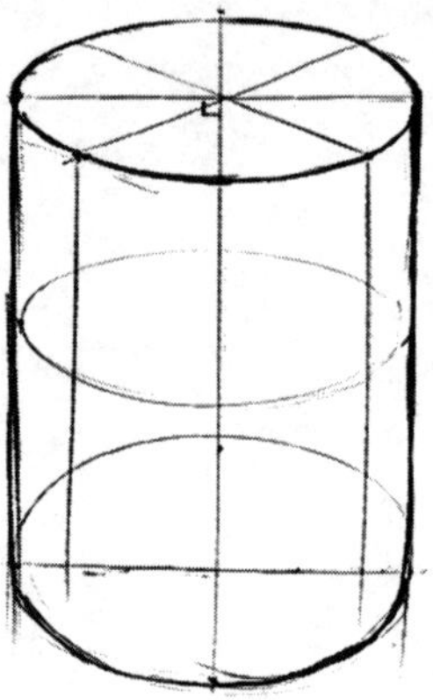

图 4-39　垂直圆柱体的刻画

椭圆的切线确定了与椭圆相连的其他造型的透视。如果想要在圆柱体上再添些附件（如把手等），那么我们需要确定它的位置以及和圆柱体之间的透视关系。这时你就会用到切线，即将其作为辅助线。先画一条中轴线 *A* 通过透视中心（并不经过长短轴交点）。如果按步骤画出椭圆的四条切线，就会在椭圆的外侧形成一个带透视的长方形。那这两组切线（*B*、*C*）应在透视圆面中相互垂直（见图 4-40）。

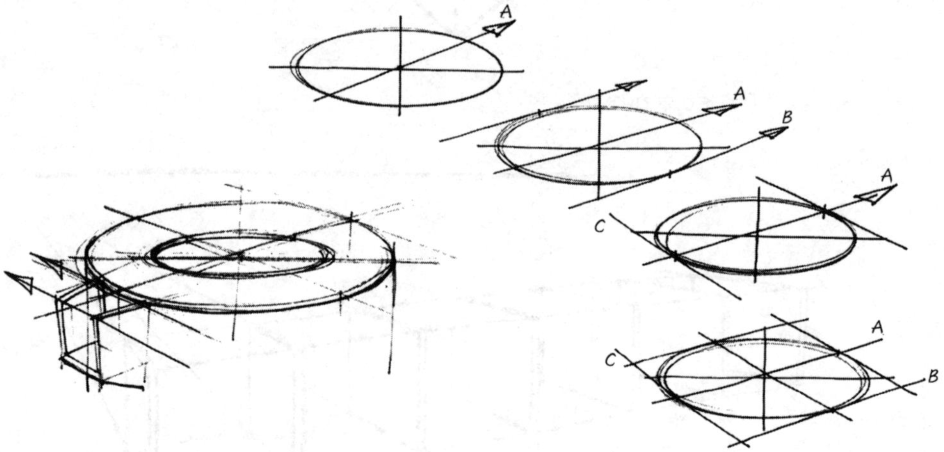


图 4-40　椭圆的切线刻画

如果要画一个水平圆柱体就要先画一条中轴线作为辅助线，并应与左右侧面的椭圆形长轴呈 90°角。根据两点透视，依次画出三个椭圆，且在画面前端的椭圆往往会更扁平，而在画面后端的椭圆会更饱满（见图 4-41）。

如果要画与圆柱相接的形体，首先，在画好椭圆之后，再画一条穿过其透视中心的垂直线条，并与椭圆交于两点。其次，穿过此两点画出椭圆的切线，作为物体把手的其中一个透视方向。再次，把手另一个透视方向上的线条还应与圆柱体的中轴线相交于右侧灭点。最后，作出椭圆垂直方向上的两条切线后，将两个切点相互连

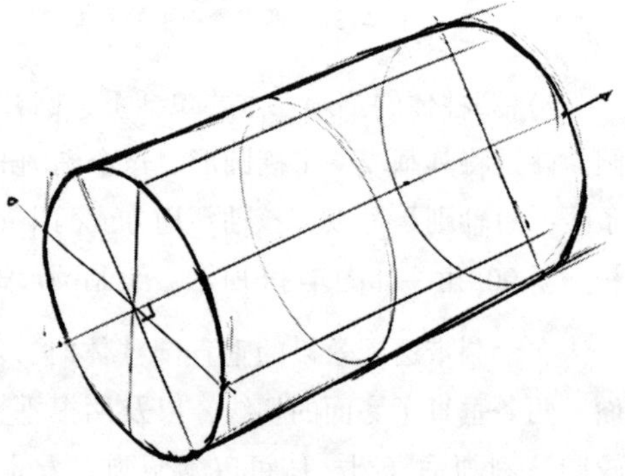

图 4-41　水平圆柱体的刻画

接并延长。这样就可以确定把手与圆柱体的位置关系（见图 4-42）。

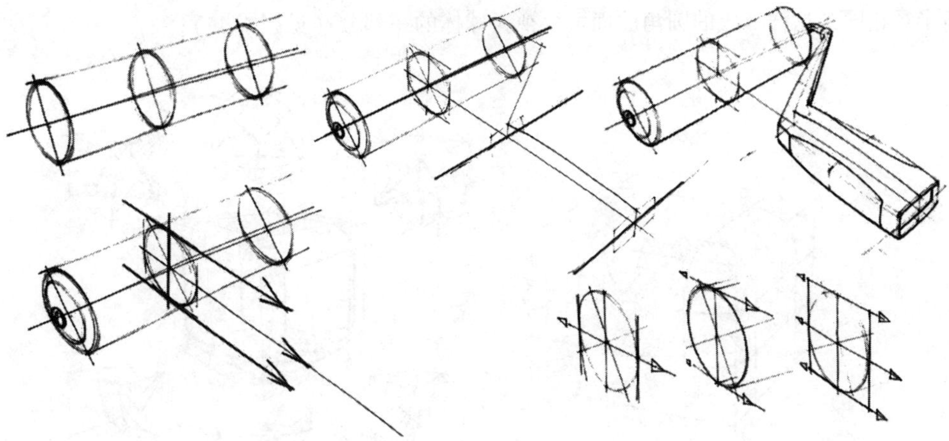

图 4-42　水平圆柱体及其连接体的刻画

我们需要认识到，无论圆柱体以何种角度倾斜，椭圆的长轴和圆柱体的中轴线都应呈 90°角（见图 4-43）。中轴线会随圆柱体的倾斜方向而改变，同时通过投影的表现可以确定圆柱体的位置和方向。

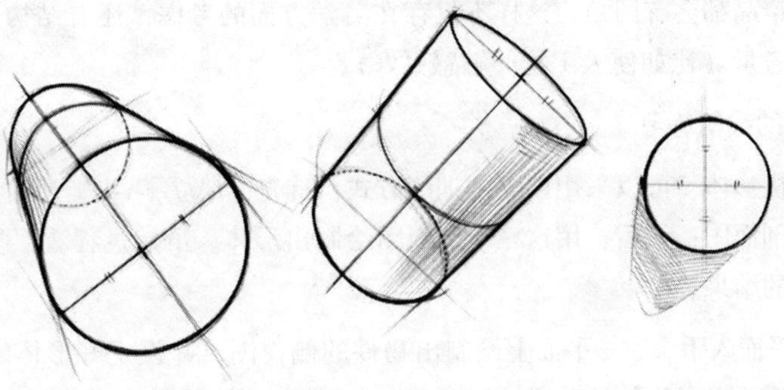

图 4-43　椭圆的长轴和圆柱体的中轴线呈 90°角

（5）产品倒角练习

由于用户的需求和生产工艺的需要，一个产品上面往往会有很多圆角，而圆角在手绘刻画中可以分为单向圆角和复合圆角。

有很多方法都可以画出单向圆角，就其中一个圆角来说，设计师是将底面的长方形与分割后的圆形重合在一个平面后，形成了倒圆角的底面图形。为保证四个圆角的透视比例相同，可以通过使用外围长方形的对角线作为辅助线，然后绘制对称的各个圆角（见图 4-44）。

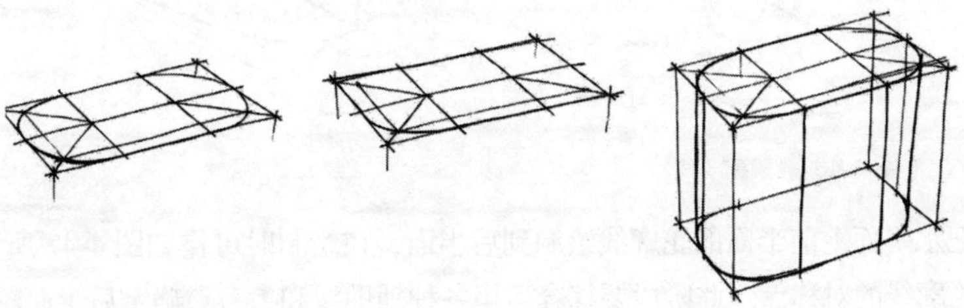

图 4-44　单向圆角的画法

对于复合圆角而言，有些产品的边缘在三个方向上的圆角是连在一起的。最典型的情况是，这三个圆角半径相同，这样形成的圆角曲面可以视为球体的一部分（见图 4-45）。

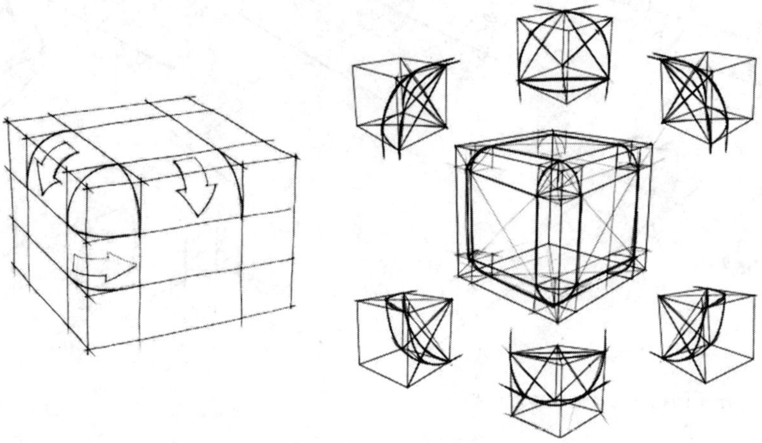

图 4-45　复合圆角的画法

基本上所有的产品都会有圆角，这样不仅存在美学方面的考虑，还有结构上的（比如便于铸模）以及人体工学上的考量（比如使人工物的触感更好）。

（6）有机形体的线稿练习

对于复杂的有机形体，可以采用以下的训练方式：首先，建立 *x*-*y*-*z* 坐标轴；其次，从内到外，画出三个垂直平面的剖面图；最后，用这三个剖面图绘制出形体。虽然过程看似复杂，但是按步骤去刻画会出现意想不到的结果。

第一步先从 *z* 平面入手，在 *z* 平面上绘制出物件的侧视图，并设定好形体的中间线，另外在绘制侧视图轮廓时，只需要考虑物件的剪影特征，不必太过担心形体复杂的细节。

第二步利用两点透视法则绘制出形体所在水平面（*x* 平面）的前半边，同时把过垂直面参考点的连线绘制到这个水平面上，然后绘制出形体前半面的轮廓线（见图 4-46）。

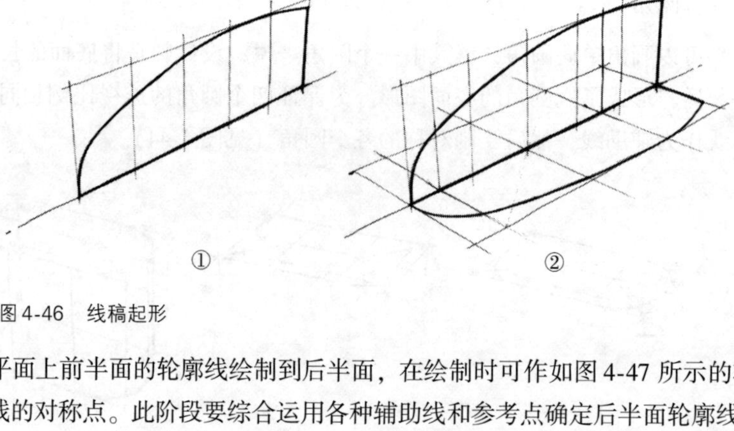

①　　②

图 4-46　线稿起形

第三步要把水平面上前半面的轮廓线绘制到后半面，在绘制时可作如图 4-47 所示的辅助线，来精确地确定前半面轮廓线的对称点。此阶段要综合运用各种辅助线和参考点确定后半面轮廓线的控制点。

第四步可以尽可能画出更多控制点（如 *A*、*B* 两点），从而画出更为准确的对称线。但是需要注意，通过辅助线确定的控制点只是参考，如果发现对称的控制点有所偏移，我们可以及时调整（见图 4-47）。

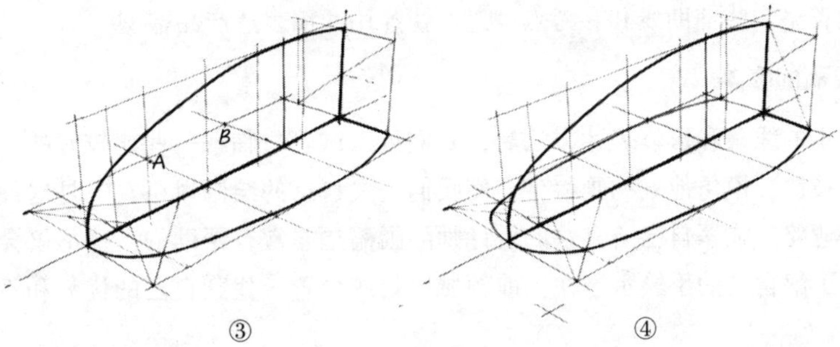


③　　④

图 4-47　线稿细化

第五步要进一步刻画出形体的体积感。除了 $z$、$x$ 平面之外，我们还要利用 $y$ 平面。我们可以在 $x$ 平面的每一条分割线上绘制 $y$ 平面，并在每一个 $y$ 平面上绘制出这个物体的正视图剖面。因为 $z$ 平面上剪影分割线的高度不同，所以每个 $y$ 平面上的正视图剖面也会不同。

第六步要使每个 $y$ 平面上的轮廓线都和 $z$、$x$ 两平面的线条相交。在绘制每条轮廓线的对称线时，我们可以采用对角线法来处理，通过辅助线确定对称点，进而确定对称线的曲率（见图 4-48）。

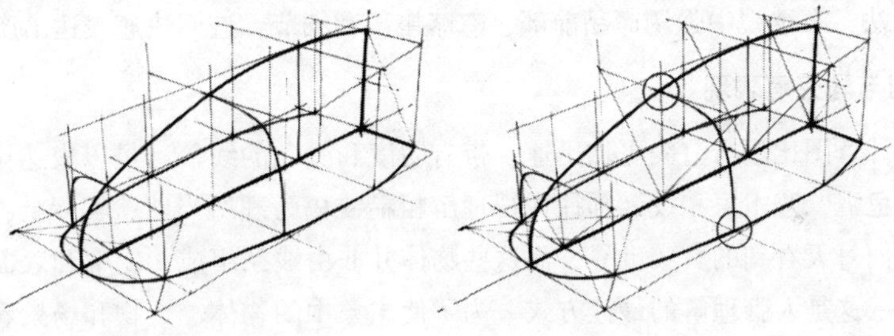

⑤　　⑥

图 4-48　线稿进一步细化

第七步将每条 $y$ 平面上的轮廓线皆镜像到中心线的另一边，通过辅助线确定对称点。同时要注意，当我们要绘制参考点时，要尽可能利用之前已经绘制的线条来做，这样可以让画面更干净清楚。因为当通过辅助线和参考点来复制一个形体时，参考线会多到超乎想象，简化的做法可以起到事半功倍的效果。

第八步时，当 $x$-$y$-$z$ 平面上的轮廓线皆复制完成后，最后一步就是加上外轮廓线。由于我们是从内到外表现形体，所以忘记绘制最后的外轮廓线只会让物体看起来只剩下结构而无外观。另外在绘制外轮廓线时，请尽可能让线条切过三个以上的平面，从而让外形更加准确（见图 4-49）。

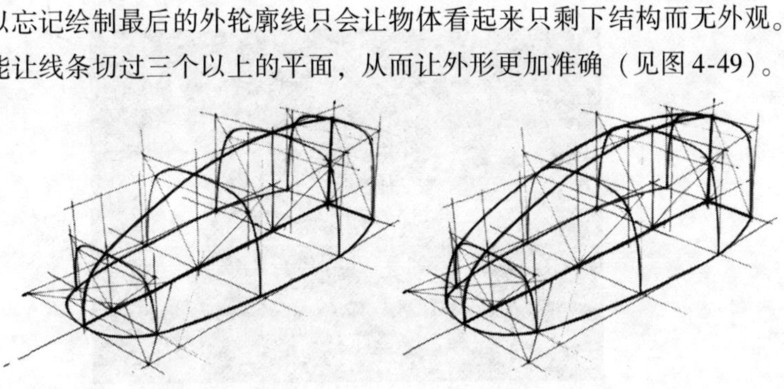

⑦　　⑧

图 4-49　线稿完成

以上是有机对称造型的线稿训练方法。当我们通过训练，从而对形体的结构有了更加深入的认识后，可以尽可能省略一些辅助线和参考点，进而快速用线稿表达产品造型。

（7）产品线稿的临摹

在掌握了基本的线条和形体表达方法后，我们可以试着去临摹一些比较好的产品手绘。有些人说学习他人的绘画技法，模仿他人的画稿，会使我们丧失自己的绘画风格，但是这种方法可以避免学生走很多不必要的弯路。临摹自己所喜欢的设计师的画稿是非常有帮助的，这不仅会加快我们的学习速度，还会使我们了解自己的手绘水平在当前领域所处的位置，找到自己的优势和不足。总之，这种方法是值得肯定的。

同时，建议使用圆珠笔或彩铅代替铅笔和橡皮绘制草图，这样可以使设计师更快地做决定，而不是一直在修改。这种方法可能需要我们利用更多的时间去练习，但这是设计项目中既快速又实用的方法。当我们每次完成一幅干净整洁的画稿时，都可能比前一张更为完善，从而获得有用的经验。

（8）产品实物线稿写生

初学者可以进行产品照片写生或实物写生，来进一步训练手绘技能。在使用线稿进行产品写生时，要对产品造型快速归纳，然后用简练的线条高效刻画出产品的整体和细节。同时，要使用“近实远虚”的处理手法，在透视中强调产品前部，忽略尾部和细节，进而快速表达出产品效果。

### 3. 渲染规则与马克笔表现

快速勾勒设计草图比进行渲染更加迅速，带有明度和颜色的线稿已足以表达设计意图，但为何还要给设计草图上色呢？艺术家和设计师往往视理解粗糙线稿为理所当然。实际上，大多数人对视觉语言的理解基于他们每天看到的真实世界，而这些物体并非由线条组成。轮廓和表面的定义依赖于颜色和明度的变化——这是人脑理解的最佳方式。为了使想象中的物体、人物和场景看起来真实可信，它们需要与人们日常观察的世界相似。因此，艺术家和设计师必须学会如何渲染曲面和体块，这对于给设计草图上色和进行模型渲染都至关重要。

（1）重新认识光

光的衰减：指的是当物体与光源的距离增大时，光强逐渐减弱的现象。这对于呈现物体表面光感变化至关重要，因为当物体表面的形状结构发生变化时，光的强度也会相应变化。要在渲染中真实地表达光的衰减效果是一项具有难度的任务，但光的衰减能够赋予场景强烈的氛围效果（见图4-50）。

图4-50　光的衰减

闭塞现象：是因为光线被邻近面所阻挡而产生的一种阴影效果。无论在何处，只要有两个邻近面一起遮挡光线就会发生闭塞现象，比如在墙壁和顶棚的角落。图 4-51 中的圆圈所指的区域是典型的闭塞现象。在渲染中添加闭塞现象能极大地增强画面的真实度和视觉丰富感。但是作为一种体现阴影质量的手段，闭塞现象常被缺乏经验的艺术家和设计师们忽略。

图 4-51　闭塞现象

直射硬光：当讨论不同类型的光时，实际也是在讨论不同类型的阴影。直射光产生硬边缘的阴影，漫射光产生软边缘的阴影。硬光是指所有光束按照单一的方向排列，可以通过被投射物体的阴影硬边缘识别（见图 4-52）。

柔光：是指物体表面被多个不同点光源照射的状态，也被称为漫射光。例如：在阴天里，柔光投射下的阴影边缘是模糊不清的；天光产生的漫射光就在垂直的墙面上投射出柔和的阴影。在柔光照射下，虽然形体表面结构变化非常多，但是它们的阴影边缘却是模糊的。如图 4-53 所示，灯带产生的漫射光使垂直墙面上有了柔和的阴影。设计师需要熟记柔光的规律，因为在渲染场景时，投影必须与光源的种类、特点相一致。

图 4-52　直射产生的硬边缘阴影

图 4-53　灯带产生的漫射光

柔光的光源可以是一个被灯罩罩住的灯泡，也可以是阴天里的天光，还可以是任何被遮挡而产生漫阴影的柔和光源。当我们开始观察环境里的每一种投影时，建议记住这些影子的边缘特点和对应的投影的光源种类。

反射光：即通常意义上的补光，是指从一个面反射到另一个面的光。如图 4-54 所示，光从地面反射到雕塑的底部，并给底部添加了柔和的光。

大气透视：在观察物体时，距离视线越远的物体，其色调的饱和度和对比度越弱，这是大气透视的典型特征。如图 4-55 所示，大气透视最显著的影响发生在地平线处，因为远处的物体需要透过更多的大气层才能被观察到。此外，空气中的水汽、灰尘和烟雾比大气透视的影响更为显著。在图 4-55 中，前景中的峭壁和远处的岩石之间距离很短，但我们仍然清晰地看到了大气透视的效果，这是由于海浪撞击产生了大量水汽。

图 4-54　雕塑底部的反射光

图 4-55　大气透视现象

（2）投影与明暗关系

明暗关系是指在光源影响下，物体每一面的明暗差别。明暗关系可以用来表现物体的体积感，并使物体更好地融入环境。投影则是指物体投射在其他平面或曲面上的影子。

一般情况下，平行光源（阳光）会产生像实际生活中那样的投影，而点光源（灯光）一般无法提供适合的投影。相比之下，平行光源所形成的投影更容易想象，也更接近实际情况。

用两条线就可以表现光源的方向：实际光源的方向为斜线 $A$，投影方向为 $B$。想象平行光源从你的左肩照射过来，就会产生一个角度更大的斜线 $A$ 和稍稍偏向右上方的 $B$（见图 4-56）。

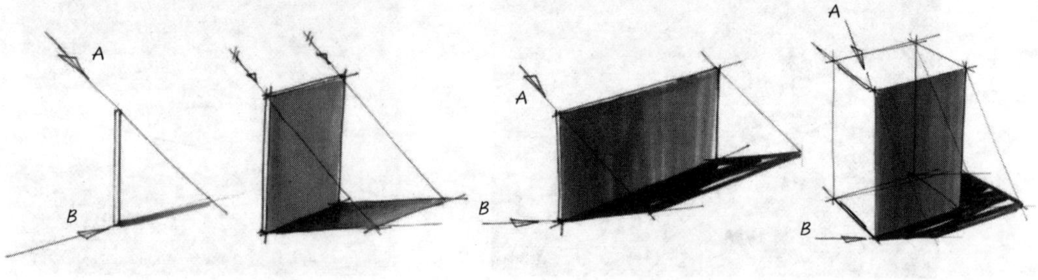


图 4-56　平行光源下的光影关系（一）

图 4-56 中所有实际光源的方向（斜线 $A$）都是平行的，但所有投影都会向两点透视的灭点方向逐渐聚拢。一个物体的一些外形特征可以从其影子的形状表现出来，例如：打开和闭合的造型，棱角分明和圆角的造型。画投影类似于将一个造型以正确的透视投射到平面上，投影和物体本身的透视要聚拢在同一个灭点上。水平方向的线条长度应与其在投影上的长度相同，而逆光的运用一般只是为了营造出紧张的氛围（见图 4-57）。

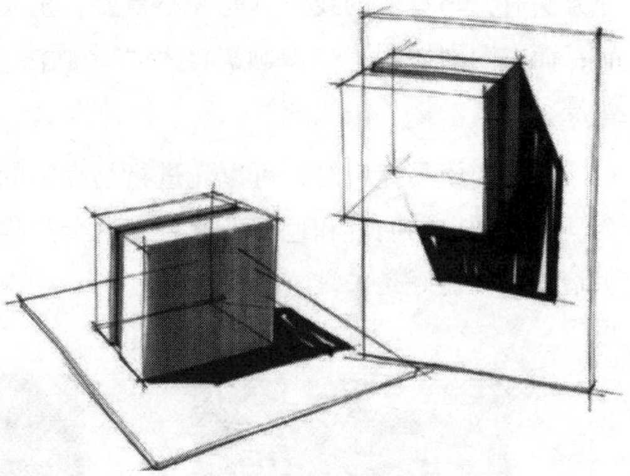

图 4-57　平行光源下的光影关系（二）

一般情况下，在确定光源角度后，应将物体的大特征作为亮面，以突出物体的主要形态，弱化次要形态，并使投影处于画面中合适的位置。图 4-58 中最好选择右面那把椅子的表现方式，因为它的投影长度正合适，既可以表现物体的造型，也不会因为面积太大而占据过多空间，还不会将投影投射于椅子的上表面。

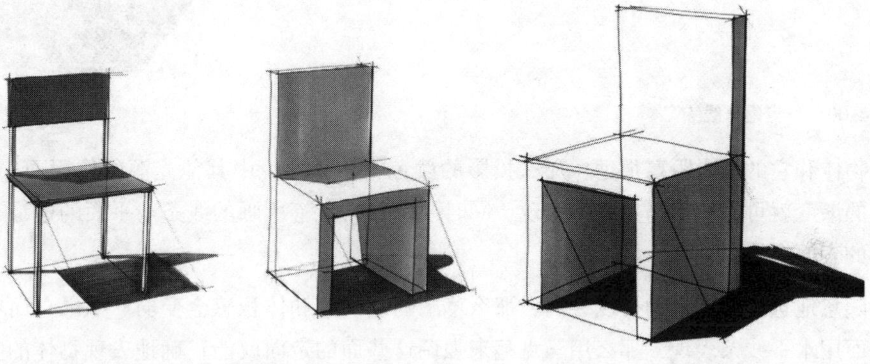

图 4-58　选择合适的光影表现视角

（3）基本几何体的光影关系与马克笔表现

马克笔可以有很多种使用方法：最简单的方式是“干画法”，就是在物体表面涂平行线条，如图 4-59 所示：左图的垂直线条能够突出形体表面的垂直走向；中间这幅图使用了“湿画法”，使用这

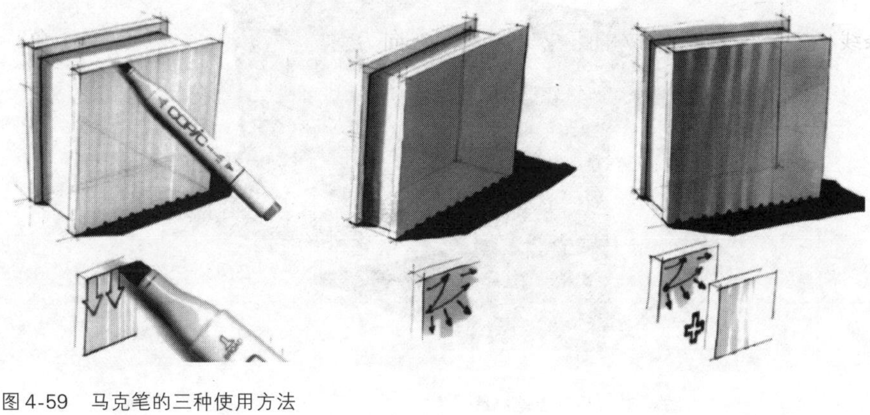

图 4-59　马克笔的三种使用方法

种方法时，马克笔的线条方向并不重要，重要的是快速重叠用笔以保持纸张湿润，从而更好地表现产品；而右图则使用了“湿画法”和“干画法”，这种方式不仅可以表现色彩的变化，还可以使草图显得没有那么呆板。

初步使用马克笔时，可以先进行马克笔的排线练习，一方面练习对马克笔的控制能力，一方面体会马克笔画出的明度和色彩变化。在这个过程中无须过度在意马克笔的笔触和留白等技法，将物体的明暗关系塑造好是关键（见图4-60）。

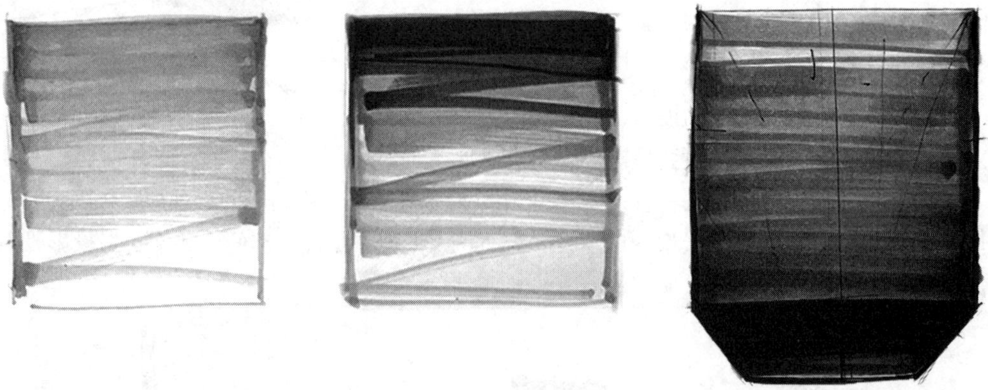

图4-60　马克笔排线练习

如果物体和它的投影距离很远，那么投影的颜色会由于环境中其他光源的作用而表现得比较浅。这时色彩的渐变就可以使用马克笔来表现，同时要确保马克笔所画的线条与平面的边缘平行，这样画完后物体的表面会比较规整。

如果随意地选择马克笔的排线方向，那么草图的空间感和体积感会变弱。如果立面用垂直线条表现，水平面用水平线条表现，那么用马克笔来强调这些面的走向就能正确地表现物体的空间感，也能更易理解。如图4-61所示，图中左下角的马克笔排线更适合立面变化。

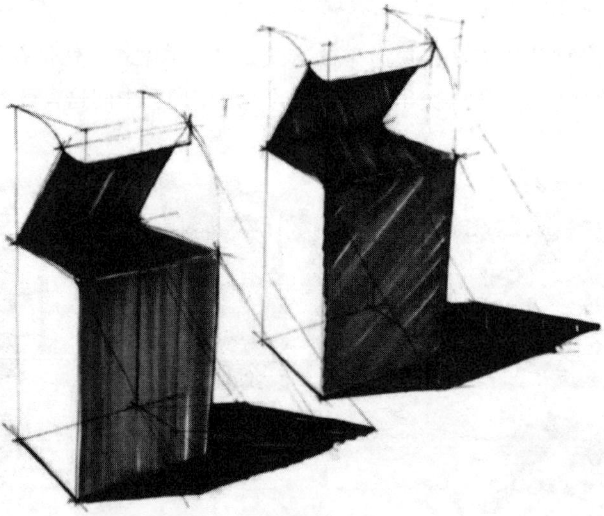

图4-61　用马克笔排线

如果用彩色马克笔来画一个物体，一般会搭配灰色马克笔来绘制物体表面的阴影部分，这样会使物体阴影部分的颜色更深、更饱满（见图 4-62）。可以使用灰色马克笔在彩色线条上平涂，以体现明度变化。在我们选择好所要使用的颜色的同时，还要挑选出与之配合的灰色，用来表现阴影效果。可以尝试使用不同的灰色搭配同一种颜色，这对于提高绘图速度是很有效的。如果物体表面是亚光的，投影会在物体上出现。如果是表面非常光滑的物体，那么椅子上只会出现反光、高光和更强的明暗对比。

在介绍了投影关系及马克笔基础技法后，接下来对基本几何体（如立方体、球体、圆柱体、锥体和组合体）的光影关系及马克笔表现方法进行详细讲解。

1）立方体的光影关系及马克笔表现。当选择一个最好的光源方向，用明度表达物体的形状时，有一个需要时刻谨记的基本概念，即“黑-白-灰”明度变化。在尝试渲染形体时，由于轮廓线无法区分物体的面与面之间的变化，所以要使用明度来凸显出它们的不同。

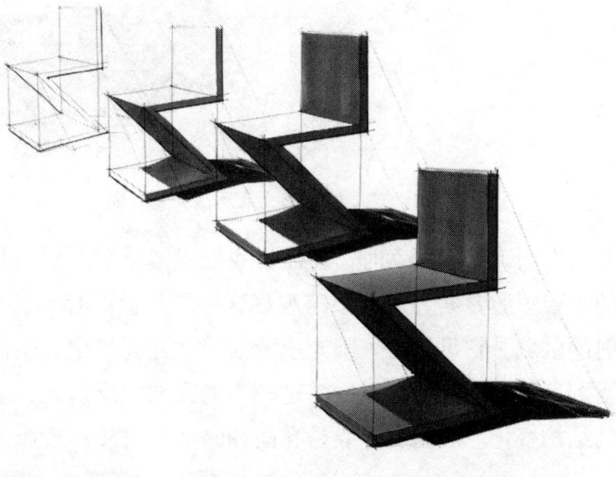

图 4-62　用灰色马克笔绘制阴影

如果一个物体有三个明显不同的明度，那它便更容易被识别。在现实中，物体是没有轮廓线的，我们的大脑通过亮面、暗面及阴影面来分辨形体。图 4-63 的左图中，一号面是最亮的表面，并且常常会是顶面。当光源被设置的很低，有时也会在侧面创造出一号面，但是这种情况相当少见，毕竟在多数情况下，我们的光源都会在我们的头顶上方。二号面是明度居中的面。该面仍处于光线直射下，但是与一号面相比更暗。在图中可以清晰地看到二号面与一号面边缘的变化。三号面被称为“阴影面”，是最暗的面。在图中，同样能够清晰分辨出三号面与二号面边缘的变化。这是一个明显的“黑-白-灰”明度变化。这种明度变化可以确保观者能够自然清晰地看懂图中所有的面，并能明确物体的三维关系。同时，在用马克笔表现立方体的明度时，也要注意反射光对形体立面的影响，如图 4-63 的右图所示。

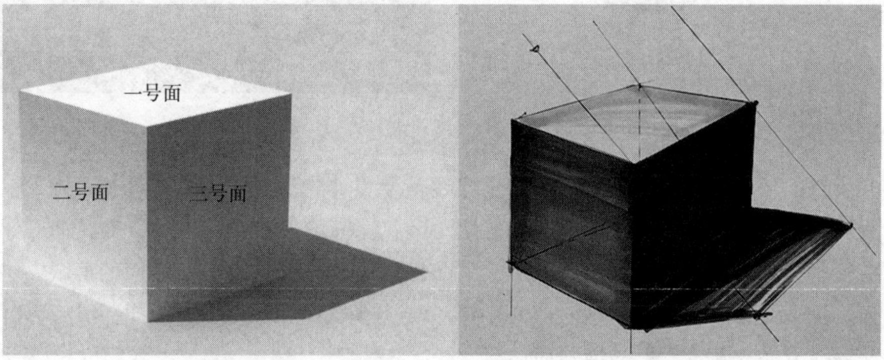


图 4-63　立方体的光影关系及马克笔表现

2）球体的光影关系及马克笔表现。当我们开始渲染曲面时，必须要理解阴影在形体的哪一边。

在处理平面，尖角的时候，阴影会在边缘处非常清楚，而曲面通常没有这些边缘来明确阴影位置。不过球体包括了所有曲面需要考虑的要素，如图4-64所示。

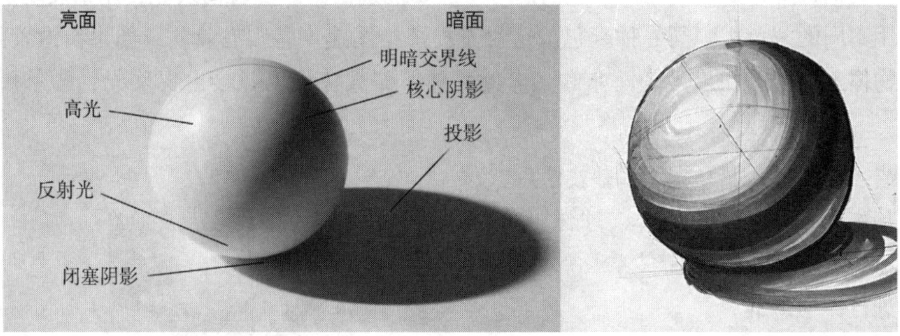


图4-64 球体的光影关系及马克笔表现

在明确这些要素时，还需要我们思考每个要素跟其他要素的关系。亮面、暗面和投影是大脑理解的主要图形要素（眯着眼睛观察这些图片会更容易感受到这些主要的图形要素）。亮面是受到光线直射的区域，它可以由太阳光或者区域性光源产生。暗面是没有暴露在光线直射下的区域，但是通常会受到反射光和环境光照射，这种不太强烈的反射光也会使明度发生变化，能让我们更加了解形体暗部的结构变化。明暗交界线是亮面和暗面的过渡，投影的形状是由明暗交界线延伸到地平面上形成的。

明暗交界线和核心阴影是息息相关的，会在亮面转变成暗面的地方出现。当有环境光或反射光影响物体的暗面时，核心阴影就变得可见。亮面转变成暗面的地方，就会出现明暗交界线，它位于光线与物体表面相切的地方（见图4-65）。

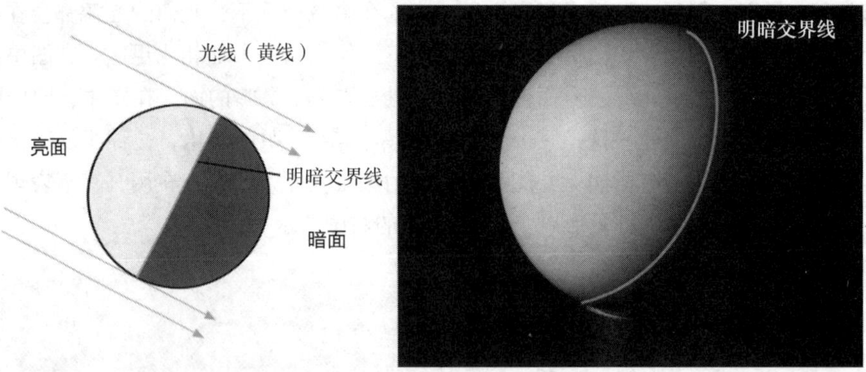


图4-65 球体的明暗交界线

当移开所有的环境光和反射光后，明暗交界线就变得非常清晰。在完全黑暗的环境（如外太空）中，由于物体表面体现出阳光下充足的明度变化，因此亮面的形状会很明显，而暗面几乎没有明度变化，所以会很难辨认暗面轮廓，其暗面的形状只能靠想象了。想要渲染出暗面的形状，必须得有环境光或反射光。反射光会照亮暗面，这时核心阴影就会出现。这个核心阴影体现为一系列的明度渐变，即从明暗交界线开始，随着反射光增强而逐渐变亮。

比较一下图4-66中的球体：右侧球体增加反射光，造成了暗面的明度渐变，从而增强了三维立体感。图4-66中没有地面的反射光，是因为被拍摄物被举高或挂起，从而消除了地面的反射光。

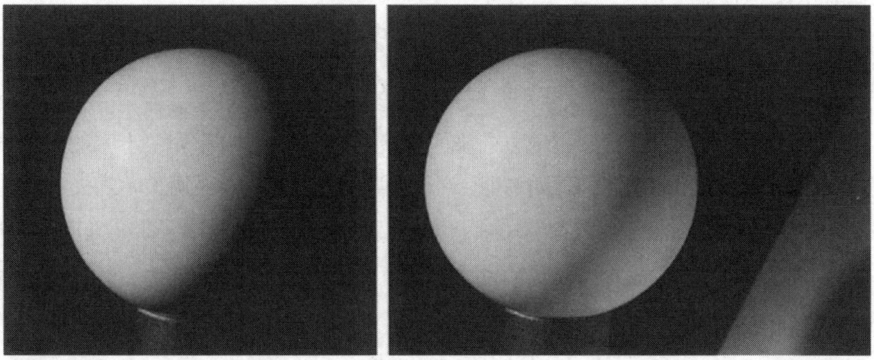

图 4-66　环境光对阴影的影响

通过增加反射光来产生核心阴影，是很重要的，因为它能更好地呈现物体的暗面形状，也能帮助物体更好地融入周边环境。在临摹时，即使某张图片中的暗面无法被看到，但可以对图片做一些艺术加工，通过增加反射光来加强轮廓，从而使整个渲染效果更好。

反射光和闭塞阴影能使曲面的渲染更真实。这些微妙的互动使各物体的表面体现出相互的影响，从而使场景看起来更加自然（见图 4-67）。

图 4-67　反射光和闭塞阴影对形体表现的影响

物体与地面因反射光相互影响。注意观察光线如何从地面反射到球体的下半部分，反射光把核心阴影提亮了。

3）圆柱体的光影关系及马克笔表现。我们可以以垂直圆柱体和水平圆柱体的光影关系及马克笔表现进行分析。

①垂直圆柱体的光影关系和马克笔表现：确保垂直圆柱体这类曲面物体，有着和立方体那类切面物体一样的“黑-白-灰”明度变化。一般来讲，垂直圆柱体的顶面最亮，向光的侧面稍暗（见图 4-68）。

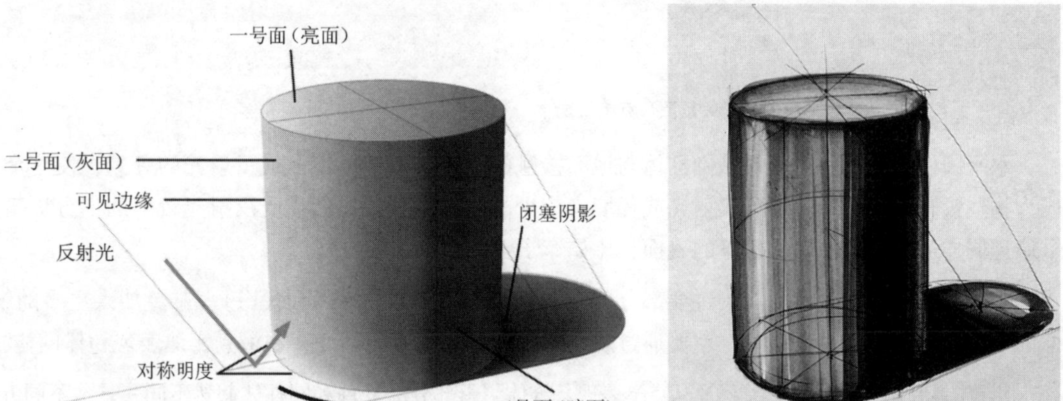


图 4-68　垂直圆柱体的光影关系及马克笔表现

有以下几点需要注意：

一是暗面和投影：由于二者都遵循“半黑”原则，所以它们的明度将是类似的，但是环境光和反射光将使暗面产生一层渐变，这个将使暗面和投影被区分开。

二是明度的对称性：假如顺着投影的方向把垂直圆柱体从顶面四等分，十字的分割线刚好也是明度对称线。当需要表现垂直圆柱体的外轮廓时，可以利用背景明度来强调，不需要在垂直圆柱体上加入额外不必要的明度变化。

三是垂直曲面渐变：受光垂直曲面的明度会有一个加速的衰减渐变过程，越靠近暗面明度衰减得越快。所以，在刻画垂直圆柱体时要避免均匀地衰减，那样将会使垂直圆柱体的曲面显得曲度不够。

四是反射光：在暗面，来自地面的反射光会照亮垂直圆柱体的部分立面，越是与反射光角度垂直的立面越会被照得明亮。具体来讲，在垂直圆柱体接触地面的部分的反射光最强，并向上衰减。同时当垂直圆柱体的立面由受光面逐渐转向暗面的时候，反射光也在这个横向的方向上减弱。

五是闭塞阴影：投影最暗的地方在垂直圆柱体与地面接触的地方。投影也是渐变的，而不是均匀的，它由垂直圆柱体与地面接触处的最暗处向外衰减，其渐变规律为：越靠近物体，明度就会加快变暗。

②水平圆柱体的光影关系和马克笔表现：对于图4-69的水平圆柱体，在分配明度时，前端圆面由于在光照下，因此是一个灰面。亮面会比水平圆柱体的真实明度要黑一些，这是由于光线的入射角度不是垂直的。

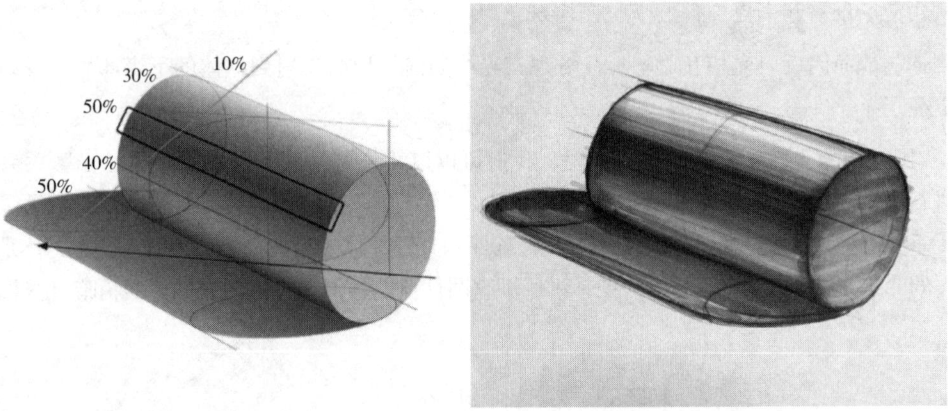


图4-69　水平圆柱体的光影关系及马克笔表现

水平圆柱体的闭塞阴影紧贴圆柱体与地面接触的地方。由于环境光或反射光的衰减，使这个地方成为物体投影最暗的部分。受反射光或环境光较少的阴影部分，比四周受反射光较多的部分更暗。这个原理同样适用于有凹陷和裂缝的表面，比如车子上的切割线或进气口。

为了提高效率，最好只渲染主要部分（如高光、核心阴影、底面和投影），避免加入更多的细节，但如果需要刻画逼真的效果图，就要通过观察和经验找到更多的渐变，来最真实地表现物体的体积。

4）锥体和组合体的光影关系及马克笔表现：锥体阴影部分的处理和圆柱体截然不同，是将不同方向的锥体连接起来，并且在相接处没有平滑的过渡，阴影部分会出现激烈的“跳转”（见图4-70）；当锥体和圆柱体结合在一起时，锥体和圆柱体明暗交界线位置的不同，圆柱体和锥体的核心阴影也不相同。

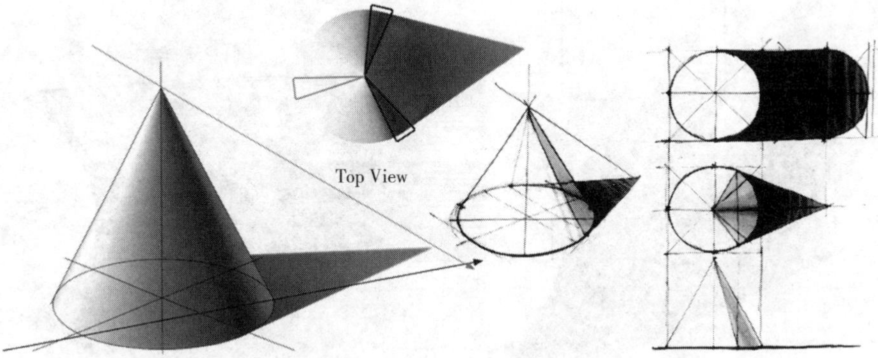


图 4-70　锥体的光影关系及马克笔表现

对组合体的光影关系及马克笔表现进行上述处理是因为圆柱体的阴影范围大于锥体，此外，暗面的反射光对圆柱体的影响比对锥体的影响更强（锥体有一个倾斜于地面的表面，而这正是反射光的来源方向）。结合这两种形体的特征，可以先做圆柱体的投影，然后把锥体的尖端投射到地面以完成全部投影。最后，在锥体坐落的延伸平面上，投下锥体尖端的影子，用这个投点来确定锥体核心阴影的位置（见图 4-71）。

图 4-71　组合体的光影关系及马克笔表现

请避免下列错误：在锥体边缘绘制出与轮廓线平行的阴影；使用与圆柱体相同的方法处理倒锥体的阴影；错误地将锥体和圆柱体的阴影连接起来。

（4）有机形体的光影关系与马克笔表现

对于复杂有机形体，在渲染时，可以把每个面都当作是一个简单曲面的一部分，这样有助于搞清楚各个部分是什么明度，画面焦点也能与明度相协调。

无论所选物体是什么样，要达到各部分明度恰到好处、所有表面生动自然，都要对整个渲染过程进行深入思考。整个渲染过程就如同黏土雕刻，简单细致地调整明度，可以让表面任意曲折、扭曲或膨胀。

简单曲面是指只朝一个方向弯曲的平面，有点像弯曲的金属片或者弯向一边的纸。简单曲面是构成复杂三维曲面的基础。

图 4-72 为简单曲面的光影关系及马克笔表现。找出一个简单曲面的关键渲染元素的最佳方式是：将此简单曲面想象成一个圆柱体的一部分。

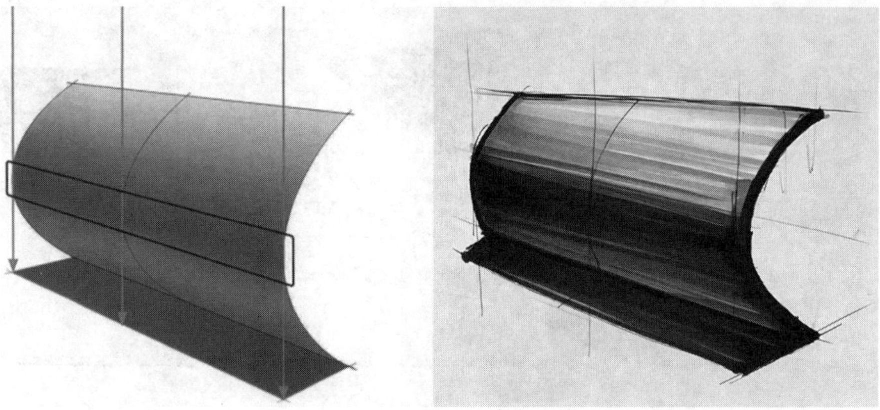

图 4-72　简单曲面的光影关系及马克笔表现

需要注意的是，更多时候，曲面不是线性均匀地弯曲变化，因为其光影是不均匀的。随着表面的平展或弯曲程度不同，阴影渐变的层次弯曲变化也随之减速或加速（见图 4-73）。

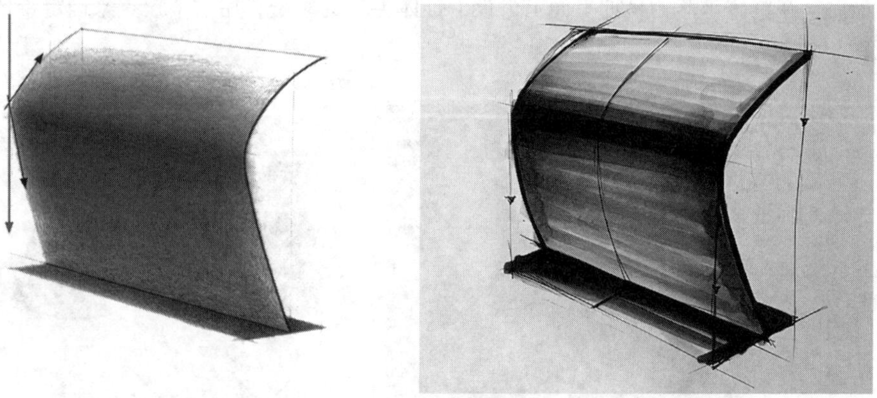

图 4-73　非线性均匀弯曲的曲面的光影关系及马克笔表现

如图 4-74 所示，在对相同角度、朝向同一光源的多个曲面进行渲染时，每个曲面的渲染手法应该保持一致，从而创造曲面整体的一致性。

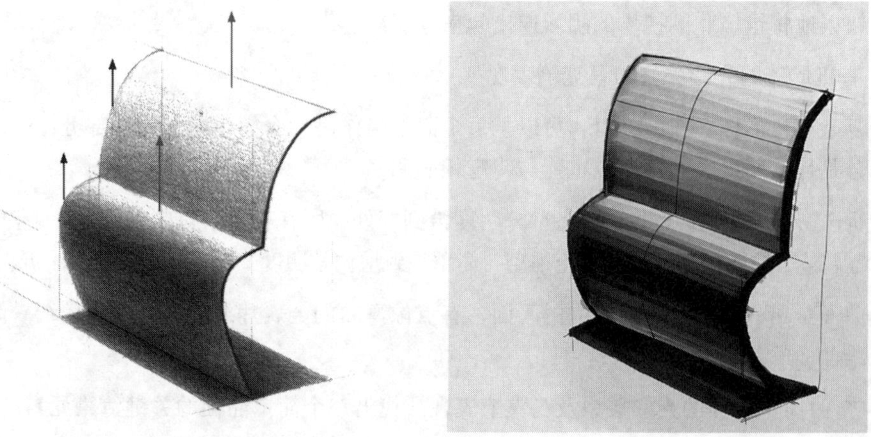

图 4-74　多个曲面的光影关系及马克笔表现

在光平面方向上找出一块切面，借此切面来找到曲面亮面上的明暗交接处和投影边界线，以此来确定曲面在自身上的投影位置（见图 4-75 中 *A* 处）。始终要注意地面的反射光和曲面自身的反射光。在阴影中，曲面朝下且对着反射光源的表面，其实比在同样阴影中的面朝上的表面更亮（见图 4-75）。

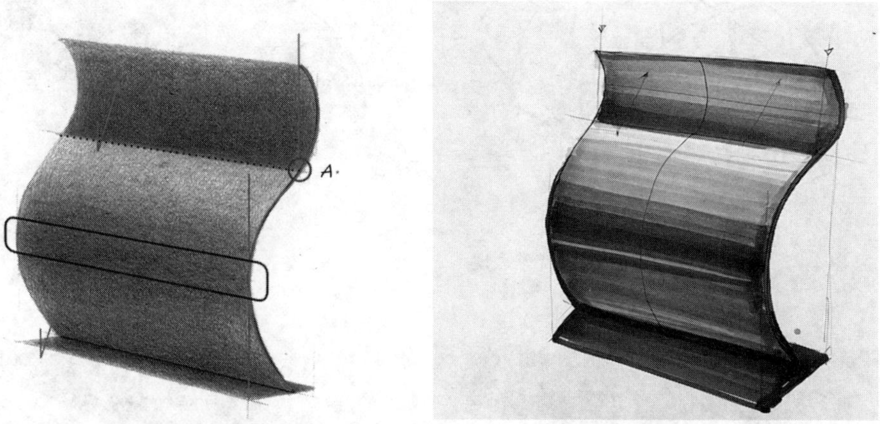


图 4-75　简单曲面光影关系及马克笔表现

对于复杂有机形体，当光线来自一侧时，可以使用切线找到明暗交界线和投射的阴影边界。核心阴影的宽度在渲染中随着切线的长度而改变，而反射光会影响形体的阴影部分，帮助形体创造核心阴影（见图 4-76）。

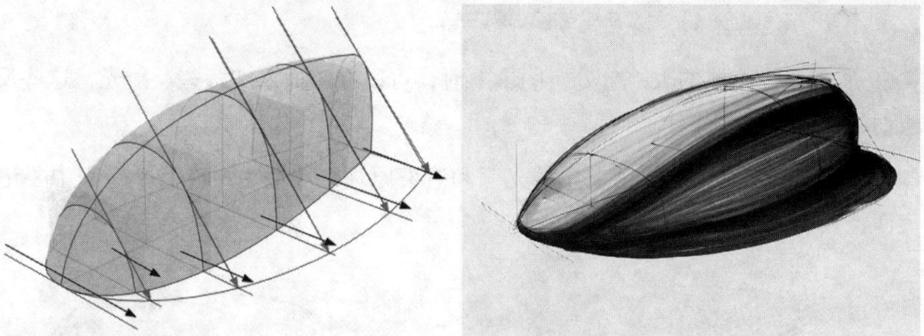

图 4-76　有机曲面光影关系及马克笔表现（一）

来自侧面的光线是首选的打光方案，因为这会使主要的结构和投射下的阴影不再需要额外的切线来绘制，而且可以提供一个稳定的“黑-白-灰”明度变化。

在渲染之前画出物体正确且清晰的线稿是至关重要的。复印线稿做备份是一个很有用的方法，当渲染出错时可以回到备份的线稿上，在达到想要的渲染效果后还可以另做一个备选的光照方案进行渲染。

当重点在曲面的设计时，可以用渲染技法增强形体的表现力。如图 4-77 所示，光线方向投射出的阴影，使物体后方 *A* 处的转折变得更加明显。

如图 4-78 所示，光线从顶上直射通常是很好的光照方案，这样形体能更好地被观众理解，并可以最大限度地增加渲染效率。

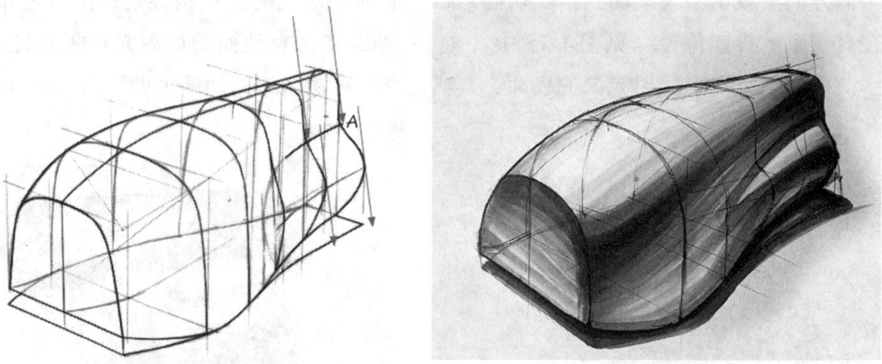


图 4-77　有机曲面光影关系及马克笔表现（二）

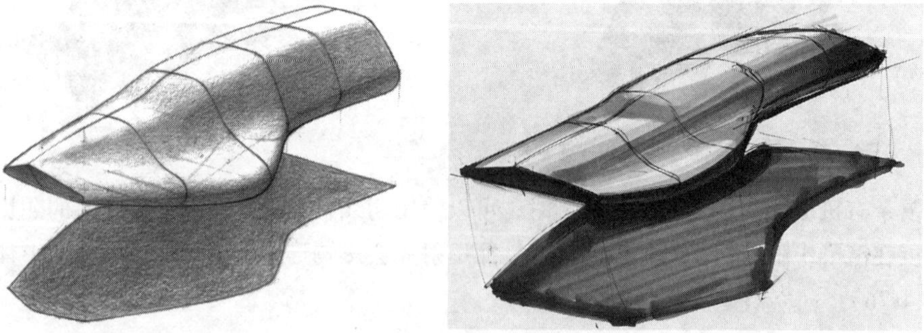

图 4-78　有机曲面光影关系及马克笔表现（三）

如图 4-79 所示，当物体的大部分处于阴影下时，可以在暗面添加一些反射光，这些反射光能使阴影中物体表面的起伏变得更立体。

当绘制更加复杂的形体时，这些基本的光照和渲染原理依然适用。在渲染过程中要记住，面向相同方向的表面，其明度变化一致。

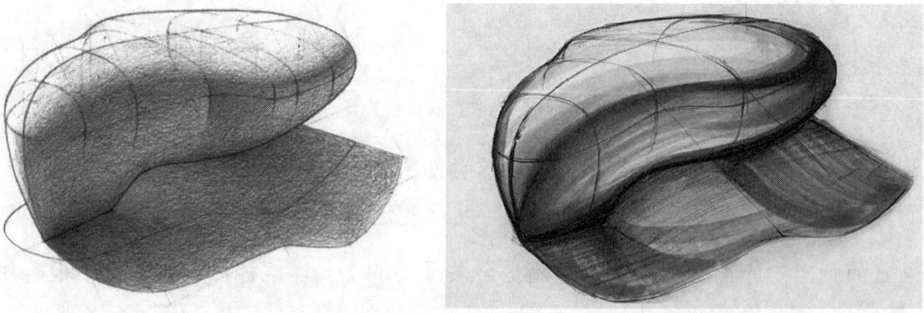

图 4-79　有机曲面光影关系及马克笔表现（四）

（5）产品材质与马克笔表现

产品材质表现对于产品效果图刻画起着至关重要的作用。通过清晰地描绘产品的表面材质和光影效果，效果图会看起来更真实。上文中提到的光照与投影知识是刻画产品材质所必备的。刻画产品材质的目的不是希望效果图像照片一样逼真和准确，而是要展现更多的产品特征，并且能够帮助设计师在设计阶段选择合适的材料，推动设计的深入。对于设计师而言，除了设计产品的造型和功能外，材料也是必须要考虑的，不同的材料和材质直接决定了最终的设计是否能够落地。

为了创造较强的视觉冲击力，设计师可以根据需求突出或减弱产品的材质表达效果。如果设计师并没有客观地重现产品的材料，而是大致地绘制了产品表面可能呈现的效果，就会使最终的效果图与实际的照片可能不一致，但是比起照片来说，这种表现方式更能说明材料的特征和感觉。

接下来分析以下产品材质的马克笔表现：

1）光滑材质。光滑材质的表面反射呈现出一种光泽的质感。在真实环境中，这种反射的颜色是自身材料颜色与反射投影的混合，但在效果图中，为了强调物体光滑的表面质感，通常不考虑反射投影的影响，而是用夸张的环境色代替。因此，效果图中的光滑材质要比实际情况看上去更加艳丽，对比度也更高（见图 4-80）。

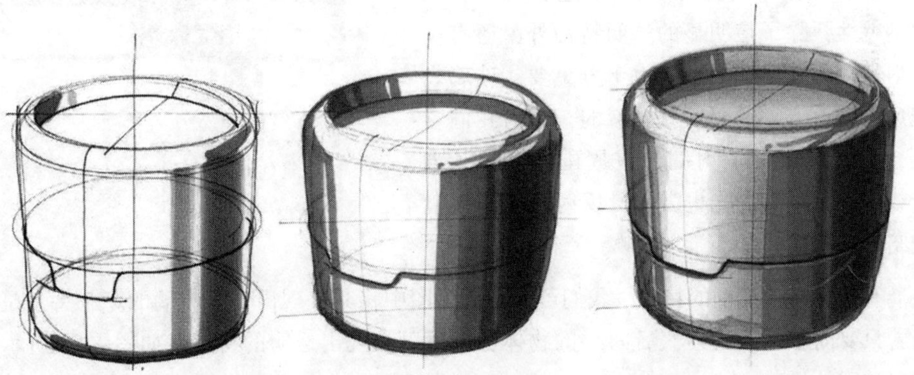

图 4-80　光滑材质与马克笔表现

2）磨砂材质。磨砂材质几乎不反射周围的环境，而是通过颜色的渐变和暗面的过渡来表现，比如橡胶和陶土等材料。这种材质的产品暗面过渡均匀，高光部分也非常柔和（见图 4-81）。

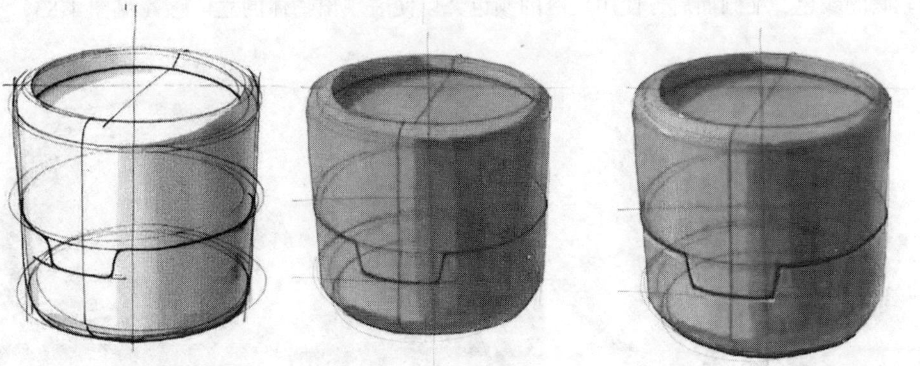

图 4-81　磨砂材质与马克笔表现

3）镀铬材质。周围环境经过镀铬的曲面或者圆柱体反射后被压缩成纵向的条纹效果，距离物体越近的环境，被反射的效果越突出，不同距离的环境在反射效果中同样具有相应的层次关系。即使简单的环境也会导致复杂的反射关系。因此，设计师在选择周围环境的时候应该倾向于简单清晰的场景，以便利用环境来说明产品的造型和结构。

在镀铬形体的上表面加些蓝色，底部加些褐色，被称作“天空-地面”无边界效果。这可以增强空间感，同时也可以丰富观察者的色彩体验。如图 4-82 所示，这种效果如同将金属物体放置在只有天空和土地反光的沙漠中一样。

为了强调金属表面光滑的质感，通常只用黑与白两种对比色加以诠释。如果将物体放到丰富而复杂的背景环境下，这种对比关系将更加强烈。许多反射的效果是设计师依靠经验和直觉绘画的，其目的在于模拟金属材质的特征，而不是毫无更改地再现真实。

4）透明材质。玻璃材料或其他透明材质有三个主要的特性，除了最明显的透明特性外，还有反射和折射特性在效果图表现中也十分重要。玻璃表面有光反射的地方，透明度就会减弱，因为我们看到的更多是材料表面反射的光或周围的环境。当然，光线微弱，反射的光也微弱，反射的周围环境也比较暗淡和模糊。

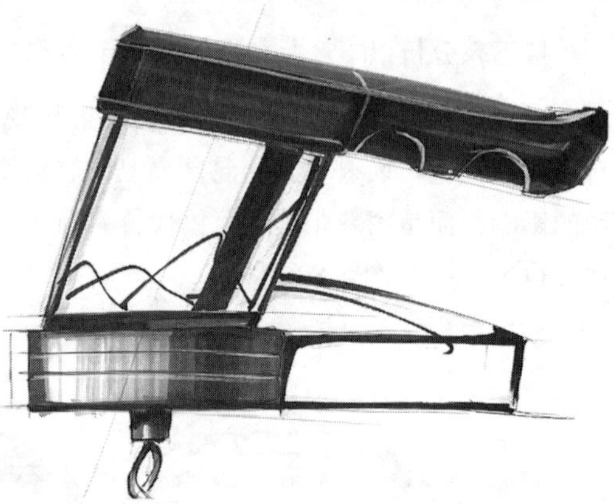
图 4-82　镀铬材质与马克笔表现

玻璃有很多易于识别的特性，我们可以在效果图中将其表现出来。玻璃的一个特性是透明的，这就意味着只要简单地画出其“后面”的物体，就可以表现出透明的特性。如图 4-83 所示，投影也可以表现出透明的质感。

玻璃的另一个特性是反光。我们可以看到，反光一般都出现在材质比较厚的部分，一般是黑色或白色。在一些细节中，玻璃是闪闪发光的，而在表现高光时，要通过多种绘画材料（如高光笔）强调出这一效果。另外，可以使用白色彩铅或色粉来绘制反光和高光的部分。从理论上说，应该在画面前方使用较暖的颜色，在画面后方使用较冷的颜色，以便表现出物体的立体感（见图 4-83）。

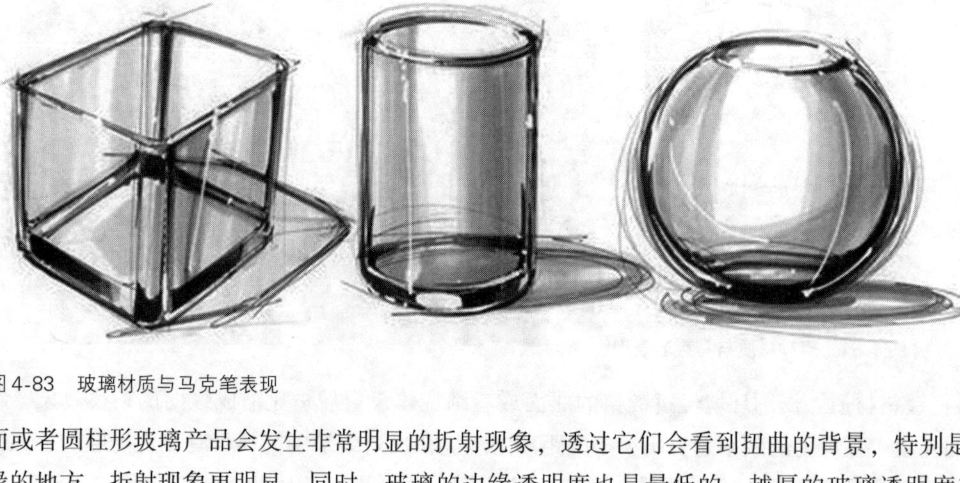
图 4-83　玻璃材质与马克笔表现

曲面或者圆柱形玻璃产品会发生非常明显的折射现象，透过它们会看到扭曲的背景，特别是接近产品边缘的地方，折射现象更明显。同时，玻璃的边缘透明度也是最低的，越厚的玻璃透明度越低，反射和折射的现象就越明显。

为了表现玻璃材质特有的通透感，通常会选择比较简单的背景环境以突出玻璃的高光部分，透过玻璃看到的产品投影要比直接看到的投影颜色稍浅。玻璃中比较厚的部分会投射出投影，这种效果在绘图时应该被夸张地表现出来。透过玻璃可以看到投影部分，因此可用马克笔涂上一层灰色，然后再多涂几层灰色来表现玻璃制品的影子。处理玻璃表面时，马克笔还可以被用来处理明暗关系和表现反光，但要注意轮廓线周围的玻璃应该是完全不透明的。

除了注意上述产品材质的马克笔表现外，还要注意产品细节的表现。产品由各种材料制成，每种材料都会有其质地和肌理。质地是指某种材料的结构性质，如材料的软硬；而肌理则是材料表面的纹理。在效果图刻画时要着重表现材料的质地和肌理，以便于更好地推敲产品形态。如果近距离观察材料，有些肌理类似轮胎留下的印记，还有些像一个个微小的山脊或颗粒。在效果图中，通常微小的不重要的材质细节仅仅用黑色和白色的线条简要表示，当着重表现这些材质细节的时候，则需要特别考虑大气透视和光照对材质效果的影响（见图 4-84）。

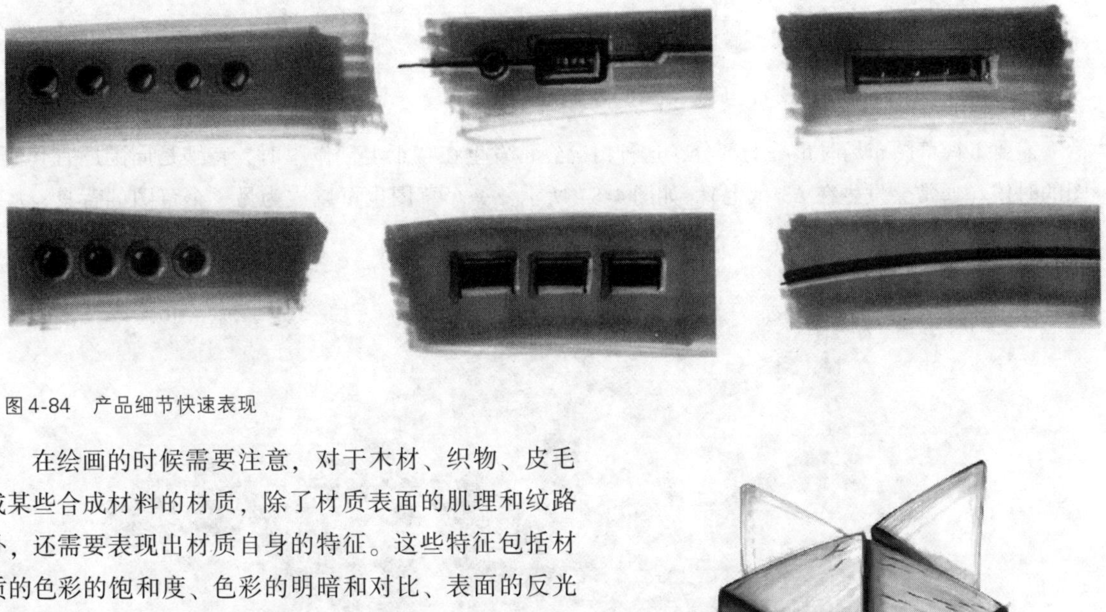

图 4-84　产品细节快速表现

在绘画的时候需要注意，对于木材、织物、皮毛或某些合成材料的材质，除了材质表面的肌理和纹路外，还需要表现出材质自身的特征。这些特征包括材质的色彩的饱和度、色彩的明暗和对比、表面的反光强度和光泽度等，对于理解和推敲方案有着非常重要的意义（见图 4-85）。

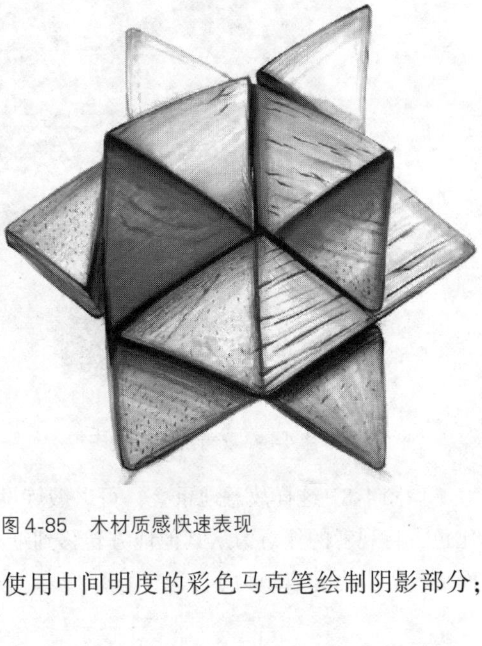

图 4-85　木材质感快速表现

（6）产品效果图快速表现

对于刻画产品效果图而言，无论画侧视图还是透视图，绘画颜料的选择和使用顺序都是相同的。

产品效果图快速表现的步骤如图 4-86 所示。第一步，应选择好光源的方向，使用细长的线条画出准确的线稿，并在右侧和底面的阴影部分使用较粗的线条且分成不同的区域；第二步，使用灰色马克笔绘制阴影部分（预先测试与彩色马克笔的颜色是否匹配），或者使用中间明度的彩色马克笔绘制阴影部分；

第三步，使用彩色马克笔和色粉（或彩铅）进一步着色，色粉（或彩铅）的颜色一定要与马克笔颜色相同，否则就会影响材质的表现（一般应从大面积的颜色开始着色）；第四步，进行细节和高光部分的刻画，可以用白色彩铅和高光笔深化高光，用黑色针管笔或彩铅深化细节。

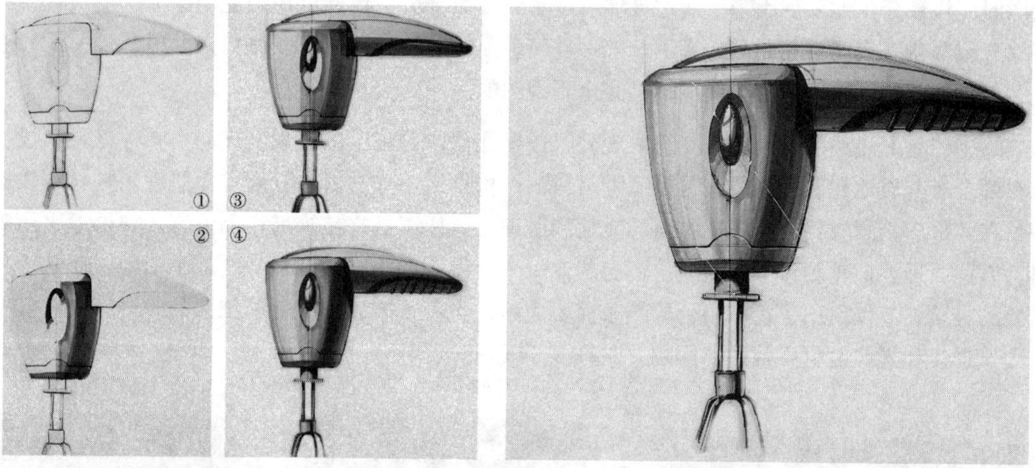


图 4-86　产品效果图快速表现的步骤

需要重视草图布局时重叠的部分，这种情况经常发生在“纸上创作”时，特别是周围还有其他草图的时候（通常会发生在 A3 纸上）。如图 4-87 所示，一个草图也可以成为另一个草图的背景，从而使整体的推敲过程更自然。

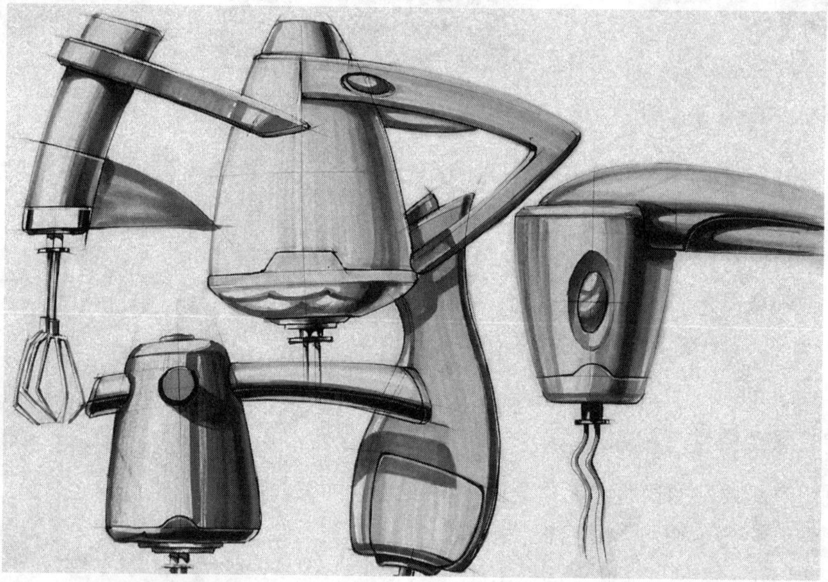

图 4-87　产品效果快速表现

像图 4-87 这样故意地重叠，可以锻炼设计师即兴创作的能力。设计师在绘图中可以使用强烈的对比色，将观者的注意力从其他地方转移到纸上。同时设计师还需注意这些草图的重叠方式，从而使画面更具吸引力和表现力。

#### 4. 手绘与创意思维训练

手绘是设计师快速诠释设计思维的工具，手绘过程和创意思维的表达息息相关。在掌握了手绘技法后，我们可以运用手绘技法进行产品造型练习，如进行仿生设计训练、产品比例训练等。

（1）手绘与仿生设计训练

我们在进行仿生设计练习时：首先，要认真观察仿生的对象，对动物、植物等进行分析，分析其形态、结构等特征和趋势，将其造型趋势进行归纳；其次，利用其造型趋势进行发散、演绎，将思维的想象力注入造型的推敲中，但是要注意保留前期归纳出来的趋势和特征；最后，可以为推敲出来的造型赋予相关功能，并深化细节，如产品的材料工艺、人机关系等设计细节。整个手绘推敲过程可以只用线稿表达，也可以用线稿结合马克笔来表达，其重点在于创意的发掘和设计师思维的训练，这可以锻炼设计师的观察能力和设计思维。

如图 4-88 所示，设计师提取大猩猩的比例和姿态，归纳出大猩猩身体比例所表现出的力量感，并将其演绎和发散，转化为摩托车的车身造型。

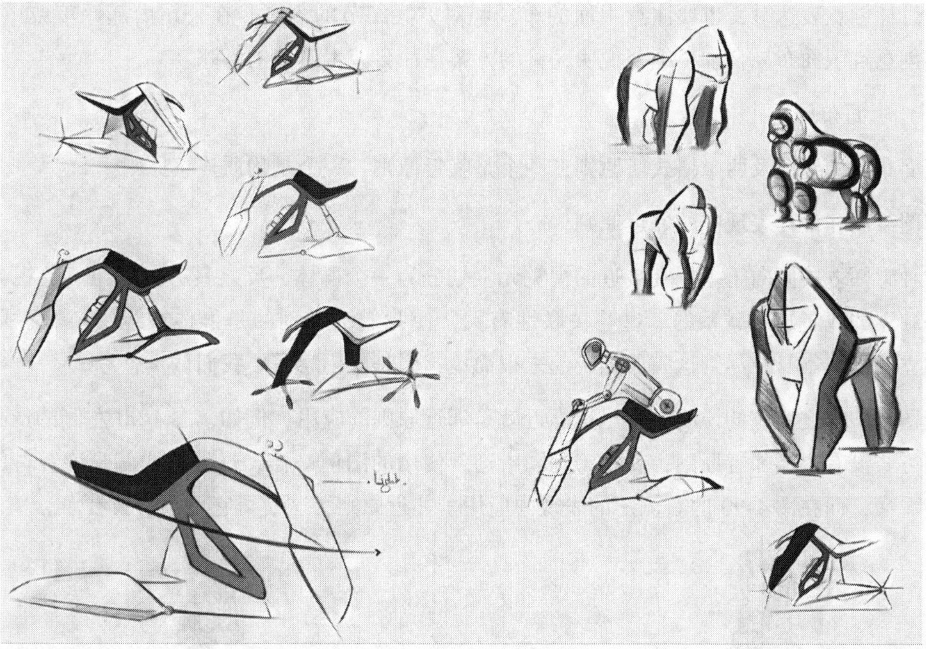

图 4-88　仿生设计训练

（2）手绘与产品比例训练

以上提到产品的轴线和比例的推敲方法，即可以使用石膏模型、油泥模型等实体进行推敲，同时，我们也可以采用手绘的方式快速推敲三个立方体的轴向比例，并选取合适的造型转化为某种产品。

如图 4-89 所示，先对三个立方体进行比例和轴向的推敲，然后选取合适的比例进行产品化的深化，并赋予其功能和意义。在训练的过程中既可以提升设计师的手绘技法，又可以让设计师对产品形体的比例控制有更多的感悟，同时也会让设计师收获更多意想不到的设计成果。

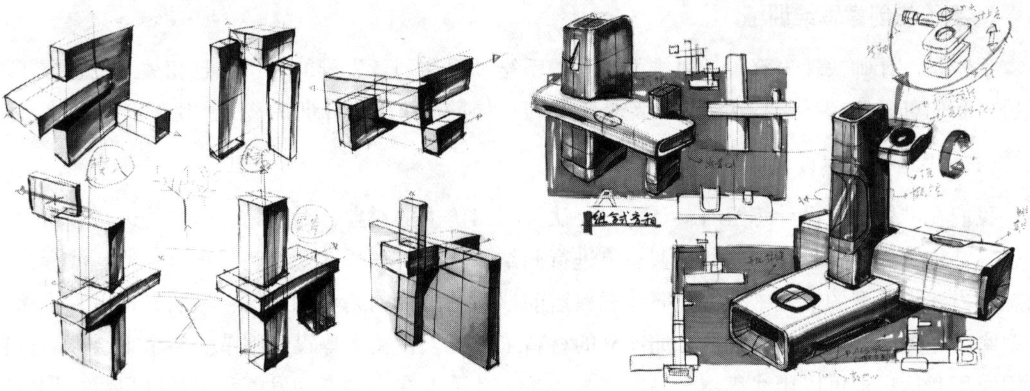

图 4-89　产品比例训练

### 5. 设计方案快速表达

以上强调的手绘技法和思维训练都是为了服务于设计创意的表达，而在纸面或者手绘板、手绘屏上进行设计创意表达时，也要注意版面的布局和对方案细节的刻画。在公司内部评审或甲方审图时，一个有创意且版面布局合理、细节说明完善的方案往往会获得更多的青睐。

（1）版面布局

版面布局主要涉及两个格式塔原则，一个是临近原则，一个是均质连接原则。

草图绘制和设计表现中的邻近原则：

这种感知方式倾向于把相互接近的视觉元素划分为一个群体，反之具有一定距离的视觉元素会被认为是独立的或者缺少联系的。这与关联性有关，使我们感知到的是群体或组块，而不是相互无关的、独立的物体本身。尽管这一原则听起来很简单，但是应用时需要我们认真思考。

让图像和与之对应的说明文字尽量靠近就是邻近原则的应用。例如，图 4-90 左侧的产品部件的索引说明方式没有遵循邻近原则，就像工程图中通常使用的图例一样，这种方式需要读者付出额外的努力才能看懂，而在图 4-90 的右侧图的表现中应用了邻近原则，这使得它更容易被看懂。

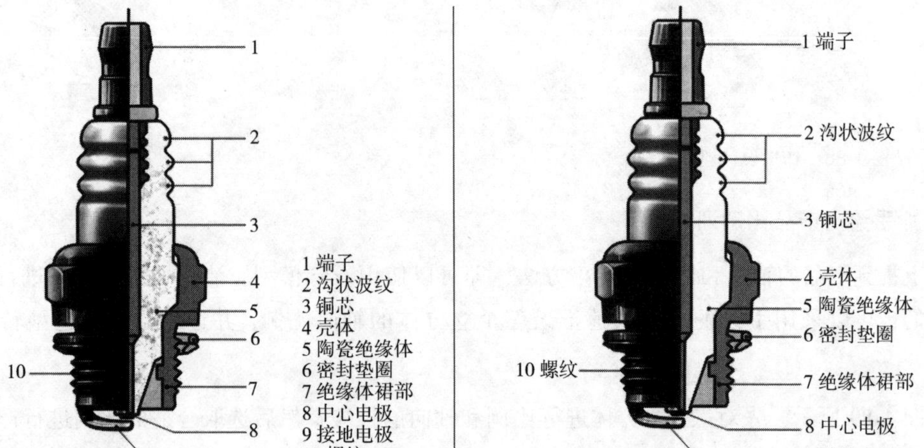


图 4-90　产品说明中的临近原则

使用邻近原则可以让草图更有连贯性。如果我们正在进行一个项目的设计推敲，并通过绘制草图的方式记录想法，而每个（相对较小的）草图之间相距较远，像图 4-91 左侧的草图一样，那我们不会很自然地把这些草图联系起来。如果这些草图都属于同一个项目，那这种表现方式是不恰当的：除了草图非常小之外，画面的布局看起来也相当呆板；当我们在相同的图样上用不同的方式组织草图时，传递的信息则会发生改变。图 4-91 右侧的草图在一定程度上相互接近，甚至重叠，是为了创建画面的统一性，这样的处理方式也会让画面看起来更有视觉冲击力。

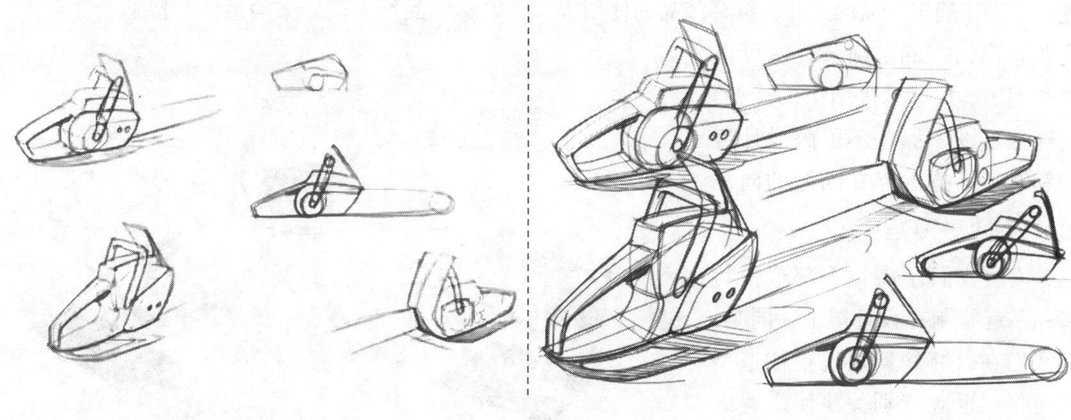

图 4-91　产品草图中的临近原则

草图绘制中的均质连接原则：

这一原则意味着不同元素之间共用统一的视觉属性。与其他的元素相比，相互连接的元素被认为具有较紧密的相互关系。例如，通过使用背景（或边框），或者使用同样对比度的阴影（或颜色），可以让草图在视觉上形成一个群组，这是在草图绘制中用于方案说明的简单而有效的方法（见图 4-92）。

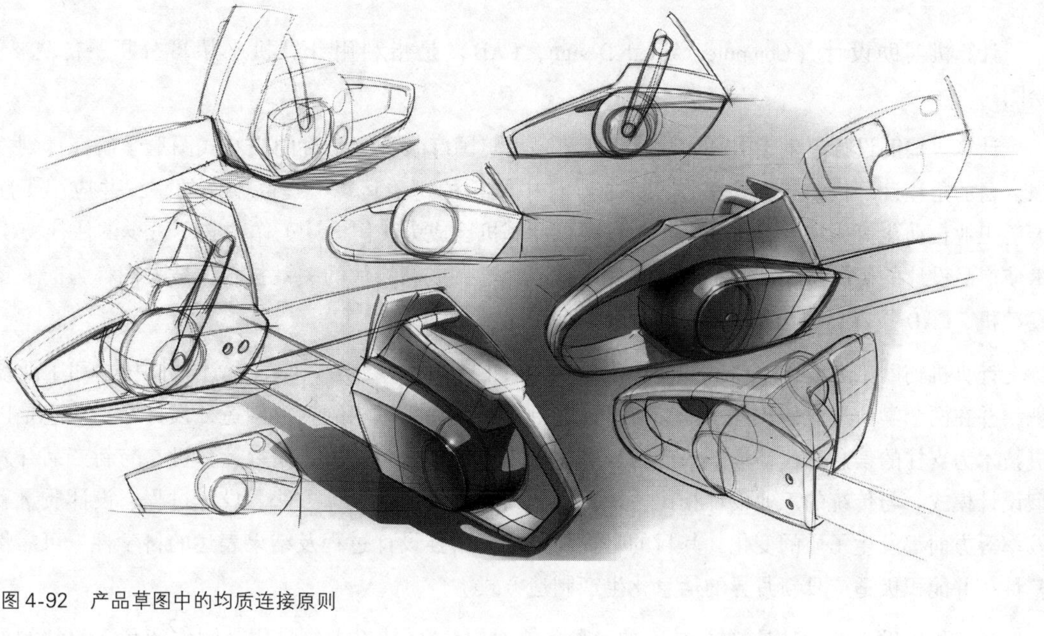

图 4-92　产品草图中的均质连接原则

带有明暗关系和阴影效果的草图在视觉上会自然地形成一个群组，其中也包含了相似原则。手绘中的相似原则是指，在视觉表现中，可以绘制相同大小、相同视角、相同细节表达程度的草图，这样的表现方式只用一个底图就可以完成。我们可以在同一个底图上快速地表现多种设计方案，形成许多在大小和视角上相似的草图。

（2）手绘方案与细节说明

在设计流程中，通过绘制产品与人体之间的关系可以表达产品的细节说明。这种方法会有很多用途：有助于确定产品的尺寸，解释产品的使用方式，表达产品给人们带来的感觉。特别是针对创新程度非常高的产品，细节说明可以使我们了解那些令人陌生的造型，同样也可以为那些不了解设计流程和对产品技术存在问题的同事解释产品的设计理念。

有时我们还需将手部造型与产品一起绘制在设计图上，同时，当我们在研究如何表现物体造型的时候，也应特别关注使用者的反应，以及手部和产品之间的互动。

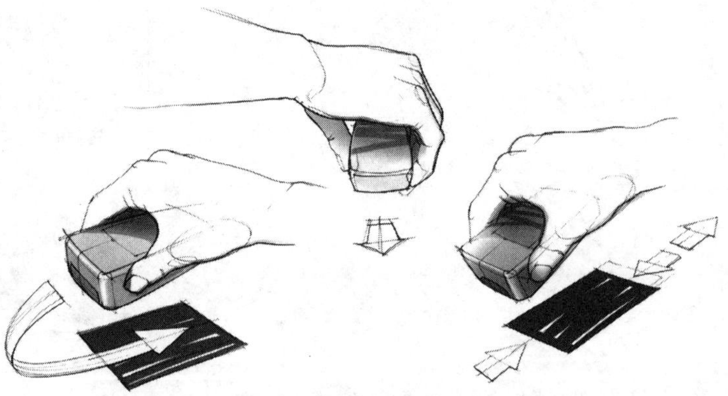

图4-93　手绘方案与细节说明示例

如图4-93所示，设计师在表现“刷”这个动作的同时，还应解决人体工学的问题，比如握的方式以及物体的尺寸。所以，如果手绘方案中只绘有产品，则就无法解释这些问题了。

## 4.2.2　计算机辅助设计

计算机辅助设计（Computer Aided Design，CAD）是指利用计算机来从事分析、仿真、设计、绘图。

计算机辅助设计诞生于20世纪60年代，是由美国麻省理工学院的交互式图形学研究计划发展而来，目的是让计算机参与设计工作，完成设计中繁重的逻辑运算，提高工作效率，并应用于航空航天、工业自动化等领域。经过几十年的发展，计算机已成为我们设计工作中必不可少的伙伴，CAD技术使产品设计的传统模式产生了深刻的变革，成为产品更新换代的关键技术，被人们称为产业革命的发动机。CAD技术已成为反映一个国家工业水平的标志。

计算机辅助工业设计（Computer Aided Industrial Design，CAID）结合了计算机技术和工业设计知识，并在两个学科形成的软件系统支持下，进行工业设计领域内的各类创造性设计活动。它是以计算机技术为支柱的信息时代环境下的产物，以信息化、数字化为特征，通过计算机参与新产品开发的新型设计模式。与传统的工业设计相比，计算机辅助工业设计在设计方法、设计过程、设计质量和设计效率等方面都发生了质的变化，其目的是提高效率，增强设计过程及结果表达的科学性、可靠性、完整性，并能积极适应日新月异的信息化生产制造方式。

计算机辅助工业设计是CAD技术的一种。普通的CAD技术主要是用来制作产品零部件的设计图等，而 CAID 技术主要着眼点在于开发设计的整体造型，它装载了面向工业设计的建模功能以及绘制完整图像的功能等。

由于工业设计是一门综合性的交叉性学科，涉及诸多学科领域，因而计算机辅助工业设计也涉及 CAD 技术、人工智能技术、多媒体技术、虚拟现实技术、敏捷制造、优化技术、模糊技术、人机工程等众多信息技术领域。从广义上来讲，CAID 是 CAD 的一个分支，许多 CAD 领域的方法和技术都影响了 CAID 的发展。

在实际工作中，当设计师确定草图方案后，便进入了建模、渲染、设计等阶段，此阶段需要计算机辅助设计实现，具体包括建模软件、模型渲染软件、平面设计软件。

接下来介绍这三类软件以及具体的设计案例。

1. 建模软件

（1）Nurbs 理论

Nurbs：非均匀有理 B 样条（Non Uniform Rational B-Spline）。Nurbs 曲线和曲面不存在于传统的绘图世界中，是为使用计算机，特别为 3D 建模而创建的，即用曲线和曲面表示 3D 建模空间中的轮廓或形状，是在数学上构造出来的。

Nurbs 曲面与 Mesh 曲面区别。计算机中的曲面主要分成两种，一种是 Nurbs 曲面，另一种是 Mesh 曲面。Nurbs 曲面是基于数学公式的一种曲面，可以用于产品生产。Mesh 曲面是一种造型面，实际操作中是由很多转折小面构成的曲面，当细分足够多的时候就会逼近于真正的曲面，有利于视觉体验。基于 Nurbs 理论的建模和设计软件有 Rhino、Alias、Catia、Adobe Illustrator、CorelDRAW、SolidWorks、PRO/E、UG NX 等。

（2）连续性的概念

产品建模常用的曲线和曲面有 G0、G1、G2、G3 四种连续（见图 4-94）。

G0 连续（也称为点连续）。这种连续仅仅保证曲线无断点，曲面间没有缝隙。判定方法：曲线连接处不断，但是有角；曲面连接处无破面，但是有楞。

G1 连续（也称为切线连续），是指曲面或曲线点点连续，并且所有连接的线段、曲面片之间都是相切关系。判定方法：曲线不断，平滑无尖角；曲面连续，无棱角。G1 连续的曲面将产生一次完整

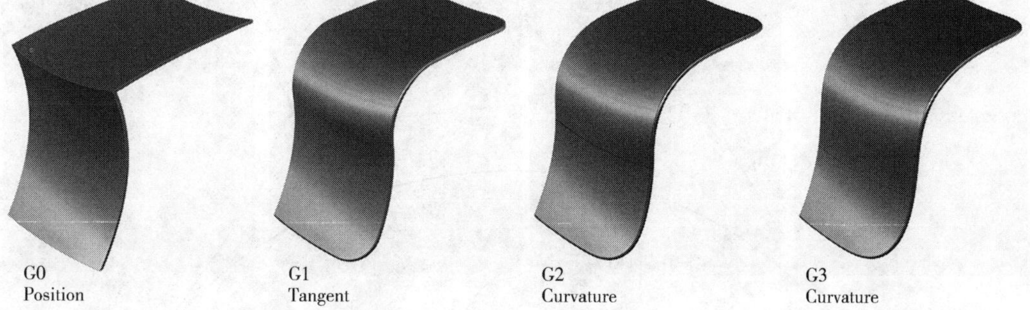


图 4-94 曲面的 G0、G1、G2、G3 四种连续

的表面反射，反射线连续但呈扭曲状，通常，直接倒圆角就是这种情况。

G2 连续（也称为曲率连续），是指曲面或曲线点点连续，并且其曲率分析结果为连续变化，而 G2 曲面将产生横过所有边界的完整的和光滑的反射线。判定方法：对曲线做曲率分析，曲率曲线连续无断点。对曲面做斑马线分析，所有斑马线没有尖角。

G3 连续（曲率变化率连续），是指曲面或曲线点点连续，并且其曲率曲线或曲率曲面分析结果为相切连续。判定方法：对曲线做曲率分析，曲率曲线连续，且平滑无尖角。对曲面做斑马线分析，所有斑马线平滑，连续级别的表面有比 G2 连续更流畅的视觉效果。

外观质量要求高的产品需要曲面做到 G2 连续甚至 G3 连续，其实曲面做到这一点的难度是很大的。在一般的产品设计中，G1 连续就能满足大部分产品开发需要，但是随着社会的不断进步，人们对 3C 类产品的要求也越来越高，不只有功能上需求，而且对产品的外观设计也有重要的需求。同时，为了在产品概念设计中得到美妙、逼真的渲染效果，人们对曲面的连续性也有较高要求。因此，对产品外观质量的检测和评估也是一项非常有意义的工作。

（3）Rhino 建模基础

Rhino 是由美国 Robert McNeel&Assoc 公司开发的、基于 Nurbs 理论的高级建模软件，因其功能强大、上手容易、能够自由地表现设计概念等特点而被广大产品设计师所推崇。

1）点与线的创建与编辑。用户通过点来创建、编辑曲线，而曲线又是构建曲面的基础，曲线的质量直接影响由其生成的曲面的质量，所以掌握创建高质量的曲线的方法是非常重要的。在 Rhino 中，点分为两种，独立存在的点对象，以及曲线、曲面的控制点，可以通过定位一系列的控制点来绘制曲线。

曲线的构成元素（见图 4-95）包括以下几项：

一是控制点（Control Points）也叫控制顶点（Control Vertex，CV 点）。CV 点位于曲线的外面，用来控制曲线的形态。

二是编辑点（Edit Point，EP 点）。EP 点位于曲线上，用户也可以通过调整 EP 点来改变曲线的形态。但是通常使用 CV 点来调整曲线，因为 CV 点影响的曲线形态的范围较小，而 EP 点影响的曲线形态的范围较大。

三是外壳（Hull）是连接 CV 点之间的虚线。它对于曲线的形态与质量没有影响，可帮助观察 CV 点。

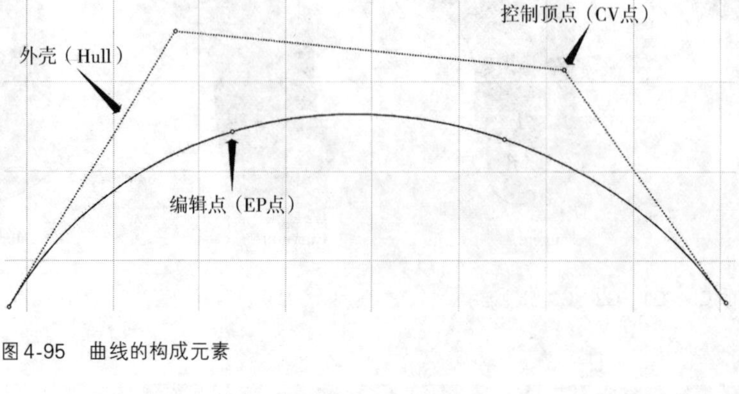


图 4-95　曲线的构成元素

另外，阶数（Degree）是 Rhino 中一个非常重要的概念，其数学上的名称为次数、幂。例如：直线是一次曲线（即一阶曲线）；圆、抛物线是二次曲线（即二阶曲线）。

要构建一条曲线首先要有足够的 CV 点。CV 点的数目视曲线的阶数而定，如3阶的曲线至少需要4个 CV 点，5阶的曲线则至少需要6个 CV 点。曲线阶数与构成曲线所需的最少 CV 点的数目的关系为：$Degree = N - 1$，其中，$N$ 是构成曲线所需的最少 CV 点的数目。

Rhino 中默认的曲线阶数为3。曲线的阶数对曲线的影响如下：曲线的阶数关系到一个 CV 点对于一条曲线的影响范围，越高阶数的曲线，其控制点对曲线形状的影响力越弱，但影响范围越广。

越高阶曲线的内部连续性会越好，但是提高曲线阶数并不一定会提高曲线内部的连续性，而降低曲线阶数一定会使曲线内部的连续性变差。

以曲率梳（或称为曲率图）的形式显示曲线自身或曲线之间的连续性。用户可以通过观察曲率图形在曲线端点处的方向和高度来判断曲线之间的连续性。G0：曲线不断，但是有角；曲率图形在曲线端点处的方向和高度都不相同。G1：曲线不断，平滑无尖角；曲率图形在曲线端点处的方向相同，但是高度不相同。G2：对曲线做曲率分析，曲率曲线连续无断点；曲率图形在曲线端点处的方向和高度都相同，但有尖角。G3：对曲线做曲率分析，曲率曲线连续且平滑无尖角；曲率图形在曲线端点处的方向和高度相同，且曲率连续（图4-96）。

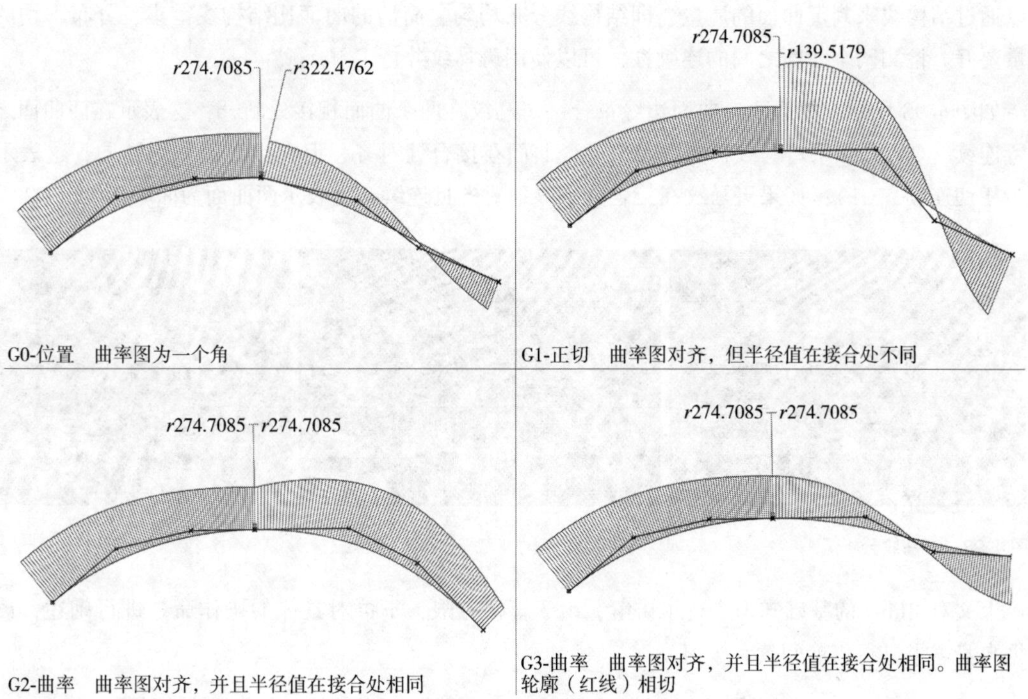


图4-96　曲率检测

2）曲面的创建与编辑。Rhino 是曲面建模软件，这和其他实体建模软件（如 PRO/E、UG NX）有很大不同。Rhino 在构建自由形态的曲面方面具有灵活、简单的优势。Rhino 曲面标准结构是具有4个边的类似矩形的结构，曲面上的点与线具有两个方向，这两个方向呈网状交错。

如图4-97所示，Nurbs使用*UVN*方向来定义曲面，可以将*U*、*V*和*N*假想为曲面的*x*轴、*y*轴和*z*轴：*U*和*V*是曲面上一系列的纵向和横向上的点而*N*是曲面上某一点的法线方向。

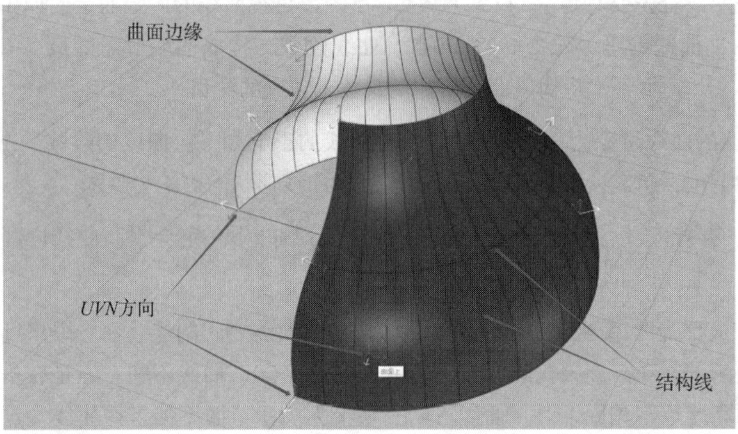


图4-97　曲面的构成元素

结构线是曲面上一条特定的*U*曲线或*V*曲线，是曲面上纵横交错的线。Rhino利用结构线和曲面边缘曲线来可视化Nurbs曲面的形状。结构线又称等参线，英文名是Isoparametric，缩写为ISO。用户可以通过结构线来判定曲面的质量，即结构线分布均匀、简洁的曲面比结构线密集、分布不均的曲面质量要好。检测两个曲面之间的连续性，可以使用斑马纹分析工具。

如图4-98所示：如果两个曲面边缘重合，斑马纹在两个曲面相接处断开，这表示在两曲面之间为位置连续（G0）；如果斑马纹在曲面和另一个曲面在接合处对齐，但在接合处突然转向，这表示两曲面为相切连续（G1）；如果斑马纹在接合处平顺地对齐且连续，这表示两曲面为曲率连续（G2）。

图4-98　斑马纹分析图

上文对Rhino的基础知识进行了讲解，由于篇幅有限，不再对具体的操作命令进行阐述，读者可根据自身需求进行扩展阅读和学习。

（4）Creo（PRO/E）建模基础

Creo是由美国PTC公司推出的机械三维CAD/CAM/CAE参数化软件系统，整合了PTC公司的Pro/Engineer的参数化技术、CoCreate的直接建模技术和ProductView的三维可视化技术。Creo作为PTC闪电计划中的一员，具备可操作性、开放、易用三大特点。

基于特征建模。在Creo Parametric（是新一代Creo产品系列的参数化建模软件）中，零件建模是从逐个创建单独的几何特征开始的，特征的有序创建构成了零件模型。特征主要包括基准、拉伸、孔、倒圆角、倒角、曲面特征、切口、阵列、扫描等。设计过程中所创建的特征在参照其他特征时，将和所参照的特征相互关联。一个零件可以包含多个特征，而一个组件（装配体）可以包含多个零件。

参数化设计。Creo Parametric 的一个重要特点就是参数化设计。参数化设计可以保持零件的完整性，并能确保设计意图。软件中特征间的相关性使得模型成为参数化模型，如果修改某特征，而此修改又直接影响其他相关（从属）特征，则 Creo Parametric 会动态修改那些相关特征。

产品设计师可以应用 Creo Parametric 进行外观建模和基础的产品结构分析，其基本设计路径可以分为：建立模型骨架，依据模型骨架建立各个零件，将各个零件组装成装配体。此设计路径便于产品设计师推敲造型，也便于设计过程中方案的快速修改和调整。当产品设计师完成产品外观装配体的设计和基础结构的设计后，便可以把 Creo Parametric 文件发给结构工程师评估并细化内部结构。此设计路径让外观设计和结构设计做到了和谐的过渡，从而让设计过程更高效。

由于篇幅有限，不再对具体的操作命令进行阐述，下文会通过一个具体的设计案例讲解其核心建模路径。

### 2. 模型渲染软件

(1) 渲染基本概念

渲染是模拟物理环境的光线照明、物理世界中物体的材质质感来得到较为真实的图像的过程。目前流行的渲染器都支持全局光照明、HDRI 等技术，而焦散、景深、3S 材质的模拟等也是用户比较关注的要点。

全局光照明（Global Illumination，GI）是高级灯光技术的一种（还有一种热辐射，常用于室内效果图的制作），也叫作全局光照。灯光在碰到场景中的物体后，光线会发生反弹，再碰到物体后，会再次发生反弹，直到反弹次数达到设定的次数（常用 Depth 来表示），次数越高，计算光照分布的时间越长。利用全局光照明可以获得更好的光照效果，在对象的投影、暗面不会产生死黑的区域。

HDRI（High Dynamic Range Image，高动态范围成像）图像中的像素除了包含色彩信息外，还包含亮度信息，如普通照片中天空的色彩（如果为白色）可能与白色物体（纸张）表现为相同的 RGB 色彩。同一种颜色在 HDRI 图像中，有些地方的亮度可能非常高。HDRI 图像通常是以全景图的形式存储。全景图指的是包含了 360°范围场景的图像。全景图的形式可以是多样的，包括球体形式、方盒形式、镜像球形式等。在加载 HDRI 图像时需要为其指定贴图方式。HDRI 图像可以作为场景的照明，还可以作为折射与反射的环境。利用 HDRI 图像可以使渲染的图像更真实。

在渲染的所有环节中，光线是最为重要的一个要素。为了更好地理解渲染的原理，需要来认识一下现实世界中光线的传播方式：反射、折射、透射。光线的反射是指光线在运动过程中碰到物体表面并回弹的现象，它包括漫反射（Diffuse Reflection）和镜面反射（Specular Reflection）两种方式，所有能看得见的物体都受这两种反射方式的影响。

反射是体现物体质感的一个非常重要的因素。一方面是色彩：当物体将所有的光线反射出去时，人就会看到物体呈现白色；当物体将光线全部吸收而不反射时，物体会呈现黑色；当物体只吸收部分光线，然后将其余的光线反射出去时，物体就会表现出各种各样的色彩。例如，当物体只反射红色光线而将其余光线吸收后会呈现为红色。另一方面是光泽度：光滑的物体总会出现明显的高光，如玻璃、瓷器、金属等；而没有明显高光的物体，通常都是比较粗糙的，如砖头、瓦片、泥土等。高光的产生也是光线反射的效果，是其中的镜面反射在起作用。光滑的物体有一种类似“镜子”的效果，它对光源的位置和颜色是非常敏感的。所以，光滑的物体表面只通过镜面反射将光源反射出，这就是物体表面的高光区。越光滑的物体高光区越小，强度越高。

折射是发生在透明物体中的一种现象，是由于物体的密度不同，光线从一种介质传到另一种介质时发生偏转现象。不同的透明物体具有不同的折射率，这是表现透明材质的一个重要手段。

透射是当光线遇到透明物体时，一部分光线会通过物体继续传播。如果光线比较强，在穿透物体后会产生焦散效果。如果物体是半透明的材质，光线会在物体内部产生散射，叫作“次表面散射”，比如牛奶、可乐、玉、皮肤等都有这种效果。

（2）KeyShot 渲染基础

KeyShot 是一个互动性的光线追踪与全域光渲染程序，无须复杂的设定即可产生照片般真实的 3D 渲染影像，是目前比较流行的产品设计主流渲染软件之一。

KeyShot 的渲染路径为：导入模型文件，赋予模型部件材质和贴图，赋予产品模型灯光，赋予产品模型环境，导出产品渲染图片或视频。

KeyShot 的材质设置非常简单，只要有几个参数就可以控制一个材质类型，如金属材质参数只包含创建金属材质所必需的参数，塑料材质参数只包含创建塑料材质所必需的参数。材质类型的通用参数设置包括漫反射、镜面反射、折射率（Refractive index）和粗糙度（Roughness）等。

漫反射。很多材质类型都具有漫反射参数，可以认为漫反射就是 KeyShot 材质的整体颜色，主要用于表现材质的固有颜色。漫反射参数控制着材质的漫射光颜色，可以单击按钮加载一幅图像来模拟物体表面的纹理或贴花效果。漫反射的含义为：散射或散开，指灯光如何在材质表面反映。根据材质的表面，当光线碰到表面，反射的方式是不同的。像一个抛光的表面，如果表面有很少或没有瑕疵，光线会垂直反弹，这将产生一个有光泽或反射的表面。如果表面实际上有许多凹凸或颗粒，如磨砂质感的材质表面，光线会散落在表面创建一个磨砂的外观，这就是磨砂材质为什么不反光或发亮。

镜面反射。这也是一个很多材质类型都具有的参数。镜面反射是材质表面没有散射的反射，抛光或有很少瑕疵的材质呈现出反射和光泽。当镜面颜色设置为黑色时，材质就没有镜面反射，并不会呈现反射和光泽度，设置为白色就是给材质一个 100% 的反射。

折射率。折射率是 KeyShot 的几种材质类型中的常见参数类型。折射是透明材质本身很常见的现象。插入水杯的筷子，看起来像是折断的，是因为光在不同材质之间传播时会发生弯曲或“折射”。折射是由于光线在不同介质中传播的速度不同而引起的，这种减速被称为材质的折射率，由一个数字代表。例如，水的折射率为 1.33。

粗糙度。粗糙度也是一个常用的参数。它通过滑块来调整材质微观层面的凹凸、表面粗糙的程度。当增加粗糙度，光线在表面散射开，搅乱了镜面反射。由于增加了散射，粗糙的表面比完全的折射材质有更多的处理方式。由于粗糙（光面）材质的呈现更加复杂，KeyShot 中的“采样值”参数可用于提高这些粗糙材质的准确性。采样是指渲染图像中一个像素发出的光线的数量。每条射线收集它的周围环境信息，并返回此信息到该像素点，以确定它的最终着色。采样数值越大，最终效果越精确，所需时间也越多。KeyShot 在产品设计中的具体使用流程将在下文的设计案例中体现。

### 3. 平面设计软件

当渲染出效果图后，为了让图片上的产品更接近实际的生产效果，还需要对图片进行后期处理，如使用平面设计软件 Adobe Photoshop 进行产品效果调整，使用 Adobe Illustrator 或 CorelDRAW 对产品的丝印矢量文件进行处理等。

（1） Adobe Photoshop

Adobe Photoshop，简称“Ps”。它的专长在于图像编辑处理，可以将不同的对象组合在一起，对图像进行放大、缩小、合成、校色、调色和修补等，使图像发生变化。Ps 的色彩模式很多，常用的有 RGB 模式、CMYK 模式、灰度模式、位图模式等，能满足印刷、网页等方面的需要。

（2） Adobe Illustrator

Adobe Illustrator，简称“AI”，是一款专业矢量图形设计软件，擅长绘制灵活准确的点、线、面，且这些点线面被无限放大后也依然清晰，特别适合标志、图形、手稿等的设计。AI 广泛应用于印刷出版、海报书籍排版、专业插画和网页制作等方面。AI 的排版功能很灵活，可同时创建多个页面，常用于排版单张、画册等。

（3） CorelDRAW

CorelDRAW 是一个绘图及排版软件，它最大的特点是操作简单，易学易懂，使用范围广泛。从专业印刷公司到小图文店，处处可见 CorelDRAW 的使用，其主要应用于商标设计、装潢制作、模型绘制、图文排版及分色输出等诸多领域。

### 4. 设计案例

在这部分将通过一个具体的音箱设计案例，来讲解使用各种软件以完成产品设计的基本路径。本案例中的音箱共有两个模块，一个是音箱主体，一个是音箱底座。基本路径：采用 Creo Parametric 进行模型搭建，采用 KeyShot 进行模型渲染，采用 CorelDRAW 制作丝网印刷文件，采用 Ps 调整效果图。

1）模型搭建。一是对音箱的主体模型进行搭建，包括音箱的基本特征面，以及后期用于实体化分割模型的辅助面等基础曲面。在 Creo Parametric 中建立曲面的基本路径是由线到面，先使用草绘、投影等命令建立模型的基本曲线，调整好每根曲线的曲率，然后利用草绘出的曲线，使用拉伸、扫描、边界混合等命令建立曲面。此时建立的曲面是没有厚度的“理想曲面”，方便我们对产品对主体模型进行推敲。边界混合命令是复杂曲面建模中常用的命令，此命令可以使用四根不同 UV 方向的曲线建立复杂曲率的曲面。

如图 4-99 所示，首先草绘出音箱的基本特征线，其次使用旋转命令将特征线旋转为基础面，再次根据手绘草图确立的设计方案，最后对基础面进行切割并建立局部的特征曲面（图 4-99 中柱体中间的凸起形态）。主体模型基本建立后要将曲面全部合并，然后考虑模型上需要切割的细节，如散热口、USB 接口、充电口等细节，对于这些细节，多采用拉伸、旋转、阵列等命令建立辅助切割面（图 4-99 中旋转成型的音箱口辅助面）。

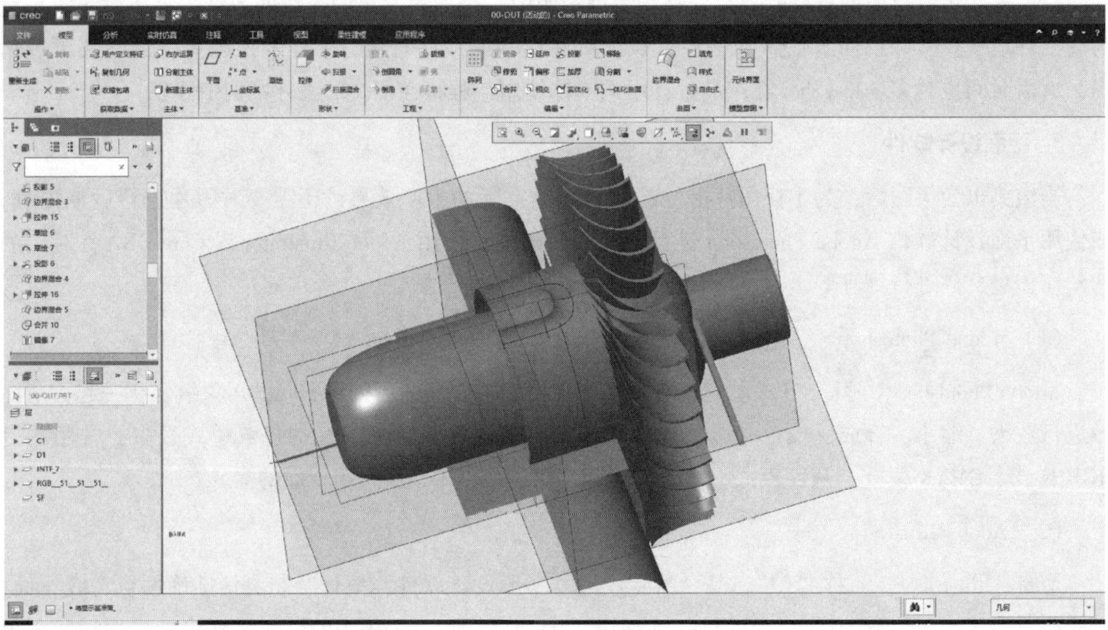

图 4-99 音箱主体模型搭建

二是在完成音箱主体模型后，接着需要建立音箱底座，也是采用上文由线到面的建模逻辑，但是要注意对曲线曲率的调节以及对曲面细节的调整（见图 4-100）。

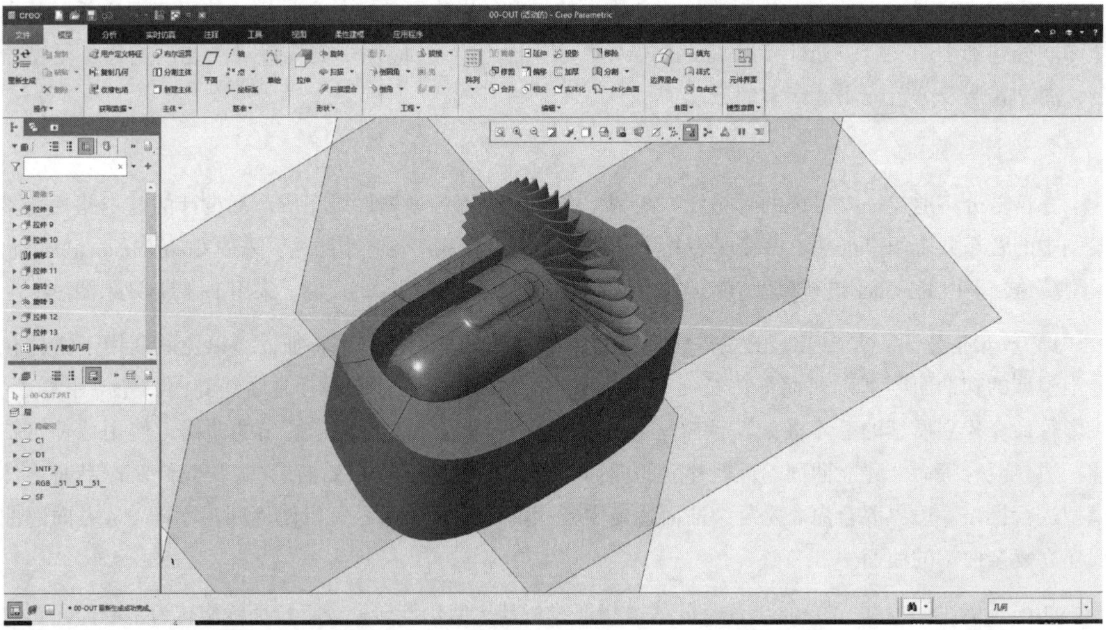

图 4-100 音箱底座模型搭建

三是在完成音箱主体和底座的建模后，接下来需要逐步确定产品的各个外观零件，然后将每个实体化后的外观零件统一装配到装配体中。每个外观零件要在单独的零件窗口中进行实体化操作。如图

4-101 所示，在建立音箱侧面零件时，要将此零件所需要的基本面和辅助面拾取到零件建模窗口，然后采用偏移、实体化、倒角等命令对此零件进行实体深化。所谓建模软件中的“实体”，是指有厚度并闭合的模型零件，区别于前文无厚度的“理想曲面”，因为在实际制造中，生产出来的零件都是有实际壁厚和实体结构的，这就需要在软件中进行详细设计。

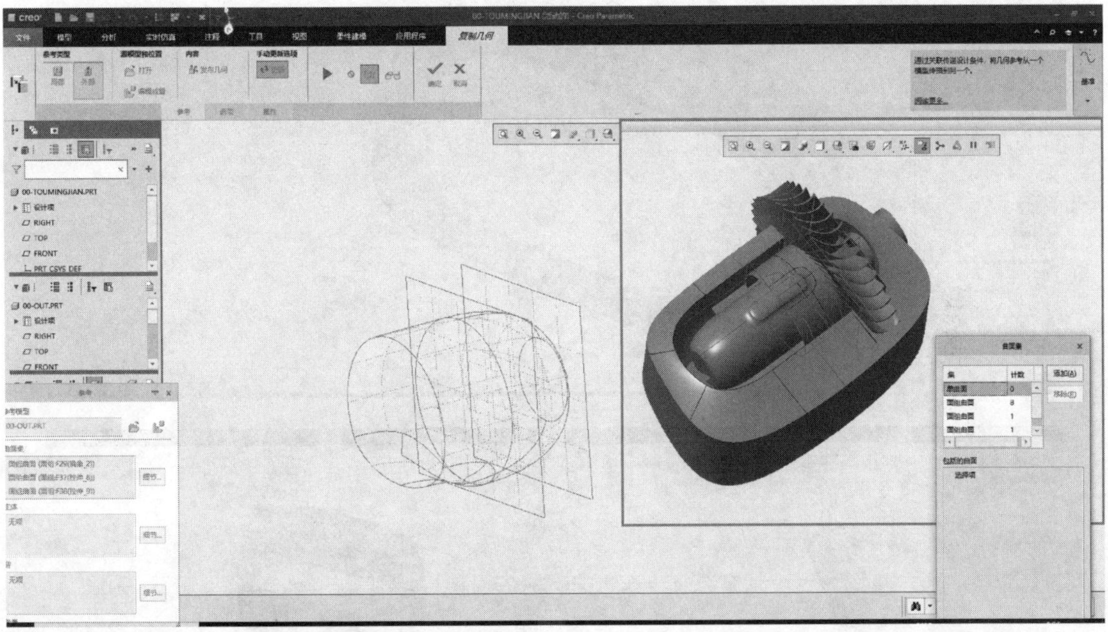

图 4-101　拾取基本面和辅助面来完成零件的实体化建模

四是需要拾取音箱的基本外观面，对各个零件进行实体化操作并深化其细节。图 4-102 为音箱各个外观零件实体化的结果。

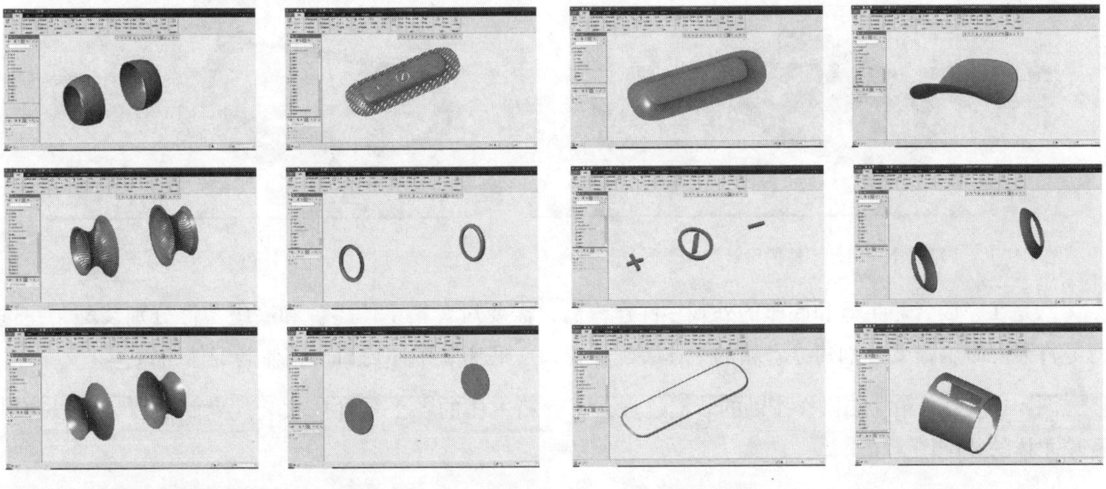

图 4-102　音箱主体各部分外观零件的设计优化

五是采用以上方法对音箱底座的外观零件进行实体化处理并深化细节。如图 4-103 所示，在这一过程中，可以用到实体化分割、倒圆角、倒斜角、抽壳、打孔、加厚、拔模等实体化操作命令。

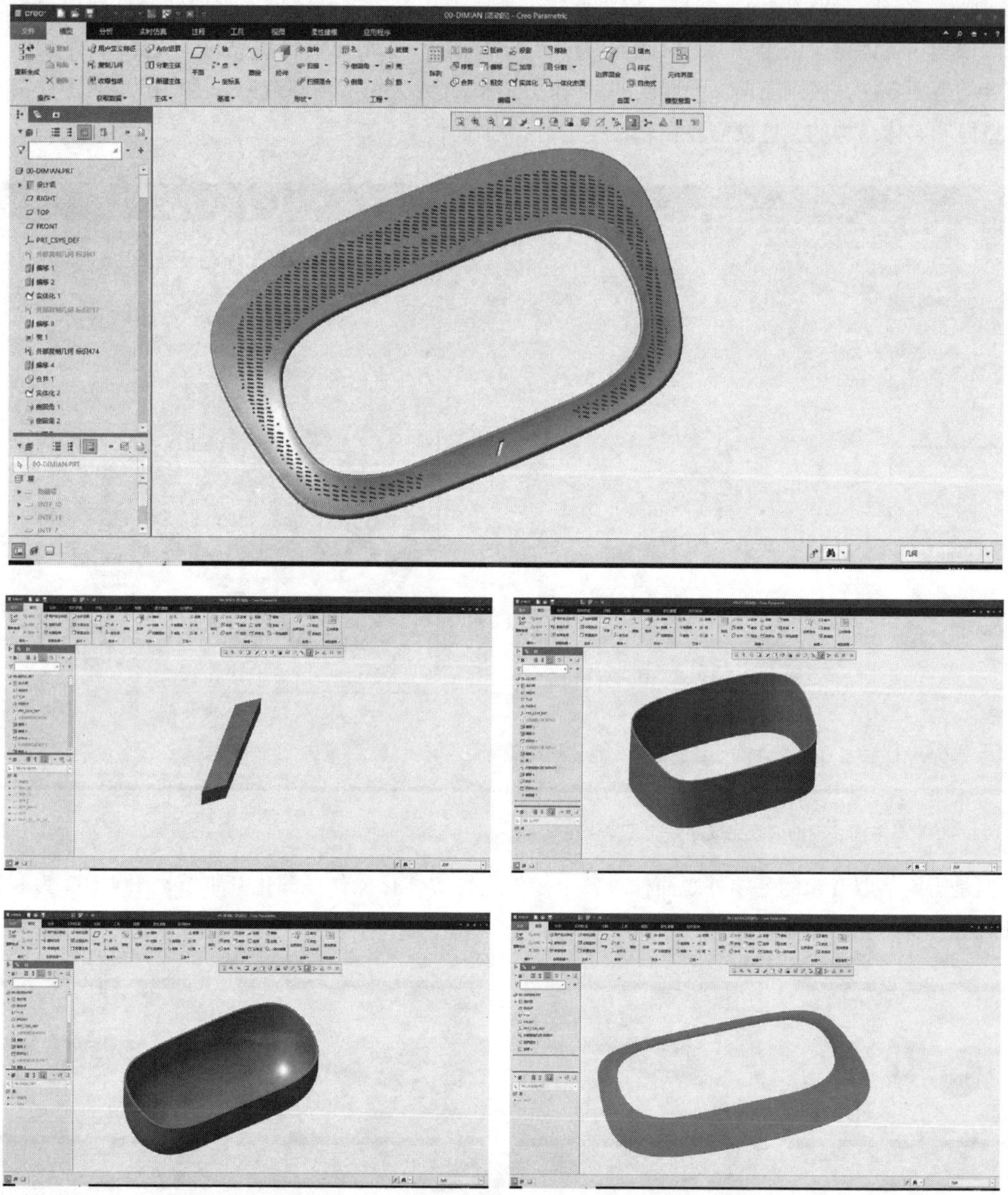

图4-103　音箱底座各部分零件的设计优化

六是在完成音箱主体和底座的外观零件建模后，需要对音箱主体零件和底座零件分别装配。在进行零件装配时，需要分别建立音箱的主体装配体窗口、底座装配体窗口、整体装配体窗口。

图4-104为音箱上端操作按键的装配过程，将音箱主体的各个零件依次装配到此窗口，可以获得音箱主体的装配图。

建立音箱底座装配体窗口，依次对音箱底座的各个零件进行装配，如图4-105所示。

在完成对音箱主体和底座的装配后，接下来需要建立整体装配体窗口，将音箱装配体和底座装配体进行组装，如图4-106所示。

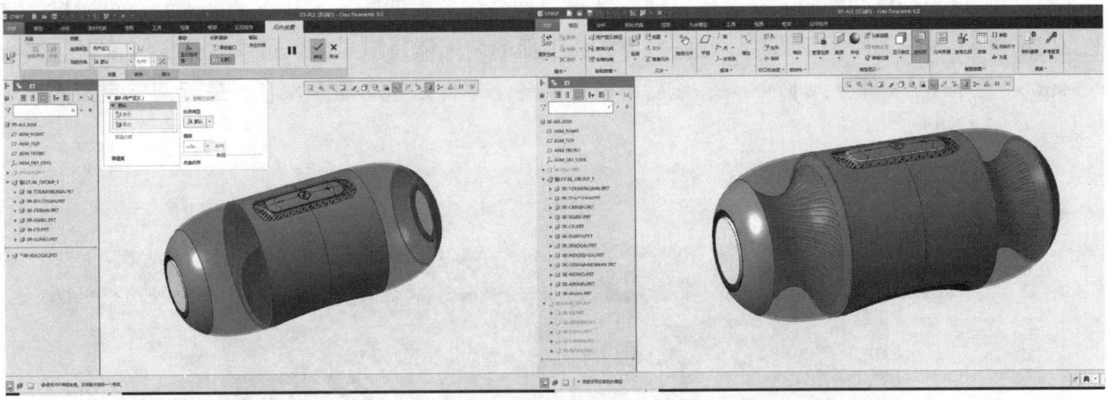

图 4-104　音箱主体部分零件装配及完成效果

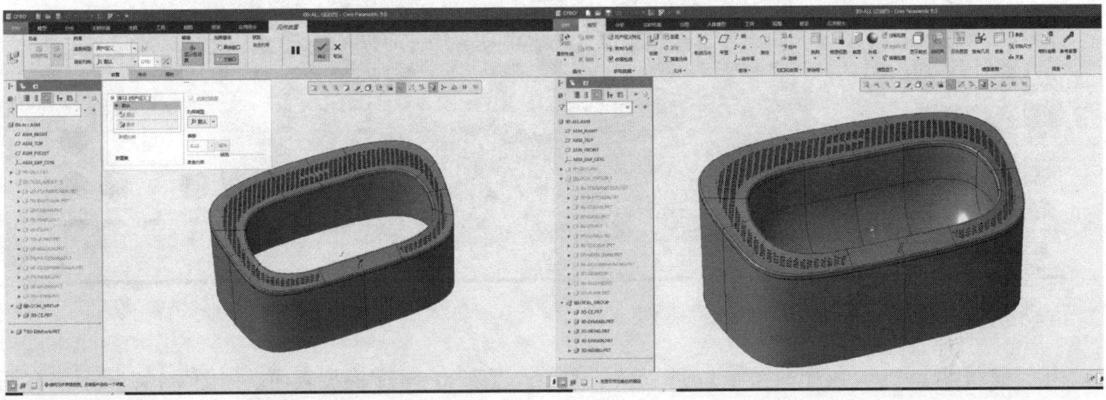

图 4-105　音箱底座部分零件装配及完成效果

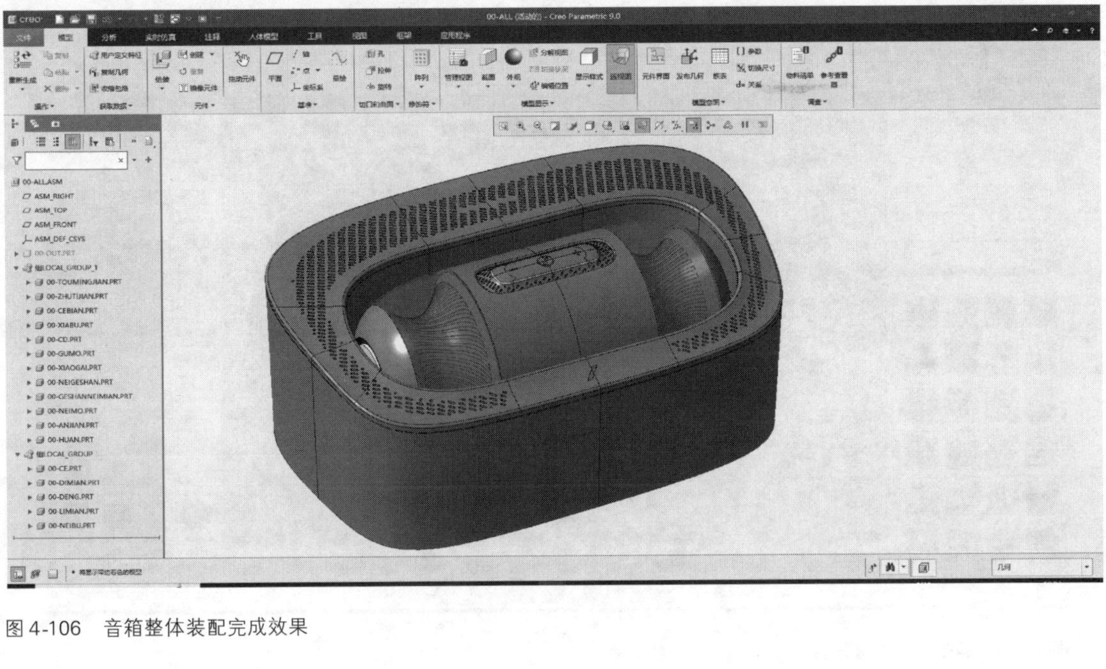


图 4-106　音箱整体装配完成效果

2）模型渲染和丝网印刷文件制作。随着音箱模型整体装配的完成，接下来进入到渲染阶段。这里我们选择 KeyShot 进行模型渲染。第一，首先将上面的装配体模型导出 . stp 文件或 . igs 文件，其次将 . stp 文件或 . igs 文件导入 KeyShot，然后给模型的各个零件赋予材质和颜色，最后调整表面的肌理状态（见图 4-107）。

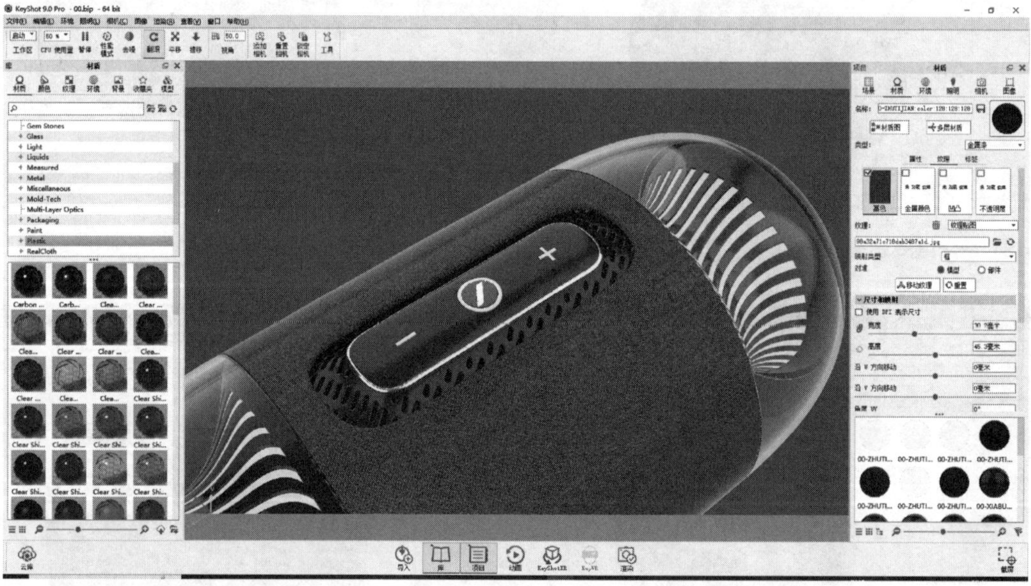


图 4-107　给模型各个零件赋予材质

第二，将 CorelDraw 制作的丝印 Logo 以贴图的形式置入 KeyShot 模型表面，如图 4-108 所示。在调整模型的 CMF 细节时，要不断思考产品本身制作出来的最终效果，即考虑塑胶件表面的粗糙度，以及金属件的表面的处理工艺，如拉丝处理、CD 纹处理、喷砂效果等。

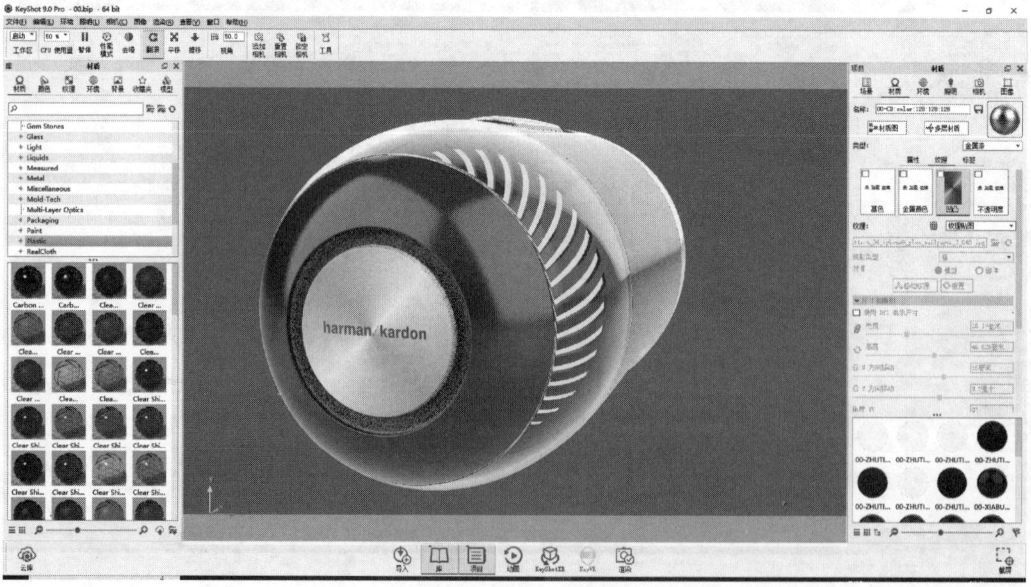


图 4-108　调整模型表面贴图

第三，在调整模型表面材质的同时，还需要调整产品的外部环境及灯光效果（见图 4-109）。通过对灯光、材质以及背景的调节，从而对产品的最终生产效果进行模拟。由于此过程的渲染主要是为了效果图表现，所以可以通过调整模型角度、焦距等方式最大化表现产品的设计特征。

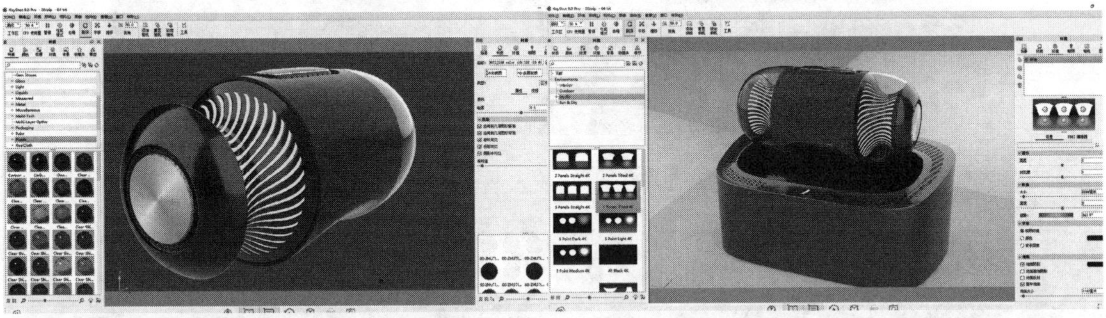

图 4-109　调整外部环境及灯光效果

第四，在完成对产品的材质、背景、灯光以及渲染角度的处理后，接下来将对产品效果渲染出图。在渲染出图前需要调整相关参数，包括图片的格式、分辨率、渲染通道、图片背景的透明度等（见图 4-110）。

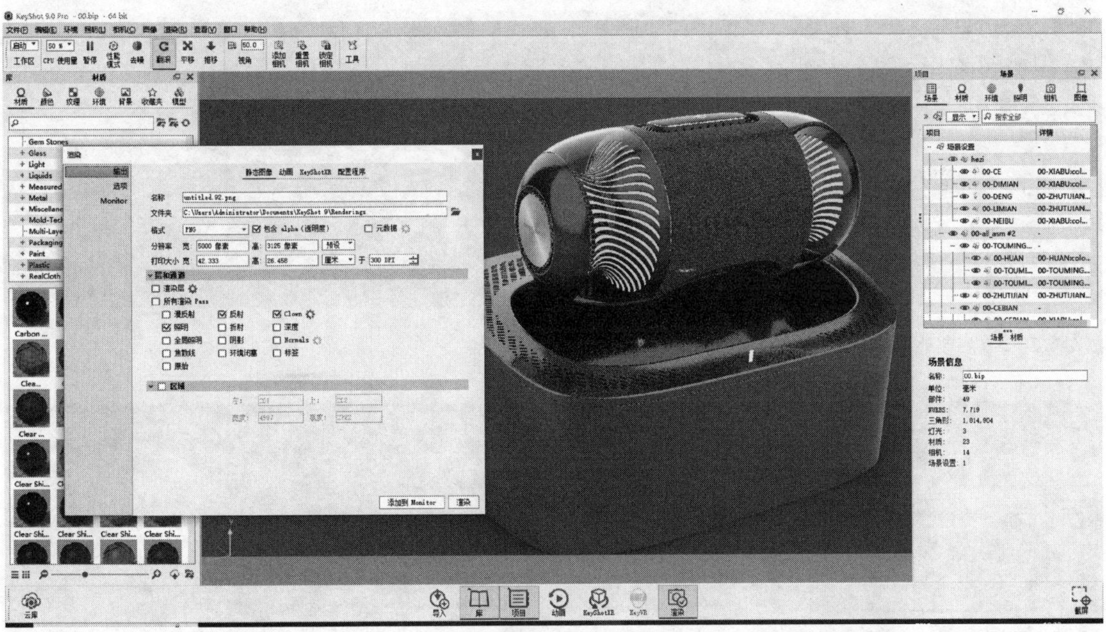


图 4-110　调整渲染出图参数

图 4-111 为渲染出的产品效果图，其图片尺寸为 5000 × 3125 像素，图片格式为无背景的 PNG 格式。同时，渲染出产品的通道图，以便在 Ps 中选中产品不同部件，从而对各个部件进行深化和处理。

3）调整效果图。将无背景的 PNG 图片以及通道图同时置入 Ps 中，对产品的各个细节进行深化处理，包括对比度、饱和度、明度等产品效果（见图 4-112），并对产品输出的背景进行调节，使图片的输出效果尽量和谐（见图 4-113）。

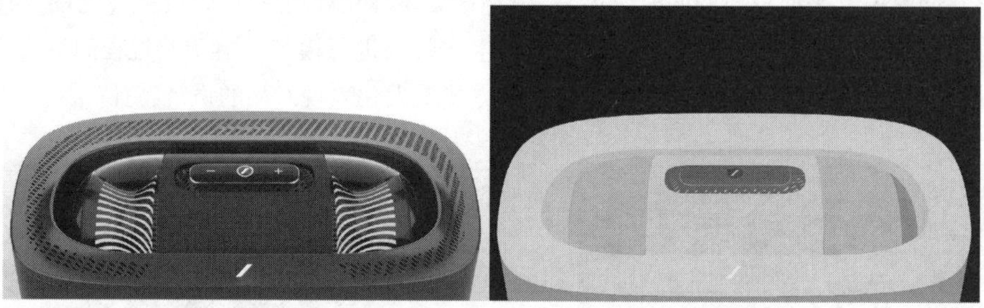

图 4-111　渲染出 PNG 格式图片及彩色通道图

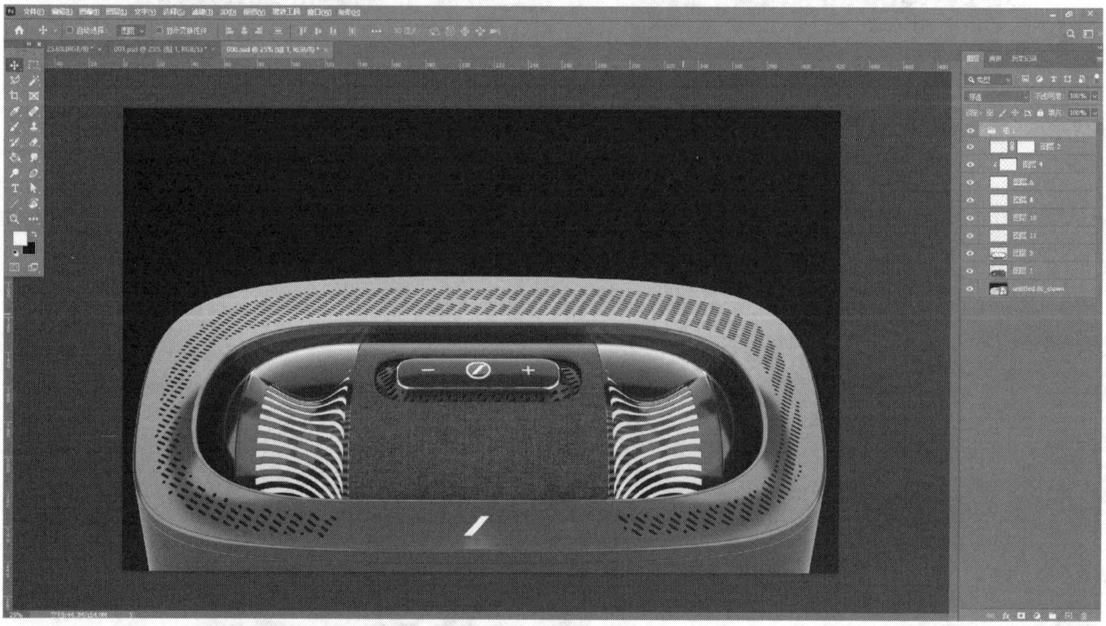

图 4-112　Ps 后期处理整体效果

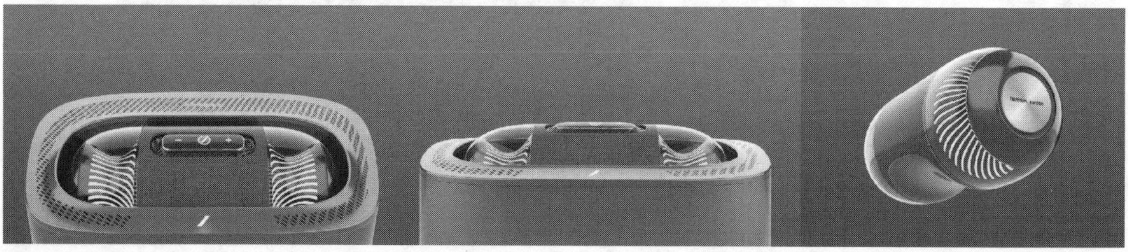

图 4-113　音箱整体最终效果图

以上是通过建模、渲染、平面处理软件对一款音箱的计算机辅助设计过程。设计逻辑其实不难，但关键在于对每款软件的熟练掌握程度，在有了相关理论后，大量的实践和练习对于提升计算机辅助设计的能力至关重要。

# 4.3 CMF 设计

CMF 是由 Color（色彩）、Material（材料）和 Finishing（工艺）三个单词的第一个字母组成。

## 4.3.1 产品设计中的色彩搭配

### 1. 色彩的三要素

色彩的色相（Hue）、饱和度（Saturation）、明度（Value）是色彩构成的三要素。也就是说，我们能够感知的任何一种彩色其实都是这三个要素的综合效果，其中“色相”来源于光波的波长，“明度”和“饱和度”来源于光波的幅度（见图4-114）。

色相（Hue）指的是色彩直观的外显相貌。例如，红色、橙色、黄色、绿色、蓝色和紫色。对于多数人类而言，一般可以区分出180种不同色相，但这些色相都逃不出色彩的基本七彩（红、橙、黄、绿、青、蓝、紫）色相的范围。

饱和度（Saturation）指的是色彩的纯净度，也可以称为色彩的纯度或彩度。从本质上看，饱和度取决于该色中含色成分和消色成分（灰色）的比例。含色成分越大，饱和度越大；消色成分越大，饱和度越小。鲜明度和纯度最高的颜色称之为“纯色”，例如，鲜红色、鲜绿色。纯色混杂上白色、灰色或其他色调的颜色是不饱和的颜色，例如，绛紫色、粉红色、黄褐色等。鲜明度和纯度最低的颜色称为完全不饱和的颜色，其没有色调，例如，黑白之间的各种灰色。不同的色彩会给人的视觉带来不同饱和度的感知，而每种色彩的饱和度可分为20个可分辨等级。

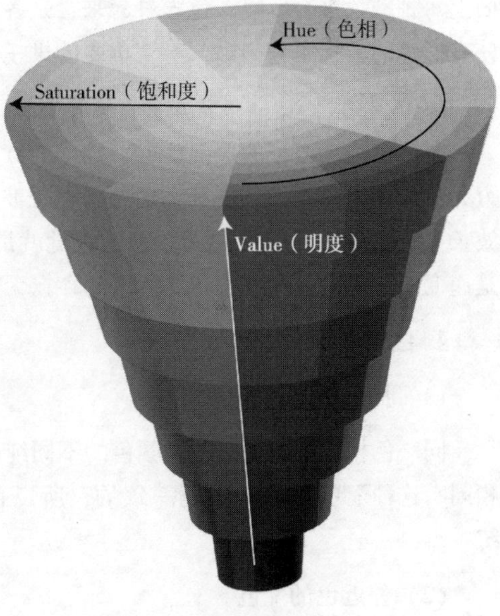

图4-114 色彩的三要素

明度（Value）指的是色彩的明暗程度和深浅程度，也就是色彩的亮度。不同的色相和同样的色相都存在着明度上的变化。例如，红色有深浅之分，而色料三原色中的黄色比红色明度高。除此之外，同样明度的色料覆在不同材质肌理的粗糙度上会改变色料的色彩明度，例如，咬花颗粒粗糙的亚克力比抛光亚克力明度要暗。还有不同的光线环境也会影响到色料的色彩明度。这些都是CMF设计时特别要关注的细节。

### 2. 色彩的冷暖

一般而言，红、橙、赭、黄等色会给人以热烈、兴奋的感觉，这类的色彩称为暖色。蓝、绿、青等色给人以寒冷、沉静的感觉，这类的色彩称为冷色。

红色和蓝色是极端的冷暖色调，而其他许多颜色的冷暖感则是相对的。例如：紫色和绿色中，红紫色在紫色中被认为较温暖，而蓝紫色则较冷；草绿色在绿色中带有一些暖意，而翠绿色则偏向冷色。可以看出，颜色的冷暖感是相对存在的，而非孤立存在的。当紫色与橙色并列时，紫色会倾向于冷色；但当紫色与青色相比时，紫色又偏向暖色。在明度较高的情况下，紫色和绿色近似冷色，而黄绿色和紫红色在明度和彩度较高时更趋向于暖色。总体而言，彩度高的暖色给人以沉重感，而彩度较低的冷色则显得轻盈。

3. 无彩色和有彩色

无彩色指的是黑色、白色以及黑白两色混合而成的各种灰色系列。除此之外，我们把金色和银色也归入了无彩色的范围，虽然它们色相上接近黄色和灰色，但是由于它们不在色谱之中，三原色无法调出，属于专色系，所以在CMF设计中并不将它们归为有彩色的色系中。由于黑、白、灰、金和银的无彩特质，它们可以与其他所有的有彩色搭配而不起冲突，所以人们将它们称之为万能调和色。

在CMF设计中，无彩色是十分重要的调和色彩。当两种有彩色发生视觉上的冲突时，我们经常会采用无彩色将它们隔离，使之达到和谐的效果。例如，将背景采用白色或黑色等无彩色时，可以将画面上每种颜色进行区隔，色彩看起来会是各自独立的，整体会呈现出自然统一感。同时，无彩色可以使有彩色的色相更为突出，起到重要的烘托作用。因此，在CMF设计中最能发挥有彩色色彩作用的其实是巧用无彩色。

有彩色是光谱中的全部色彩，例如，红、橙、黄、绿、青、蓝、紫等色。理论上讲，有彩色是无穷无尽的，人看到的颜色其实是光（电磁波）反射到人的眼中呈现出不同的颜色现象。可见光的光波波长大约在0.39～0.76微米，换成视觉就是紫色到红色。由于光波波长的数值是递变的，所以颜色也是递变的，理论上在紫色与红色之间存在无数种颜色。

4. 色相搭配

（1）同一色相的配色

同一色相的配色是指相同颜色的不同纯度和明度的搭配，例如，深蓝色与浅蓝色搭配。由于色相相同，这种配色在色调上是一致的，所以色彩感觉相对比较含蓄、柔和，色彩效果亦比较和谐和统一。

（2）邻近色的配色

色相环上任意一色的相邻色为邻近色，在伊顿色相环上的间隔在30°以内（见图4-115），如橙色与橙红色。邻近色虽然在色相上有所区别，但由于色彩邻近，对比性相对比较弱，属于色彩比较和谐的配色，且比同一色相的配色更有变化和更为丰富，是一种非常安全好用的搭配方式。

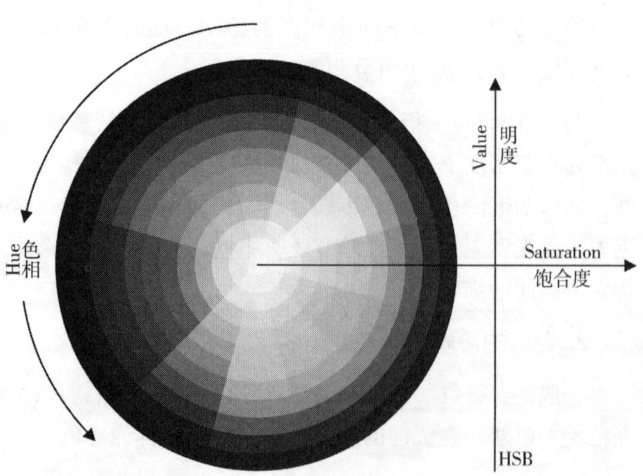

图4-115　伊顿色相环

（3）类似色的配色

伊顿色相环上间隔在30°～60°以内的色彩称之为类似色。与同一色相和邻近色的配色相比，类似色在色彩对比上更有层次感，色彩变化更丰富，但也具有和谐感。在具体的配色中适当地调整类似色的明度和纯度，或点缀少量的对比色，能取得较为理想的色彩效果。

（4）中差色的配色

中差色介于类似色和对比色之间，色差变化较大，是一种中强度对比的色系，在色相环上两种色彩间隔 90°左右。中差色的配色在视觉上有很大的张力效果，清新明快又很有个性，这种配色方式在色彩设计中应用广泛。

（5）对比色的配色

对比色色差较大，对比鲜明，在色相环上两种色彩间隔 120°左右。对比色的色彩对比强烈、饱满、醒目，具有很强的视觉冲击力，仅次于互补色。对比色有很多经典的搭配案例。

（6）互补色的配色

互补色是最强、最极致的色相对比，在色相环上两种色相间隔 180°。特点：色彩对比强烈、鲜明、刺激，例如，红与绿、黄与紫、橙与蓝。

**5. 明度搭配**

每种色彩有各自的亮度，在灰度测试卡上都具有相应的位置值。无彩色中，明度最高的是白色，最低的是黑色；有彩色中，明度最高的是黄色，最低的是紫色。明度对比所产生的明暗对比，是一切色彩的共同属性，影响色彩的层次与空间关系，对产品配色起着关键性作用，是拉开色彩层次的有效手段。特别是当多个配色方案的产品，且一起陈列在同一卖场时，更要留意明度调性的对比。根据色彩明度的高低对比，分别传达不同的视觉感受。高明度具有轻快、纯洁、淡雅之感；中明度具有含蓄、稳重、明确之感；低明度具有浑厚、沉重、压抑之感。结合明度对比的强弱，有高长调、高短调、高中调、中长调、中短调、中中调、低长调、低短调、低中调等九种调性。

明度一致是一种搭配手法，即将不同色相不同纯度的色彩组合统一协调起来，看起来每种颜色都是均等的，不会出现明显的强弱和对比，除非刻意渲染柔和的弱对比效果。通常单个设计中不会全部使用明度一致的颜色，但可以用在某部分使其显得和谐统一，或在产品系列里会使用明度一致的搭配，使系列组合更和谐。

**6. 纯度搭配**

色彩的纯度越高，视觉感知上的对比越强，视觉效果就越刺激；相反，色彩的纯度越低，视觉感知上的对比就越弱，视觉效果就越平淡。当然这种感觉与所处的环境有很大的关系。在英国常年缺乏阳光，而在意大利常年阳光充足，同样的色彩纯度在英国和在意大利的视觉感知是有很大区别的，所以色彩纯度的对比应用要根据不同的使用环境。运用得当可以使要突出的颜色鲜明有度、富于个性；运用不当，就会出现色彩灰、脏、闷等模糊不清的感觉。

在色彩构成里，把不同色相的纯度大致分为三种调子：艳调-高纯度基调，纯色或稍带灰味的纯色；中调-中纯度基调，介于高纯度与低纯度之间的色彩；灰调-低纯度基调，接近中性灰的色彩，分别代表或强烈或温和或暧昧的不同特点。在纯度对比中，根据纯度的鲜灰和对比的强弱，可以将纯度划分为鲜强对比、鲜弱对比、鲜中对比、中强对比、中弱对比、中中对比、灰强对比、灰弱对比、灰中对比九种对比配色。此处不详细说明，可以结合产品对比分析。

纯度对人的心理有较大的影响。纯度越高，越让人感到刺激热烈；纯度越低，越给人沉稳含蓄的印象。统一使用纯度高的色彩配色，可以使每个色彩的张力都很强烈，色彩与色彩间的冲突会让人感受到强烈的对比；统一使用纯度低的色彩配色，可以使整体带有灰暗、安宁、沉稳的印象。纯度降低时对色相的感觉变化较小，有时候也会产生使用的色彩数目不够多而给人冷清的印象。

需要注意，明度和纯度的变化是“互相作用”的。例如，当纯紫色混入白色时，仍具有紫色的色相特征，但其明度提高了，纯度却降低了，成为浅紫色；当混入黑色时，其明度变暗了，纯度降低了，成为深紫色；当混入与紫色明度相同的中性灰时，其明度无变化，但是纯度降低了，变成了紫灰色。

7. 冷暖搭配

冷色和暖色是一种色彩感觉。冷色和暖色没有绝对，冷暖对比是相对而言的：把绿色放在黄绿色中，绿色成为冷色；把绿色放在蓝色中，绿色看起来会感觉变暖。冷暖对比也有强弱之分，冷暖属性越邻近的颜色其冷暖对比就越弱，到达冷暖两极则形成冷暖的最强对比。产品配色的冷色和暖色的面积分布比例决定了产品的整体色调，也就是冷色调或暖色调，表达了不同的意境和情感。总的来说，色彩的冷暖对比是色彩对比中最能展现产品魅力的一种形式，但色彩的冷暖对比不可能孤立存在，而是与色相、明暗等其他色彩因素息息相关，应该综合地考虑。除此之外，由于色彩表色色立体系统的不同，在配色上有各自的方法，例如：在奥斯特瓦尔德表色色立体系统中就有单色相调和、双色相调和、多色调和等特色化的色彩搭配方法；在孟塞尔表色色立体系统就有面积调和、定量秩序调和等特色化的色彩搭配方法；在 PCCS 表色色立体系统中就有同一色调、类似色调、对比色调等特色化的色彩搭配方法；在 NCS 表色色立体系统中就有色彩一致、黑度一致、色阶一致、白度一致等特色化的色彩搭配方法。

成功的色彩搭配并不会因为某个色立体系统而受到局限，最为关键的是在配色中不仅要做到色彩的协调与和谐，同时还应该重视色彩搭配所形成的层次感和节奏感。通过不同色彩因素的对比来寻找色彩搭配形成的视觉感知上的差异性、独特性和协调性。色彩的色相决定的是视觉情感的基调，色彩明度决定的是视觉情感的强度，而色彩纯度决定的是视觉情感的态度。

### 4.3.2 产品设计中的材料选择

材料选择涉及多学科的专业知识内容。从产品设计领域来看，材料选择主要集中在金属、塑料、木材、玻璃和陶瓷等五大方面。在产品的 CMF 设计中，更多地关注金属、塑料和玻璃三大方面，尽管这并不意味着木材和陶瓷就不受 CMF 设计的关注。相反，一些产品通过引入木材和陶瓷，为现代工业产品带来新颖感，为消费者提供全新的产品体验。因此，CMF 设计的材料选择的类别大多取决于当前市场的产品趋势和消费者的审美倾向。

材料是产品构成的物质基础，同时也是色彩、工艺、质地和肌理设计的载体。设计师能否巧妙运用材料和工艺，为消费者带来新的感知，使材料和工艺成为产品的创新和卖点，这取决于产品设计师对材料的深刻认知。

1. 材料的基础特征

材料的基础特征是指材料在使用和加工中呈现出的基本性能，也是 CMF 设计创新、材料选择和产品实施的重要依据。设计师对材料特征的深刻理解越深，就越能熟练地运用这些材料。一般而言，材料的基础特征分为物理特征、化学特征和延展特征。在具体的 CMF 设计中，合理利用材料的不同特征是实现创新的重要方法。

（1）物理特征

材料的物理特征是指材料的色彩、密度、熔点、热导率、热膨胀系数、绝缘性、磁性和可燃性等。材料的物理特征是控制各种物理现象和产品品质创新的重要依据，例如，密度大，光泽好，耐磨性强等。合理应用好材料的物理特征是产品品质创新的重要途径。

（2）化学特征

材料的化学特征是指材料在不同温度、作用力、光照、电流、磁场和生物作用等条件下，材料与其他物质之间的相互作用和反应特性。材料的化学特征是控制各种化学现象的重要依据，例如，热敏变色、光照固化、压缩生热等。合理利用材料的化学特征，也是产品品质创新的重要依据，例如，荧光棒就是合理利用材料化学特征的案例。

（3）延展特征

材料的延展特征包括材料的工艺特征、感性特征、环境特征和经济特征。

1）材料的工艺特征涉及材料在成型过程中的多种可能性变数。每种材料具有独特的性能，其加工工艺的多样性导致了多样的效果。因此，合理运用工艺特征有助于充分发挥材料的潜力，拓展其应用范围。

2）材料的感性特征是指人的感觉系统对材料综合印象的反应，包括视觉、触觉、味觉、嗅觉和听觉。在 CMF 设计中，特别是触觉和视觉感知对用户情感认同至关重要。例如，汽车方向盘材料的气味和触感对用户的认同感产生显著影响，因此在设计中需要特别注意这些因素。

3）材料的环境特征指的是材料适合应用的环境条件。对不同材料的环境要求不同，合理运用材料的环境特征可以避免材料在使用过程中受到环境因素和介质的侵蚀和破坏，保持产品品质。例如，为了适应湿润环境，防水材料的应用在电子产品中显得尤为重要，以提升产品的品质。

4）材料的经济特征是指材料在实际应用中的经济指标，包括价格、加工成本和回收成本等。在 CMF 设计中，材料的经济性是一个重要的评价指标。然而，不仅仅是材料成本低就是好的，而是需要在经济性和产品要求之间找到合理的平衡。由于不同消费人群对经济性有不同的标准，因此，根据产品消费人群选择合理经济指标是保持产品竞争力的关键。

### 2. 材料的分类

材料的分类有：按材质分为有机高分子材料、无机非金属材料（陶瓷、玻璃）、金属材料等；按功能分为电、磁、热、力、光、声、化学、生化、医用材料等，也被称为功能材料、特种材料；按应用分为建筑材料、家居材料、电子材料、家电材料、汽车材料等；按形态与结构分为薄膜、超细微、纤维、多孔、无气孔、复合、多层、非晶、纳米材料等。

以材质分类进行简要介绍：

1）高分子材料，以高分子化合物为基础，包括化学纤维、塑料、橡胶、高分子胶黏材料、高分子涂料、功能高分子材料、高分子复合材料、高分子分离膜、高分子磁性材料等。

2）无机非金属材料，包括氧化物、碳化物、氮化物、卤素化合物、硼化物等。典型材料有玻璃、石墨、陶瓷、水泥、大理石、气凝胶、磁性、光学材料等。

3）金属材料分为黑色金属材料、有色金属材料和特种金属材料，包括金、银、铜、铁、铬、锰、钢、合金、液态金属等。

### 4.3.3 产品制造工艺

工艺对产品设计至关重要，是材料实现产品化的关键环节。相同的材料在不同工艺下呈现多样化的产品造型。设计师需深谙工艺基本原理，方能将设计创意转化为实际产品。合适的工艺选择有助于提升产品体验，创造竞争优势。

产品制造工艺分为成型工艺和表面处理工艺。成型工艺将原材料转化为产品部件，如注塑、压力铸造、切割、雕刻等。表面处理工艺通过阳极氧化、喷涂、印刷、拉丝等方式提升产品性能和装饰效果。产品制造工艺是从原材料到最终产品的全流程管理，通过选择合适的工艺组合，实现成型和表面处理效果的统一标准。技术不断更新，使新型工艺缩短了产品制造流程，正确选择产品制造工艺可节省成本，并高效实现产品效果。

#### 1. 产品成型材料与成型工艺

产品成型工艺，从材料原理上被归纳为三种类型：加法成型（增材制造）、减法成型（减材制造）、塑性成型（等材制造）。

加法成型也叫增材制造，即通过材料的增加进行成型，如将塑料粒子注塑成型。3D 打印更加能诠释出加法成型精髓。加法成型类似于雕塑家通过泥巴，一点一点堆叠、增加、捏制，从而雕塑出一件作品。典型工艺如：注塑、发泡、压力铸造、3D 打印等。

减法成型也叫减材制造，通过材料的消减进行成型。如将金属块、木头通过雕刻、切削等方式，制作成一个玩具。减法成型类似于雕塑家进行石雕雕刻，通过敲击将一整块石头上多余的石块一点一点地去除，从而雕塑出一件作品。典型工艺如：车削、铣削、刨削、激光雕刻等。

塑性成型也叫等材制造，既不增加也不减少材料，而是改变材料的形状、厚薄等空间属性。如将平面的钢板经过冲压折弯后做成一把椅子。典型工艺如：弯曲、折弯、轧制、压延等。

除此之外，成型工艺还可按照材料进行区分，例如塑料工艺、金属工艺、陶瓷工艺、玻璃工艺等。随着技术的发展，还有一些新的混合材料的成型工艺。

接下来从各类产品成型材料与成型工艺等方面展开分析。

（1）塑料与成型工艺

塑料（Plastic），在生活中随处可见，是应用最为广泛的材料之一。目前，塑料广泛应用于我们生活的各个领域，如家用电器、消费电子、通信电子、汽车工业、航天工业、建筑器材、电线电缆和日用产品等。

塑料是以高分子化合物（天然或合成）为主要成分（由碳、氧、氢以及其他有机或无机元素所构成）的材料。塑料在特定的温度和压力下具有可塑性和流动性，可通过模塑成型，并在一定的环境条件下保持形状的稳定性。塑料对电、热、声具有良好的绝缘性，以及电绝缘性、耐电弧性、保温性、隔声性、吸声性、吸振性和消声性等卓越特征。塑料的主要特点是重量轻，是目前轻量化材料的主力军，其相对密度一般为0.90～2.2。特别是微孔发泡塑料，相比于其他材料，质地更轻。由于塑料成型工艺较多，适合制作成各种复杂造型，所以在我们日常的生活中，塑料产品具有造型多样且成本相对低廉的特点。塑料成型工艺可以通过添加不同的助剂、添加剂及增强材料改善塑料的物理和化学性能，以适应产品的功能需求。塑料本身具备优良的电绝缘性，但我们也可以将塑料与导电物质混合，进而制造出具备导电性能的塑料。

一是按照成型工艺可将塑料分为热固性塑料和热塑性塑料。热固性塑料是指受热固化的塑料，这种塑料受热定型后不能再加热熔化，所以一般不具备二次加工的可能，且仅少数可溶解回收，具有不可逆向循环利用的特征。常见的热固性塑料有胶木、电木和塑料瓷等。

热塑性塑料是指受热熔化并且可以反复加热成型的塑料。在产品设计领域用量较多的是热塑性塑料，常见的有通用塑料、工程塑料。热塑性塑料具有可多次回收利用的特性。通用塑料用量很大，常见的品种有：ABS、PP、PE、PVC、PS。工程塑料一般指普通工程塑料和特种工程塑料。普通工程塑料主要应用于工业领域，力学性能比较优越，强度和耐受性能比较好，部分工程塑料可替代金属。特种工程塑料主要应用于军工、船舶等尖端科技领域，满足一些特殊的性能需求。

二是免喷涂塑料。免喷涂塑料又称为美学塑料。这种塑料通过一次注塑而无须表面喷涂就可以实现塑料表面的特殊色彩效果，不仅美观，也具有较好的耐磨性能。免喷涂材料是一种在塑胶原材的基础上添加各种自带色彩效果的色粉工艺，常见的有珠光粉、金属粉等，可以实现“塑料天生带颜色”的效果，并免除原先塑料需要表面喷涂所造成的环境污染。目前，免喷涂塑料的色彩效果有珠光效果、金属效果、丝绸般质感效果等。

三是弹性体材料。弹性体材料在感觉和工艺上与塑料类似。大家熟悉的橡胶（Rubber）材料就是弹性体材料的一种。作为弹性体材料，除了橡胶材料外，还有TPU材料、TPE材料。这些材料不属于橡胶材料，但都是弹性体材料。它们具有同样的特征，就是在外力作用下会产生变形，除去外力后便能恢复原来的形状，我们把这一类具有弹性的材料称为弹性体材料。弹性体材料的种类繁多，应用也极为广泛，我们平时常见的轮胎、手环、表带、鞋材、电缆保护层等，大多采用弹性体材料制作。

弹性体材料如同塑料，从是否可塑化方面分为热固性弹性体材料和热塑性弹性体材料。热固性弹性体材料是我们常说的传统橡胶类材料，在具体的应用方面有汽车轮胎、儿童奶嘴、炒菜用的硅胶锅铲、杯壶的把手与防烫圈、手机保护套、智能穿戴的腕带、手表表带等。另一类则是热塑性弹性体，兼具热塑性塑料和橡胶材料的特点，应用极为广泛，如汽车方向盘、防尘罩、车轮、数据线、餐具、玩具、鞋底等。

弹性体材料的成型工艺多数与塑料材料成型工艺类似，主要有模压成型（硅橡胶制品成型）、转注成型、注射成型（结合模压与转注成型）、挤出成型、压延成型、旋转成型等。弹性体材料也有一些特有的成型工艺，如中空成型和熔融浇注成型等。弹性体材料应用范围日渐增加，如大家熟悉的塑胶操场、网球球拍线、弹力球等。

橡胶材料是弹性体材料的一种，是具有可逆形变的高弹性聚合物材料，在室温下富有弹性，在很小的外力作用下能产生较大形变，除去外力后能恢复原状。橡胶材料分为天然橡胶与合成橡胶两种。天然橡胶是从橡胶树、橡胶草等植物中提取胶质后加工制成；合成橡胶则由各种单体经聚合反应而得。橡胶材料做成的制品应用于我们生活的方方面面，如防水用品、防滑用品、人体防护用品和具有弹性功能的用品等。

热塑性聚氨酯弹性体（Thermoplastic Urethane，TPU）材料是一种具有卓越的高张力、高拉力、强韧和耐老化特性的环保材料。目前，TPU 已广泛应用于医疗卫生、电子电器、工业及体育等方面，其具有强度高、韧性好、耐磨、耐寒、耐油、耐水、耐老化、耐气候等特性，同时具有高防水性、防风、防寒、抗菌、防霉、保暖、抗紫外线等许多优异的功能。TPU 按分子结构可分为聚酯型和聚醚型两种，按加工方式可分为注塑级、挤出级、吹塑级等。

四苯乙烯（Thermoplastic Elastomer，TPE）材料是一种具有高弹性、高强度、高回弹性的热塑性弹性体材料。TPE 材料具有环保、无毒，应用范围广，优良的着色性、耐候性、抗疲劳性和耐温性，加工性能优越，无须硫化，易于回收利用，成本低，应用领域广等特点，目前广泛应用于普通透明玩具、运动器材、电子设备配件（数据线、耳机线、音频线）等。TPE 材料不需要特殊的加工设备，只需采用常规的热塑性塑料成型工艺加工。不过 TPE 材料的耐热性不如橡胶材料稳定，随着温度上升而物性下降幅度较大，因此适用范围受到一定的限制。同时，TPE 材料压缩变形、弹性回复、耐久性等方面同橡胶材料相比较也有一定差距，价格上也往往高于同类橡胶材料。尽管如此，TPE 材料的优点仍十分突出，各种用 TPE 材料的新型产品也不断被开发出来。TPE 材料作为一种节能环保的橡胶新型原料，发展前景很好。

由于塑料材料的多样性，与之相对应的成型工艺也比较多。塑料成型工艺包括注塑成型、热塑成型、吹塑成型、滚塑成型、搪塑成型、滴塑成型、挤塑成型、压塑成型、压延成型等。

1）注塑成型。注塑成型是一种将流态化塑料注入模具后冷却成型的方法。由于塑料材料的大量应用，注塑成型成为产品成型应用最为广泛的工艺之一。注塑成型的关键要素为原材料、注塑机、模具，其原理是将粒状或粉状原料加入注塑机（又称注射机）的料斗里，原料经加热熔化后呈流动状态，在注塑机的螺杆或活塞推动下，经喷嘴和模具的浇注系统进入模具型腔，然后在模具型腔内冷却硬化定型（图 4-116）。

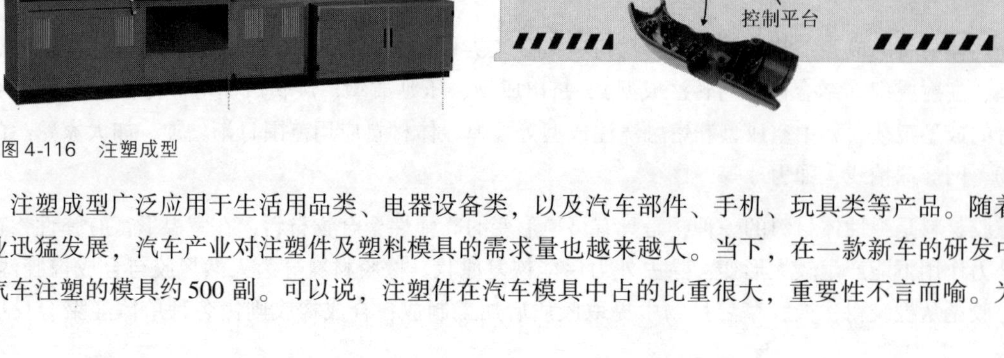

图 4-116　注塑成型

注塑成型广泛应用于生活用品类、电器设备类，以及汽车部件、手机、玩具类等产品。随着汽车工业迅猛发展，汽车产业对注塑件及塑料模具的需求量也越来越大。当下，在一款新车的研发中，需要汽车注塑的模具约 500 副。可以说，注塑件在汽车模具中占的比重很大，重要性不言而喻。为了满足产品的不同需要，注塑成型可细分为单色注塑（最为通用的注塑成型工艺）、双色注塑、二次注塑、嵌件注塑、纳米注塑和发泡注塑等。

①双色注塑是较常应用的一种注塑成型工艺，主要以双色注塑机的两只料管配合模具，按先后次序经两次成型制成双色产品。就注塑机而言，双色注塑可使用双色注塑机注塑，也可以使用普通注塑机注塑。双色注塑机进行双色注塑需要两个前模和一个后模，产品一次完成，中途不需要卸下模具。双色注塑成的产品外观精细美观，但是双色注塑机注塑成本较高，而且第二次注塑的材料厚度一般只有0.5~2毫米，所以比较适合较小的产品。

普通注塑机进行双色注塑需要两个前模和两个后模，第一次注塑完后要将半成品取下再放入第二副模中进行第二次注塑，其产品外观效果没有双色注塑机好，并且对注塑技术的要求高。不过普通注塑机双色注塑，其第二次的注塑材料厚度可达到3毫米，所以适合做较大的产品。双色注塑广泛应用于电子产品、电动工具、医疗产品、家电、玩具等。双色注塑工艺的优点：产品色彩更加丰富、自然，对比拆件、拼装更省成本。双色注塑工艺的缺点：模具费用更高，技术要求更高。

②二次注塑不同于双色注塑，行业俗称“套啤”或“包胶”工艺。二次注塑是指将已经注塑过一次的塑胶产品根据需要再次进行注塑成型，注塑次数可按设计的需要确定。一般来说，第一次注入的材料称为基材，后面注入的称为覆盖材料。在整个工艺中，覆盖材料可以组合在基材的上下左右甚至内部，一般通过多次注塑或嵌入注塑完成。这种技术已经发展了十几年，主要是以创造“柔感表面”而被广泛使用，特别是在医疗行业。二次注塑不仅可以增加产品的外观性能，还可以拓展产品的功能品质，如防振、防水等。目前二次注塑广泛应用于医疗、家电、消费电子、玩具等领域。二次注塑的优点：可以让产品表面充满柔感；可以增加产品所需要的功能性，如抗腐蚀、防水、抗冲击等。二次注塑的缺点：产品的一致性难度大；易造成产品注塑的分层现象，导致强度降低；其操作技术要求高，质量难以控制。

③嵌件注塑是指在模具内装入预先准备的其他材质（如金属）嵌件后进行注塑，塑料与嵌件在模具中接合固化，进而制成一体化产品。嵌件注塑基本流程：嵌件入模→真空固定→注塑成型。嵌件注塑广泛应用于家电、消费电子、玩具等领域。嵌件注塑的优点：将可塑性与刚性按设计需求完美结合；嵌件与主件的复合可靠性高；具有自动化量产性。

④纳米注塑指的是金属与塑胶以纳米技术结合的工艺，先将金属表面经过纳米化处理后，塑胶直接射出，其成型在金属表面，让金属与塑胶一体化成型。纳米注塑主要适用金属之间的结合（铝、镁、铜、不锈钢、钛、铁、镀锌板、黄铜等）。典型应用案例为智能手机。手机主要采用铝合金材料作为手机中框、中框与后盖，纳米注塑可以将它们一体化。由于金属材料会屏蔽通信信号，手机要保持信号的通畅，纳米注塑就可以在铝合金材料上的天线槽中填入塑胶材料，从而实现信号的畅通。同时，纳米注塑还应用于笔记本式计算机外壳、汽车中控面板、消费电子类产品等。例如，iPhone6手机并不是一整块金属，它的天线部分用的是塑料。但是，这两种不同的材料看起来却严丝合缝，摸上去就像一个整体一样。这里使用就是纳米注塑。

⑤发泡注塑是指在材料中加入发泡剂，通过物理或化学反应来形成多孔状蜂窝式结构，一般我们常说的泡沫塑料的成型方法就是发泡工艺。发泡的过程主要包括三个阶段：气泡核形成、气泡增长、气泡稳定。

注塑成型的优点：生产速度快、效率高，操作可实现自动化；成型形状相对比较复杂、成型尺寸精确、金属或非金属附加件的嵌入比较灵活；产品质量稳定；适用范围广，适用于大量生产、形状复杂产品的成型加工；能实现产品的多样效果，如肌理效果、多彩效果、闪粉效果等。

注塑成型的缺点：注塑设备价格较高；注塑模具结构复杂；生产成本高、生产周期长、不适合于单件小批量的塑件生产；大尺寸工件容易出现流痕、形变、力学性能不佳等问题。

2）热塑成型。热塑成型又称热成型，指的是将热塑性塑料的片材进行加热软化，然后在压力环境下，采用适当的模具或夹具进行加工成型的方法。常见的热塑成型可分为：真空热塑成型、压力热塑成型、双片材热成型。热塑成型在箱包类产品中应用广泛。

真空热塑成型是指将一片热塑料吹入气室，然后吸到工具的表面上，在压力过程成型中，受热软化的片材被压入模具中。这种工艺可以在较大的气压下模制出复杂的细节，包括表面纹理。对于相对体积小的物件，该工艺能够产生类似于注塑的效果。

压力热塑成型是指将受热软化的塑料片压入模具中的成型工艺。这种工艺可以热塑复杂的表面纹理和细节，比真空热塑成型的精确度更高，表面光洁度更好。压力热塑成型可分为正压成型和负压成型，其中，负压成型就是业界俗称的吸塑成型工艺。

双片材热成型是指两片塑材同时热成型并黏合在一起的工艺。这种复杂的工艺比常规的热成型工艺更昂贵。较典型的双片材热成型案例就是大家所熟悉的气泡塑料包装布，以及气垫鞋底。

热塑成型最理想的使用对象是表面浅层纹理且壁薄的产品，深度超过直径的设计通常不使用。在热成型过程中，由于材料会先受热膨胀，再冷却收缩，收缩率最高达 2%，所以设计时通常推荐要有 2°的吃水角，以保证产品质量的成品率。另外，由于生产过程中材料延伸时温度会很高，高温会造成材料的起伏和不规则的表面。因此，设计时尽量避免尖锐的角和三面角，不然将导致边角太薄而影响受力的均匀性。

3）吹塑成型。吹塑成型是塑料加工中应用非常广泛的工艺之一。吹塑成型通常用于大规模生产中空包装容器，如大家熟悉的各类塑料瓶。吹塑成型基本程序：塑料加热→压缩空气进入塑料型坯→贴模成型→冷却→脱模。吹塑的分类：根据型坯制作方法可分为挤出吹塑、注射吹塑、拉伸吹塑、多层吹塑。

挤出吹塑基本流程：首先，挤出型坯，当型坯达到预定长度时，夹住型坯定位后的合模；其次，压缩空气进入型坯进行吹胀，使型坯紧贴模具的型腔形成制品，制品在模具内冷却定型；最后，开模脱出制品，对制品进行修边、整饰。实现上述流程有多种方式和类型，并可实现全自动化运行。主要优点：挤出吹塑设备和运行成本较低，可用于生产各种形状甚至复杂的产品；材料的选择也很广泛；容器可以做整体处理，并且实现多个分层效果。挤出吹塑主要应用：医疗、化工、消费品行业的容器（图 4-117）。

注射吹塑基本流程：首先，利用注射机将熔融塑料注入注射模内形成管坯，使管坯在周壁带有微孔的空心凸模上成型；其次，将型坯趁热移至吹塑模内；然后，合模，并从芯棒的管道内导入压缩空气，使型坯吹胀并贴于模具的型腔壁上；最后，经保压、冷却定型后放出压缩空气，并开模取出塑件。注射吹塑的主要优点是比挤出吹塑更为精确，可以用于生产产品尺寸要求非常准确的容器，例如，精确度更高的包装制品。

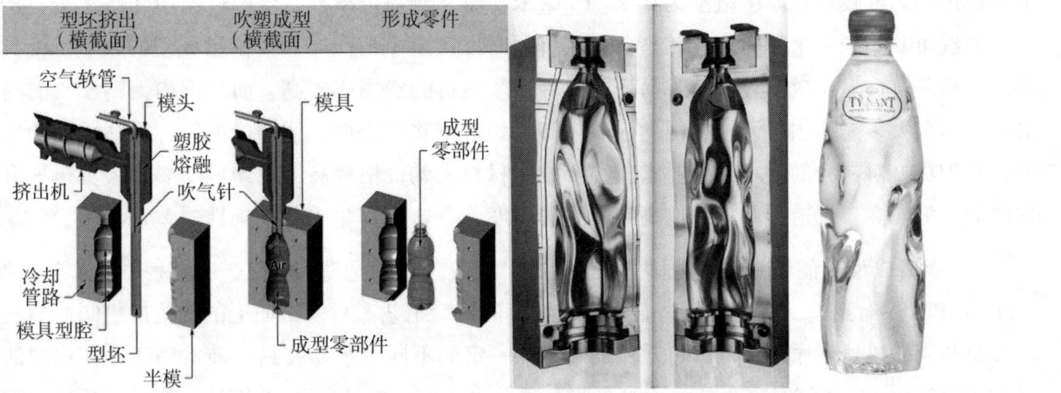


图 4-117　采用挤出吹塑成型生产水瓶

拉伸吹塑基本流程：首先，通过挤出法或注射法制成型坯；其次，将型坯处理到塑料适宜的拉伸温度；然后，经内部（用拉伸芯棒）或外部（用拉伸夹具）的机械力作用而进行纵向拉伸，同时或稍后经压缩空气吹胀进行横向拉伸；最后，获得制品。拉伸吹塑的主要优点是提高制品的透明性、冲击强度、表面硬度、刚性等，主要应用的范围是大家熟悉的饮料、食品、化妆品等的包装制品，如水杯等。

多层吹塑是利用两台以上的挤出机，将同种或异种塑料在不同的挤出机内熔融混炼后，在同一个机头内复合、挤出，然后吹塑制造多层中空容器的技术。

4）滚塑成型。滚塑成型又称为旋转成型、旋塑、旋转模塑、旋转铸塑、回转成型，是指将塑料（液态或粉料）加入模具中，在模具闭合后，使之沿设定旋转轴旋转（通常是围绕两个垂直轴），同时使模具加热，让模具内的塑料在重力和热能的作用下，逐渐均匀地涂布、熔融黏附于模腔的整个表面，并成型为与模腔相同的形状，再经冷却定型、脱模，制得所需形状的制品。这种工艺与石膏、陶瓷的注浆成型工艺在原理上有相近之处。由于滚塑成型一般用于中空产品，在对材料选择上，需要考虑结构支撑能力，且滚塑成型是在低压下生产的，产品机械强度低。在承重上，不同大小和造型的产品需要考虑不同的材料去对产品进行支撑，最好是在模具设计时，设计合适的筋来克服承重问题。滚塑成型主要应用在交通工具、电子、食品、医疗等行业，例如：化学品容器、水箱、汽车靠背、汽车扶手、汽车油箱、汽车挡泥板、家具、椅子、交通锥、河海浮标、娱乐艇、浮球、洋娃娃等。

滚塑成型的优点：适用于小批量生产；适合制作大型中空部件；模具成本低、经济环保；可生产全封闭产品。滚塑成型的缺点：生产效率低，生产一个产品需要三十分钟到一个小时；能耗消耗大。

5）搪塑成型。搪塑成型又称为涂凝成型，是将塑性溶胶倾倒入预先加热至一定温度的模具（凹模）中，使塑性溶胶接触到被整体加热的模腔内壁而受热胶凝，然后将没有胶凝的塑性溶胶倒出，并将附在模腔内壁上的糊塑料进行热处理（烘熔），再经冷却即可从模具中取出的成型工艺。搪塑成型比真空成型工艺和真空复合工艺在表面图纹的效果上更为均匀、清晰、美观，并且表皮具有不开裂、不变形及耐热性优异等特点。搪塑成型的主要材料：PVC、TPU、TPO。搪塑成型主要应用于手感、视觉效果要求高的产品，例如，汽车的中控台、驾驶方向盘等。

搪塑成型的优点：可加工形状复杂的制品，尤其适用于大型或具有特殊结构的制品；造型自由度高，不需要过多考虑脱模的角度；搪塑成型表面纹理清晰，无应力加工过程，不易产生开裂，没有接缝，厚度均匀性较好，厚度范围为0.5～15毫米；原材料利用率高，生产过程中几乎无废料产生；同一生产线可共用同一个粉盒和运转设备，故可同时生产多个不同产品。搪塑成型的缺点：模具制造周期长，模具寿命短，成本较高，不易修模；因搪塑模具的费用比较高，而且国内搪塑模具的制作能力有限，目前大多需在国外开模，因此成本较高；相对于吹塑成型、注塑成型等，搪塑成型的生产效率低；搪塑成型对料粉的材料性能要求较高，故原材料采购价格较高；搪塑成型要求模具迅速升温，迅速降温，能耗高，制造成本相对也高；制品的厚度、质（重）量等的准确性较差。

6）滴塑成型。滴塑成型又称为微量射出、滴胶，是指通过压缩空气把液态的材料（如PVC、SILICONE）注射到模具中，再用高温烤熟后脱模的成型工艺。目前市面上的滴胶机也叫滴塑机，但是滴胶机与滴塑机虽然原理一样，可适用的材料有一定的不同。水晶胶是目前常用于滴塑成型的一种材料。水晶胶由A、B胶组合，分弹性水晶胶和硬性水晶胶。它使印刷品表面（也可以是其他被滴塑物表面）获得水晶般凸起效果。人们对水晶胶的叫法多种多样，比如：滴塑商标、水晶滴塑、滴塑标、滴塑标牌等。滴塑成型的应用：商标铭牌、卡片、日用五金产品、旅游纪念证章、精美工艺品及高级本册封面等的装饰上。

滴塑成型的优点：可以将不同颜色、不同材料进行结合，形成丰富的外观效果。滴塑成型的缺点：加工精度较低。

7）挤塑成型。挤塑成型也叫挤出成型（金属行业、陶瓷行业也有挤出成型），指的是利用转动的螺杆，将被加热熔融的热塑性原料，从具有所需截面形状的机头挤出，然后由定型器定型并通过冷却器使其冷硬固化，成为所需截面的产品。

挤塑成型主要适合热塑性塑料的成型，也适合部分流动性较好的热固性和增强塑料的成型。工艺流程：塑化→挤塑成型→冷却定型→牵引→卷曲→切割。挤塑成型适合制作管状、筒状、棒状、片状等产品，如塑料水管、门板、塑料膜材和型材等。

挤塑成型的特点：半成品质地均匀致密，应用面广，成型速度快、工效高、成本低，有利于自动化生产；设备占地面积小、重量轻、结构简单、造价低、能连续操作、生产能力大；口型模具结构简单、加工容易、拆装方便、使用寿命长、易于保管和维修。

8）压塑成型。压塑成型也称压制成型，是指将塑料加热并施压进入预热后的模具中的成型工艺。压塑成型可以将橡胶和塑料等材料制成需要的形状，但通常用于制造较大的平坦工件或适度弯曲的工件，当然如果经过精心设计后，也可以生产弯曲度高的产品，如头盔等。

9）压延成型。压延成型是热塑性塑料的主要成型方法，是指将已熔融塑化的热塑性塑料通过两个以上平行旋转的辊筒，使熔体在辊筒间隙中挤压延展及拉伸成型。它与挤出成型、注塑成型一起称为热塑性塑料的三大成型方法。压延成型适用材料有热塑性塑料、橡胶材料等。压延成型是生产塑料薄膜和片材的主要成型方法。压延成型还可以用来整饰表面，使片材表面增加光滑程度（光泽），或者故意使表面具有一定的粗糙度或增加图纹效果，多用于生产PVC软质薄膜、薄板、片材、人造革、壁纸、地板革等。

（2）金属与成型工艺

金属一般分黑色金属、有色金属和特种金属材料三大类。黑色金属就是我们常说的钢铁，包括工业纯铁（含碳量不超过0.0218%）、钢（含碳量为0.0218%～2.11%）、铸铁（含碳量大于2.11%），还有铬锰和合金材料。有色金属就是除铁、铬、锰之外的所有金属及其合金材料，一般又分为轻金属、重金属、贵金属、稀有金属等。特种金属材料是指结构或功能性金属材料，包括具备一些特殊功能的金属基复合材料。

由一种金属元素组成的金属我们称为单元金属材料，属于金属材料的单质体。在这类金属中最为常用的是铁、铝、铜、钛、镍，锌、锡、铅、铬、锰也较为常用，锆、钒、钴、钼、钨使用较少。金、银、钯、铂、钽属于贵金属，其中，金和银在产品中的使用比较广泛。

由一种金属元素和一种或几种其他元素（金属或者非金属均可）熔合后而组成的具有金属特性的物质称为合金。组成合金最基本的、能独立存在的物质称为组元，简称元。绝大多数情况下，组元即是构成合金的元素。根据组元的数量，可分为二元合金、三元合金或多元合金。例如：黄铜是由铜和锌两种元素组成的二元合金；硬铝是由铝、铜、镁三种元素组成的三元合金。

由于合金的特性优良，因此在实际产品中得到广泛使用。下面是主要的几种合金：铝合金（工业纯铝、防锈铝、锻铝、硬铝、超硬铝和特殊铝）、铜合金（铍铜合金、银铜合金、镍铜合金、钨铜合金、磷铜合金）、铁合金（硅铁、锰铁、铬铁、钨铁、钼铁、钛铁、钒铁、磷铁、硼铁、镍铁、铌铁、锆铁、稀土合金）。

另外，镁合金是一种较轻的结构材料，也是可回收的绿色材料，近年来备受 CMF 设计界的关注，在汽车工业、电子工业、国防工业等领域的应用增长势头强劲。例如，镁合金轮毂在重量上具有绝对的优势，与铝合金轮毂相比重量减轻 30% 左右，所以在汽车和自行车上采用镁合金轮毂能达到轻量化的目的，同时还有高减振特性好、热传导率高、刚性强的优点。

金属成型工艺主要有：铸造，其又分为砂型铸造和特种铸造，特种铸造包括压力铸造、低压铸造、离心铸造、真空铸造、消失模铸造、熔模铸造等；塑性成型，一般包括锻造、挤出、冲压等；机加工，包括手工加工和数控加工；焊接，包括熔化焊、压力焊、钎焊等；金属注射成型（MIM）；3D 打印等。

1）铸造。铸造是人类掌握比较早的一种金属热加工工艺，是将液体金属浇注到与工件形状相适应的铸型空腔中，待其冷却凝固后，以获得铸件的方法。被铸物质多为可加热成液态的金属，如铜、铁、铝、锡、铅等，而铸型的材料可以是耐热的砂、金属甚至陶瓷。铸型材料要根据所铸物质和工件的具体要求而定，例如温度、工件结构和表面要求等。铸造的工艺流程大致是：金属液体化→充型→冷却凝固→取出铸件。铸造的主要优点为：生产的工件形状自由度大，适合任意复杂的工件，特别是内腔形状复杂的工件；适应性强，材料的合金种类不受限制，铸件的大小不受限制；金属原材料来源广，材料可重熔使用，设备投资低。但是铸造也存在着一定的缺陷，例如废品率高、表面质量较低、劳动环境差。所以对于产品设计来说，能够将铸造的优缺点利用好是关键。随着科学技术的不断发展，铸造根据不同的需要也有了类型上的发展。目前常见的铸造类型有：砂型铸造、压力铸造、低压铸造、离心铸造、真空铸造、消失模铸造、熔模铸造等。

砂型铸造是指采用砂型生产铸件的铸造方法。钢、铁和大多数有色合金铸件都可用砂型铸造方法。

压力铸造（压铸）是利用高压将金属液高速压入压铸型型腔内，金属液在压力作用下冷却凝固而形成铸件。压力铸造最先应用在汽车工业和仪表工业，后来逐步扩大到各个行业，如电子、计算机、医疗器械、钟表、照相机和日用五金等多个行业。压力铸造的优点：压力铸造时金属液体承受压力高，流速快；产品质量好，尺寸稳定，互换性好；生产效率高，压铸型使用次数多；适合大批量生产，经济效益好。压力铸造的缺点：压铸件容易产生细小的气孔和缩松；压铸件塑性低，不宜在冲击载荷及有振动的情况下工作；高熔点合金压力铸造时，压铸型寿命低，影响压力铸造生产的扩大。

低压铸造是指使液体金属在较低压力（0.02～0.06兆帕）作用下充填铸型，并在压力下结晶以形成铸件的铸造方法。低压铸造特点：浇注时的压力和速度可以调节，故可适用于各种不同铸型（如金属型、砂型等），以铸造各种合金及各种大小的铸件；采用底注式充型，金属液充型平稳，无飞溅现象，可避免卷入气体及对型壁和型芯的冲刷，提高了铸件的合格率；铸件在压力下结晶，且铸件组织致密、轮廓清晰、表面光洁，力学性能较高，对于大薄壁件的铸造尤为有利；省去补缩冒口，金属利用率提高到90%～98%；劳动强度低，劳动条件好，设备简易，易实现机械化和自动化。

离心铸造是将金属液浇入旋转的铸型中，在离心力作用下填充铸型而凝固成型的一种铸造方法。离心铸造最早用于生产铸管，国内外在冶金、矿山、交通、排灌机械、航空、国防、汽车等行业中均采用离心铸造。离心铸造的优点：几乎不存在浇注系统和冒口系统的金属消耗，提高工艺出品率；生产中空铸件时可不用型芯，故在生产长管形铸件时可大幅度地改善金属充型能力；铸件致密度高，气孔、夹渣等缺陷少，力学性能高；便于制造筒、套类复合金属铸件。离心铸造的缺点：用于生产异形铸件时有一定的局限性；铸件内孔直径不准确，内孔表面比较粗糙，质量较差，加工余量大；铸件易产生比重偏析。

真空铸造是指通过在压力铸造过程中抽除压铸型型腔内的气体而消除或显著减少压铸件内的气孔和溶解气体，从而提高压铸件力学性能和表面质量的先进压力铸造工艺。真空铸造的优点：消除或减少压铸件内部的气孔，提高压铸件的力学性能和表面质量，改善镀覆性能；减少型腔的反压力，可使用较低的比压及铸造性能较差的合金，有可能用小机器真空铸造较大的铸件；改善了充填条件，可真空铸造较薄的铸件。真空铸造的缺点：模具密封结构复杂，制造及安装较困难，因而成本较高；真空铸造如控制不当，效果不是很显著。

消失模铸造又称实型铸造，是指将与铸件尺寸形状相似的石蜡或泡沫模样黏结组合成模样簇，刷涂耐火涂料并烘干后，埋在干石英砂中振动造型，在负压下浇注，使模样汽化，液体金属占据模样位置，凝固冷却后形成铸件的新型铸造方法。消失模铸造适合生产结构复杂的各种大小较精密铸件，合金种类不限，生产批量不限。工艺流程：预发泡→发泡成型→浸涂料→烘干→造型→浇注→落砂→清理。消失模铸造的特点：铸件精度高，无砂芯，减少了加工时间；无分型面，设计灵活，自由度高；清洁生产，无污染；降低投资和生产成本。

熔模铸造又称失蜡铸造，为精密铸造方法之一，是常用的铸造方法。熔模铸造的基本流程：首先，用易熔材料（例如蜡料或塑料）制成可熔性模样（简称熔模或模样）；其次，在模样上涂覆若干层特制的耐火涂料，经过干燥和硬化形成一个整体型壳；再次，用蒸汽或热水从型壳中熔掉模样，然后把型壳置于砂箱中，在其四周填充干砂造型；最后，将铸型放入焙烧炉中经过高温焙烧，铸型或型壳经焙烧后，于其中浇注熔融金属而得到铸件。熔模铸造是非常古老的铸造工艺，可追溯至春秋战国时期，为青铜器制作常用工艺，经现代工艺的发展，演变为熔模铸造。熔模铸造在航空发动机（叶片、叶轮）、汽车、机床、医疗设备等领域都大量应用。熔模铸造的优点：尺寸精度高、表面光洁度高，可有效减少机械加工，节约材料；可铸造形状复杂的铸件，特别是高温合金铸件；适合批量生产，一致性高。熔模铸造的缺点：工序较多，生产周期长；不宜生产重量要求高的产品；成本较高。

2）锻造。锻造也习惯叫锻打，是金属常用的加工工艺，具体指在锻造设备上借助工具或模具产生的冲击力或静压力，使坯料产生局部或全部塑性变形，以获得一定几何形状、尺寸、质量及力学性能的锻件。

锻造的类型：根据温度分为冷锻、热锻；根据成型是否用模具分为自由锻、模锻和胎模锻；根据加工方法分为手工锻造、机械锻造。冷锻：对处于室温的金属材料进行压力加工的锻造工艺。热锻：金属材料被加热到再结晶温度以上、固相线以下的状态时进行压力加工的锻造工艺。自由锻：是指锻造时，金属坯料受到上下抵铁的压力，向四周（水平方向上）产生自由的塑性变形。自由锻的基本工序包括镦粗、拔长、冲孔、切割、弯曲、扭转、错移及锻接等。模锻：将加热后的金属坯料固定放置在模锻设备上的锻模内锻造成型。金属坯料的塑性变形受模具型腔的限制，是"不自由"的。胎模锻：是指在自由锻设备上使用可移动模具生产模锻件的一种锻造方法，是介于自由锻和模锻之间的一种工艺。手工锻造：为传统加工方法，如古代锻造打造兵器。机械锻造：现代加工方法，通过机械设备进行。锻造与锻打的关系：锻造包含锻打。

锻造的优点：可消除零件或毛坯的内部缺陷；锻件的形状、尺寸稳定性好；韧性好、力学性能佳、强度高；生产灵活性大。锻造的缺点：不能直接锻制成形状较复杂的零件；锻件的尺寸精度不够高；锻造生产所需的重型机器设备和复杂的模具对于厂房基础要求较高，初次投资费用大。

3）挤出。挤出也叫挤压，在塑料工艺中叫作挤塑，在橡胶工艺中叫作压出，在金属工艺中叫作挤出。挤出的基本原理是将塑料、橡胶、金属等材料加热熔融后，通过施加压力的方式，使材料连续从特定挤压筒里通过带有形状的模具，使材料被挤出冷却后成型，从而获得符合模孔截面的坯料或零件（见图 4-118），例如，常用的铝合金型材便是通过挤出生产的。常用的挤压方法有：正挤压、反挤压、复合挤压、径向挤压。

图 4-118　通过挤出工艺设计的产品

挤出件根据成型后的用途，可分为挤出板材和挤出型材。挤出板材：指的是挤出产品为具备一定厚度的平面板材。挤出型材：指的是相较于板材，具备一定异形的状态，如圆筒、回形、凹形、凸形、沟槽状等。

挤出件的应用：门窗、金属管状物、结构件、面板等。

挤出的优点：零件尺寸精确，表面光洁，常具有薄壁、深孔、异形截面等复杂形状，一般不需切削加工，节约了金属材料和加工工时，生产效率高；由于挤压过程的加工硬化作用，零件的强度、硬度、耐疲劳性能都有显著提高，有利于改善金属的塑性；挤出件生产效率高、一致性高。挤出的缺点：只能实现单方向的连续性的加工，无法生产更为复杂的工件。

4）冲压。冲压是金属塑性加工方法之一，又称板料冲压。它是在压力作用下利用模具使金属板料分离或产生塑性变形，以获得所需工件的工艺方法。冲压加工利用不同的模具可以实现拉伸、折弯、冲剪等工艺。

拉伸：将待加工的板材（坯料）放在凹模上，用压板对其施加一定的压力，然后利用冲头向下施力，将其拉伸成型。大多数金属容器都是用拉伸方法成型。

折弯：坯料放在凹模上，对凸模施加压力，在凹模与凸模的共同作用下，将坯料折弯成所需要的形状。折弯可分为板材折弯和线材折弯。

冲剪：加工时将坯料放在凹模上，对凸模施加冲击力，在凹模与凸模的共同作用下，裁剪掉部分金属。被裁剪掉的形状取决于模具的形状。

从加工温度上看，冲压可分为热冲压和冷冲压；从加工功能上看，冲压可分为冲裁加工和成型加工。热冲压：适合变形抗力高、塑性较差的板料加工。冷冲压：在室温下进行，是薄板常用的冲压方法。冲裁加工：又称分离加工，包括冲孔、落料、修边、剪裁等。成型加工：是使材料发生塑性变形，包括弯曲、拉深、卷边等。如果两类工序在同一模具中完成，则称为复合加工。

冲压的优点：产品尺寸精度较高，表面质量好，易于实现自动化、机械化；加工成本低，材料消耗少，适用于大批量生产；生产效率高；成品合格率与材料利用率均高；产品尺寸均匀一致，表面光洁，可实现机械化、自动化，适合大批量生产，成本低，广泛应用于航空、汽车、仪器仪表、电器等工业和生活日用品的生产。冲压的缺点：只适用于塑性材料加工，不能加工脆性材料，如铸铁、青铜等；不适用于加工形状较复杂的零件。

5）机加工。机加工是机械加工的简称，是指通过机械精确加工去除材料的加工工艺，具体是指在零件生产过程中，直接用刀具在毛坯上切除多余金属层厚度，使之符合图样要求的尺寸、精度、形状表面质量等技术要求的加工过程。例如苹果计算机和消费电子产品多采用金属机加工工艺。

机械加工主要有手动加工和数控加工两大类。手动加工是指通过机械工人手工操作铣床、车床、钻床和锯床等机械设备来实现对各种材料的加工。手动加工适合进行小批量、简单的零件生产。数控加工是指机械工人运用数控设备来进行加工（见图4-119）。这些数控设备包括加工中心、车铣中心、电火花线切割设备、螺纹切削机等。绝大多数的机加工车间都采用数控加工技术，即通过编程，把工件在笛卡尔坐标系中的位置坐标转换成程序语言，数控机床的控制器通过识别和解释程序语言来控制数控机床的轴，使其自动按要求去除材料，从而得到精加工工

图4-119　数控加工

件。数控加工以连续的方式来加工工件，适合于大批量、形状复杂的零件。数控加工是制作手板的主要方式，是将铝、铜、不锈钢等各种型号的金属材料以及各种塑料等雕刻成我们所需的实物样件。数控加工加工出来的样件成型尺寸大、强度高、韧性好、成本低，已成为手板制作的主流。

数控加工的优点：加工精度高，具有较高的加工质量；可进行多坐标的联动，能加工形状复杂的零件；加工零件改变时，一般只需要更改数控程序，可节省生产准备时间；机床本身的精度高、刚性大，可选择有利的加工用量，生产效率高（一般为普通机床的 3 ~ 5 倍）；机床自动化程度高，可以减轻劳动强度；可以批量化生产，产品质量容易控制。数控加工的缺点：加工路线不易控制，不像普通机床一样直观，且维修不便，技术要求较高。

6）焊接。焊接也称为熔接，是一种以加热、高温或者高压的方式接合金属或其他热塑性材料的工艺，包括熔化焊、压力焊、钎焊等。在许多早期现代主义设计风格的家具中常用到这种工艺。焊接的特点：焊接产品比铆接件、铸件和锻件重量轻，对于交通运输工具来说可以减轻自重，节约能量；焊接的密封性好，适用于制造各类容器；发展联合加工工艺，使焊接与锻造、铸造相结合，可以制成大型、经济合理的铸焊结构和锻焊结构，经济效益很高；采用焊接工艺能有效利用材料，可以在不同部位焊接不同性能的材料，充分发挥各种材料的特长，达到经济、优质。

7）金属注射成型（MIM）。金属注射成型是将金属粉末与其黏结剂形成的增塑混合料注射于模具中的成型工艺。此工艺需要先将所选粉末与黏结剂混合，然后将混合料进行制粒，再注射成所需要的形状。金属注射成型是一种从塑料注射成型行业引申出来的新型粉末冶金近净成型技术。金属注射成型的工艺流程：选取符合注射成型要求的金属粉末和黏结剂→混炼→注射成型→脱脂→烧结→后处理。混炼是将金属粉末与黏结剂混合得到均匀喂料的过程；烧结是金属注射成型的工艺流程中的最后一步工序，消除了粉末颗粒之间的孔隙，使得金属注射成型的产品达到全致密或接近全致密化。

金属注射成型的特点：一次成型，制件表面质量好、废品率低、生产效率高、易于实现自动化、对模具材料要求低。注意事项：由于金属粉末价格、颗粒的大小以及纯度方面的原因，迄今为止，金属注射成型尚未得到蓬勃发展，还只局限于单一的材料成型（如低合金钢、不锈钢、氧化铝、钨合金等）；由金属注射成型形成的产品由于形状复杂、烧结收缩大，大部分产品在烧结完成后仍需进行烧结后处理，包括整形、热处理（渗碳、渗氮等）、表面处理（精磨、离子渗氮、电镀）等。

8）3D 打印。3D 打印是快速成型技术的一种，是一种以数字模型文件为基础，运用粉末状金属或塑料等可黏合材料，通过逐层打印的方式来构造物体的技术（见图 4-120）。3D 打印常在模具制造、工业设计等领域被用于制造模型，后逐渐用于一些产品的直接制造。该技术在珠宝、鞋类、建筑、汽车、航空航天、医疗、教育、地理信息系统、土木工程等领域都有所应用。

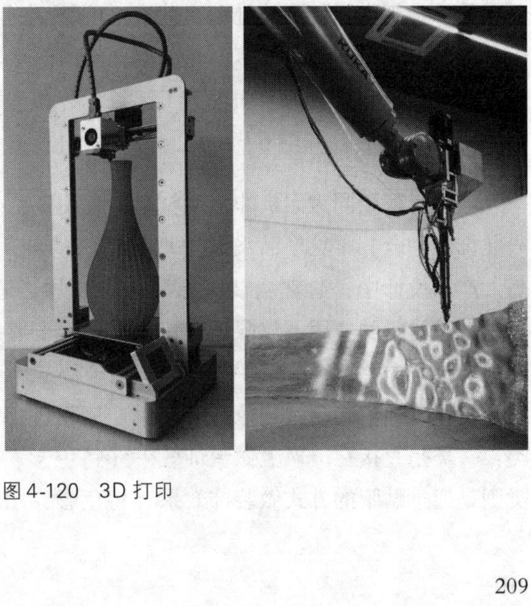

图 4-120　3D 打印

3D 打印的材料主要包括聚合物、金属材料、陶瓷、复合材料等。例如，工程塑料、光敏树脂、橡胶类材料、彩色石膏材料、人造骨粉、细胞生物原料以及砂糖食品材料等。3D 打印成本较高，通过3D 打印后的产品往往表面效果粗糙，需要再处理。3D 打印目前适合一些小规模制造，尤其是高端的定制化产品，例如汽车零部件制造。虽然3D 打印的主要材料还是塑料，但金属材料已经运用到3D 打印中，可见其可应用的范围会越来越广。

（3）精细陶瓷与成型工艺

陶瓷是一种无机非金属材料，大体分为传统陶瓷（普通陶瓷）和精细陶瓷。本书介绍的是产品设计领域常用的精细陶瓷（又称先进陶瓷、新型陶瓷、工业陶瓷），其成型及加工工艺都与传统陶瓷有较大的差异，所以在应用领域上也有较大的不同。传统陶瓷主要指生活中的日用陶瓷，如花瓶、餐具等，这一类陶瓷不在本书重点讨论范围内，因为精细陶瓷更广泛地应用于消费电子、智能穿戴等产品设计领域。

精细陶瓷不直接使用天然矿物原料，而是采用精选的高纯化工产品为原料，经过精确控制化学组成、显微结构、晶粒大小，按照便于结构设计及制备的方法进行制造、加工，因此其具有热学、电子、磁性、光学、化学、机械等方面的优异性能。精细陶瓷的微观结构具有显著的特征，且晶相、玻璃相、气孔三相共存，并均匀分布。

精细陶瓷的优点。在原料上，精细陶瓷突破了传统陶瓷以黏土为主要原料的界限，而一般以氧化物、氮化物、硅化物、硼化物、碳化物等为主要原料。原料的各种化学组成、形态、粒度和分布等都可以精确控制。在成分上，传统陶瓷的质地由黏土的成分决定，所以不同产地和炉窑的陶瓷有不同的质地。由于精细陶瓷的原料是纯化合物，因此成分由人工配比决定，其质地的优劣由原料的纯度和工艺决定，而不是由产地决定。在制备工艺上：精细陶瓷的成型多用等静压、注射成型等先进方法，可获得密度分布均匀和相对精确的坯体尺寸，坯体密度也有较大提高；精细陶瓷的烧结方法突破了传统陶瓷以炉窑为主要生产手段的界限，广泛采用真空烧结、气氛保护烧结以及热压、热静压、反应烧结和自蔓延高温烧结等手段。在性能上，精细陶瓷具有不同的特殊性质和功能，如高强度、高硬度、耐腐蚀、导电、绝缘，以及在磁、电、光、声、生物工程各方面具有的特殊性能，从而在机械、电子、宇航、医学工程等方面得到广泛的应用。

精细陶瓷的成型工艺原理在许多方面与塑料和金属等材料的成型工艺是类似的，目前常用的工艺有：滚压成型、注射成型、流延成型、注浆成型、挤压成型（挤出成型或挤制成型）、3D 打印、发泡成型等。精细陶瓷的表面处理工艺有：PVD 工艺、抛光（包括超声波抛光）、镭雕、烧釉、喷漆、喷砂、NCVM 工艺、研磨减薄、光蚀刻、丝印、水转印和贴花纸等。精细陶瓷的表面处理工艺原理在许多方面与塑料和金属的表面处理工艺也十分相似。

（4）玻璃与成型工艺

玻璃与陶瓷同为无机非金属材料，应用广泛。随着技术进步，玻璃材料的种类增多，趋向功能性与装饰性融合。常见产品设计中玻璃材料的应用对象包括门窗、器皿、灯具、彩晶面板及手机前后盖。产品设计中，通常从玻璃原厂采购原片，通过裁切、弯曲、印刷、电镀等深加工，形成生活产品。玻璃材料的应用不仅限于直接裁切透明玻璃，还需要复杂的深加工。创新已渗透到玻璃原片，如有色非透光质感玻璃。从手机行业使用玻璃的历史可以清楚地看到玻璃材料与工艺在产品设计中的发展变化，由纯色印刷到多色、渐变色、镀膜、UV 转印等工艺的应用。目前玻璃的装饰主要分为两大类：一类是直接在玻璃上做装饰效果（将色彩、图案纹理通过印刷、镭雕和蚀刻到玻璃上）；另外一类则是通过贴膜的方式做装饰效果（将色彩、图案纹理做在薄膜上并贴至玻璃上）。玻璃的成型工艺包括切割工艺、热弯工艺、彩绘玻璃、喷砂和蚀刻、彩色釉面玻璃、雕刻、镀膜等。

1）切割工艺。数控切割是控制玻璃尺寸大小常见的切割工艺。数控切割能够利用高精数控机床或设备的工件指令（或程序），以数字指令形式控制高强度合金切割设备，并自动切割玻璃，控制玻璃尺寸大小。数控切割技术是传统加工工艺与计算机数控技术、计算机辅助设计和辅助制造技术的有机结合。数控切割由数控系统和机械构架两大部分组成。与传统手动和半自动切割相比，数控切割通过数控系统（即控制器）提供的切割技术、切割工艺和自动控制技术，能够有效控制和提高玻璃的切割质量和切割效率。

2）热弯工艺。热弯工艺是针对平板玻璃的二次圆弧弯曲成型工艺，即将平板玻璃材料进行二次升温，在接近软化温度时，按需用要求，进行模压弯曲变形，最终形成玻璃产品。热弯工艺在 CMF 设计中被大量地应用于手机玻璃盖板、汽车、船舶挡风玻璃、玻璃家具以及电子显示屏等制作上。在热弯的同时进行钢化处理就是热弯钢化玻璃，例如，家用电器中电饭煲的玻璃锅盖。

热弯工艺流程：热弯模具（一般为石墨模具）的设计、选择、成型等→模具清洗→2D 玻璃放入石墨模具中→热弯（一般包括预热工站、成型工站、冷却工站）→3D 曲面玻璃产品（后续还要进行钢化、装饰等）。热弯工艺的优点：通过热弯工艺制造的 3D 玻璃拥有出色的手感、极高的颜值，并且轻薄、洁净；随着产业的进步发展，3D 玻璃热弯的合格率在不断提升中；工艺的成本在逐渐降低。玻璃热弯的缺点：产品尺寸精度差，玻璃易炸裂，表面容易出现压痕、凹凸点，模具要求较精密。

3）彩绘玻璃。彩绘玻璃又称为绘画玻璃，是一种可为门窗提供色彩艺术的透光材料。彩绘玻璃一般是用特殊釉彩在玻璃上绘制图形后经过烤烧制作而成，或者在玻璃上贴花烧制而成，其制作方法有点像陶瓷。

4）喷砂和蚀刻。喷砂和蚀刻是用高压空气将金刚砂等微粒吹到玻璃表面，使玻璃表面产生砂痕，可以雕蚀出线条、文字以及各种图案，而在不需加工的部位用橡胶、纸等材料作为保护膜遮盖起来。如果在喷砂玻璃（全部喷砂）的基础上再进行浸酸烧结，就会得到毛面蚀刻玻璃，也叫冰花玻璃。

5）彩色釉面玻璃。彩色釉面玻璃是在平板玻璃的一个侧面烧结上无机颜料，并经过热处理后制成的一种不透明的彩色玻璃。根据不同的颜料，可生产出不同色彩效果的彩色釉面玻璃。单一色彩的彩色釉面玻璃可用于门窗，多彩的彩色釉面玻璃（又叫作花岗石玻璃或大理石玻璃）可用于建筑内外墙或地面。

6）雕刻。人类很早就开始采用手工方法在玻璃上刻出美丽的图案，现已采用计算机数控技术自动刻花机加工各种场所用高档装饰玻璃。

7）镀膜。镀膜是在玻璃的一个或两个表面上，用物理或化学的方法镀上金属、金属氧化物等的表面处理工艺。不同的膜层颜色和对光线的反射率不同，使用镀膜玻璃装饰性增强，阳光入射控制性好，合理使用能够提高产品的综合品质和外观效果。目前的镀膜玻璃有：镀银、镀铝、镀硅的镜面玻璃，热反射镀膜玻璃，低辐射镀膜玻璃，防紫外线镀膜玻璃，防电磁镀膜玻璃，防水镀膜玻璃，光致变色和电致变色调光玻璃，自动灭菌玻璃，自洁净玻璃等。

#### 2. 产品表面材料与处理工艺

（1）产品表面材料

产品表面材料包括膜材、涂料、染料、纺织面料、皮革、板材、装饰纸、复合材料等。

1）膜材。膜材指的是塑料薄膜，在CMF设计中常称为装饰膜，是一种常用的表面装饰材料。常见的塑料薄膜基材有PC（聚碳酸酯）、PP（聚丙烯）、PET（聚对苯二甲酸乙二醇酯）、TPU（热可塑性聚氨酯）、PVC（聚氯乙烯）、PMMA（有机玻璃）、PVDF（聚偏二氟乙烯）、PTFE（聚四氟乙烯）等。膜材生产常用的是挤出成型或压延成型工艺。膜材广泛应用于产品包装和产品表面装饰。在CMF的设计中，膜材主要应用于产品基材不便直接做表面装饰的情况，借助膜材的优势，可以实现想要的色彩、图案纹理和触感等。在具体工艺中，可以根据需要，保留薄膜或不保留薄膜。膜材成本低，工艺操作便利，可以模拟玻璃、陶瓷、金属、木材、石材等不同效果，目前广泛应用于建筑、汽车内饰、家电及手机盖板等领域。

膜材除了具备美化外观作用外，还可起到抗菌、抗紫外线、抗磨损、抗刮花等产品外观保护作用。膜材的使用自由和多样：可以是透明的，也可以是带色的；可以是单层，也可以是多层。

目前，按照行业分类，膜材包括家电膜、手机膜、汽车膜、家具膜等。家电膜有彩膜（ACM、PEM、PPM、VCM）、膜内装饰（IMD）、膜外装饰（OMD）等。手机膜有IMT、IML、IMR、防爆膜、防爆装饰膜等。汽车膜有IME、IMD、OMD、INS等。家具膜有木纹装饰膜等。

按照加工工艺分类，膜材包括烫金膜（烫印工艺）、彩膜（贴合工艺）、膜内装饰膜（注塑工艺）、膜外装饰膜（包覆工艺）、热转印膜（热转印工艺）、水转印膜（水转印工艺）等。

膜材的表面加工工艺有UV转印、压印、丝印、辊印、胶印、凹印、色带转印、喷涂、喷绘、拉丝、电镀、真空镀铝等。膜材常见纹理有同心圆、发丝纹、散射纹、CD纹、图案、皮革纹、透明、带磨砂、镜面感等效果。

2）涂料。涂料是指用来涂覆在产品表面的材料，一方面起到美化产品的作用，另一方面起到保护或改善产品面材性能。涂料一般由四个部分组成：成膜物质（树脂、乳液）、颜料（包括体质颜料）、溶剂和添加剂（助剂）。涂料在我们生活中随处可见，几乎无处不在，例如汽车的面漆、家用电器表面的喷涂等。

涂料按产品的形态来分，可分为液态涂料、粉末型涂料、高固体分涂料。涂料按成膜物质来分，可分为天然树脂类漆、酚醛类漆、醇酸类漆、氨基类漆、硝基类漆、环氧类漆、氯化橡胶类漆、丙烯酸类漆、聚氨酯类漆、有机硅树脂类漆、氟碳树脂类漆、聚硅氧烷类漆、乙烯树脂类漆等。涂料按基料的种类来分，可分为有机涂料、无机涂料、有机-无机复合涂料。有机涂料由于其使用的溶剂不同，又分为有机溶剂型涂料和有机水性（包括水乳型和水溶型）涂料两类，生活中常见的涂料一般都是有机涂料。无机涂料指的是用无机高分子材料为基料所生产的涂料，包括水溶性硅酸盐系、硅溶胶系、有机硅及无机聚合物系。有机-无机复合涂料有两种复合形式：一种是涂料在生产时采用有机材料和无机材料共同作为基料，形成复合涂料；另一种是有机涂料和无机涂料在装饰施工时相互结合。

油漆是最常见、应用最广泛的一种涂料，在汽车、建筑、家居等行业使用广泛。行业里提及涂料，一般指的就是油漆。如今涂料正朝着环保的方向发展，如低挥发性有机化合物和水性涂料等。

金属粉末涂料是一种含有金属颜料的粉末涂料，一般采用静电喷涂的方式涂装，具备优异的涂覆性能，并具有较好的环保性。

油墨属于涂料的一种，但与涂料在应用上存在较明显的差异。油墨主要应用于印刷、喷绘等工艺，特别是手机和家电等行业应用非常广泛。油墨一般由色料和连接料组成，其中颜料是色料，也是油墨材料的主要组成成分之一，赋予油墨不同的颜色和色彩浓度，并使油墨具有一定的黏稠度和干燥性。我们一般通过颜色性、流变性质（细度、分散度）、干燥性、耐光性、耐化学性等性能来评价油墨的优劣。油墨可以直接印刷在塑料等基材表面作为色彩，也可以印刷在薄膜上制作成包装薄膜、装饰薄膜等。从印刷工艺类型来分，油墨可分为凸版油墨、凹版油墨、平版油墨、网孔版油墨、专用油墨。从溶剂类型来分，油墨可分为树脂型油墨、溶剂型油墨、水性油墨、UV 固化油墨。不同行业有自己特有的油墨类型，例如，在手机行业，常用的油墨有镜面银油墨、3D 曝光显影油墨、3D 后盖喷涂油墨、UV 油墨、CNC/丝印过程保护油墨、复合板/PET 菲林油墨等。

3）染料。染料是指能使其他物质获得鲜明而牢固色泽的一类有机化合物。由于现在使用的颜料大都是人工合成的，所以也称为合成染料。染料和颜料一般都是自身带有颜色的化合物，并能以分子状态或分散状态使其他物质获得鲜明和牢固的色泽。染料一般常用于纺织类等产业，而在手机行业中也用于通过浸染工艺让塑胶类手机外壳获得色彩。染料从形态上分可分为水性色浆、油性色浆、水性色精、油性色精，从用途上分可分为陶瓷颜料、涂料颜料、纺织颜料、塑料颜料，从来源上分可分为天然染料、合成染料。目前，常见的染料有直接染料、活性染料等。

直接染料：这类染料因不需依赖其他药剂便可以直接染着于棉、麻、丝、毛等各种纤维上而得名。它的染色方法简单、色谱齐全、成本低廉，但耐洗和耐晒牢度较差，如采用适当的处理方法，能够提高染色成品的牢度。

活性染料：又称反应性染料。这类染料是 20 世纪 50 年代才发展起来的新型染料。它的分子结构中含有一个或一个以上的活性基团，在适当条件下，能够与纤维发生化学反应，形成共价键结合。它可以用于棉、麻、丝、毛、黏纤、锦纶、维纶等多种纺织品的染色。

4）纺织面料。纺织面料主要指通过纺织形式制成的面料。在产品设计中，纺织面料重点应用于汽车、消费电子、生活用品、家居用品领域。纺织用的纤维由天然纤维（植物纤维、动物纤维、矿物纤维，如棉麻、羊毛、石棉等）和非天然纤维（再生纤维、合成纤维、无机纤维，如锦纶、涤纶、腈纶、氨纶、莱卡、玻璃金属纤维等）组成。纺织面料在汽车中的应用主要是座椅、门板、头枕、扶手、衣帽架、门立柱等汽车内饰，而在消费电子产品中的应用主要是喇叭布、音箱布、音箱网、声学织物等方面。

纺织面料从工艺类型的角度可分为机织面料、针织面料。机织面料也叫梭织面料（Woven Fabric），以投梭的形式，将纱线通过经、纬向的交错而组成，特征是结构稳定、面料平整。针织面料（Knitted Fabric），是通过织针将纱线弯曲成圈并相互串套而形成的织物，特征是延展性、弹性好。针织面料的方式可分为经编、纬编。经编：沿着成布方向的纱线（经纱）左右绕结，特征是结构稳定、弹性小。纬编：垂直于成布方向的纱线（纬纱）上下绕结，特征是弹性好，结构不稳定。直径固定的编织称为圆机（圆筒）织造，这种方式速度快、产量大；直径非固定的编织称为横机（毛衣）织造，这种方式相对圆机织造速度慢、产量低。

纺织面料的成型工艺包括纺丝、织造、染色、功能整理、复合和裁剪。纺织面料对应的表面处理工艺有印花（通过染料或颜料在纺织面料上印制图案纹理）、压花（进行单层、多层、带坡度、带斜度的立体压花）、激光雕刻（即镭雕技术）、贴塑（即高频焊接技术，将塑料与面料相结合）、绗缝（通过缝线的绗缝来实现图案纹理，营造 3D 立体感等）、涂层（如阻燃涂层、硬挺涂层、耐磨涂层等）和浸轧（如防水、防油、防污、抗静电、阻燃等类型）。

5）皮革。皮革中的皮是指动物未经加工的生皮，革则是生皮经过鞣制后形成的。皮革主要包含天然皮革、人造皮革。在产品设计行业，皮革常用于汽车、箱包、鞋帽、服装、家具等行业。

天然皮革主要来源于动物的皮，根据动物不同，有牛皮、猪皮、羊皮等。根据动物皮层不同，有头层皮、二层皮。在头层牛皮中，按照表面处理的程度分为粒面皮、半粒面皮、修面皮。天然真皮革的制作流程为：原皮→鞣制→复鞣→皮坯→涂饰→成品。鞣制的概念是将生皮永久转化为不易腐烂且稳定的材料；复鞣的概念是赋予皮革颜色、柔软度、手感；涂饰的概念是提升皮革性能，如耐用、耐光、抗污、外观效果等。

人造皮革为人工合成的材料，是在纺织布或无纺布的基础上，由 PVC、PU、PE 等材料制作而成，在产品设计行业亦可称之为仿皮、胶料、合成革。一般情况下，人造皮革可分为三大类：人造革、合成革、超纤革。人造革包含了涂层革、压延革、半 PU 革；合成革包含了干法合成革、湿法合成革；超纤革主要是指超细纤维 PU 合成的革。天然牛皮和人造革在汽车行业应用居多，而人造革在 3C 行业也较为流行，因此需要设计师重点关注。

6）板材。板材外形扁平，单位体积的表面积大，具有可任意剪裁、弯曲、冲压、焊接等特点，故使用广泛。在产品设计中主要涉及的板材品种有彩钢板和压花板。

彩钢板，即彩色涂层钢板。根据复合工艺及材料结构、工艺的不同，彩钢板可分为：PCM 预涂板、VCM 覆膜板、PEM 覆膜板、ACM 彩钢板等。彩钢板在家用电器的设计中应用得非常广泛，例如，冰箱的门壳和侧板（U 壳）、冷柜侧板、热水器的外筒、电视的背板、洗衣机的围板、空调的侧板和外挂机等家电类产品。随着产品设计师的不断关注，彩钢板使用的范围还在不断拓宽，例如，船舶游艇的内饰件，小家电领域中的豆浆机、电取暖器、电饭煲等。未来随着彩钢板开发技术的升级和客户的个性化需求，彩钢板的品种将越来越多样化、功能化。

PCM 预涂板：即彩色预涂钢板，为热镀锌基板上的连续辊涂装饰。PCM 预涂板是第一代彩钢板产品，需要在金属基板上预先涂装，即在金属表面喷涂油漆和印刷图纹。PCM 预涂板具有色彩丰富、图纹丰富、生产效率高、周转速度快、环保无污染的优点。但是预涂板的相对平整度较覆膜板差，且颜色效果比较单一，所以不适用于高档面板。PCM 预涂板最初用于替代木质百叶窗，而后拓展到建筑外墙、室内装饰、交通运输及家电外装等行业，如冰箱面板、冰箱侧板、洗衣机等产品。目前在传统 PCM 预涂板的基础上，现已研制开发出导电 PCM 预涂板及辊涂工艺的砂面 PCM 预涂板等全新产品。

VCM 覆膜板：是 PET/PVC 贴膜彩色钢板，基材通常是镀锌板，表面进行涂敷（辊涂）或黏结有机薄膜并烘烤处理后的一种彩钢板产品。由于 VCM 产品在金属表面复合了 PET/PVC 薄膜，又称 PET/PVC 贴膜彩色钢板。VCM 覆膜板具有较好的外观及优异的加工性、表面装饰性、耐蚀性、耐刮伤性等，可实现低光到高光的不同效果，其表面的膜材具备可印刷等特殊性，可表现出多种色彩、图案纹理、触感纹理效果，目前已广泛适用于冰箱、洗衣机等家电类产品，成为豪华与时尚的代名词。VCM 覆膜板目前所用的 PVC 膜有光亮膜和亚光膜：光亮膜是指表面光泽度较高的膜，其在 PVC 膜表面复合了一层 PET 膜，本身是一种复合膜；亚光膜是指表面光泽度较低的膜，膜整体为 PVC 材质，其表面有一些纹理效果。

PEM 覆膜板：是 VCM 彩钢板的升级换代产品，去掉了 VCM 的 PVC 层，保留了 PET 层。PEM 覆膜板融合传统的 PCM 预涂板和 VCM 覆膜板的优点，具备 VCM 覆膜板靓丽的外观和优秀的装饰效果，而且完全不含 PVC 材质，是绿色板材。

ACM 彩钢板：是一种新型复合彩板，是将 PET 和 Al 合金铂复合后，与钢板进行层压而成，外观金属质感非常强烈。这种板材具有较强的金属感，可以直接提升家电外观的品质感，比较适合应用于高档家电产品的外观设计上。

压花板：是将覆膜板（VCM/PEM）或 PCM 预涂板通过压花工艺，改变其力学性能，提高其结构强度的一种新型的复合材料。这种板材在保持同等强度下有效降低材料的使用厚度，同时保留了覆膜板和预涂板优异的装饰效果。轧制在板上的凹凸深度因图案设计要求而不同，普遍的凹凸深度在 20 ~ 30 微米之间。基材多为 201、202、304、316 等不锈钢板。压花板的优点是耐看、耐用、耐磨、装饰效果强、视觉美观、品质优良、易清洁、免维护、抗击、抗压、抗刮痕及不留手指印，主要适用于装饰电梯轿厢、地铁车厢、各类舱体、建筑、金属幕墙等。

7）装饰纸。在纸张上印刷各种颜色或纹理，贴附到板材表面，以提高板材的装饰性和耐用性，这是装饰纸的主要功能。另外，也有直接在原纸配方中加入色素，以呈现颜色的单色装饰纸（即不印刷）。装饰纸主要分为保丽纸、油漆纸和三聚氰胺浸渍纸。

保丽纸是一种只印刷不浸胶的装饰纸，这种纸不具耐磨性，所以一般是贴附后需要进行漆面处理；油漆纸是一种表面处理过的装饰纸，这种纸出厂后无须浸渍、无须压钢板肌理，可直接贴附于板材表面，适用于平贴或包覆工艺；三聚氰胺浸渍纸是一种先印刷，再浸胶，最后钢板压贴的纸，这种纸仅适合平贴工艺使用。

8）复合材料。复合材料是指两种以上材料重叠复合为一体的材料。复合材料的意义在于弥补一种材料的不足，发挥不同材料的特性，达到扬长避短的作用。比如，手机背板常用的复合板有“PC + PMMA”、碳纤维和凯夫拉等。复合材料的定义范围比较广，可以是基础材料也可以是装饰材料。通俗来说，复合材料就是按照人们的需求，将两种及两种以上不同类型的材料优化，按照一定的比例、形式组合成一种新的材料，这种材料往往具备多个组成材料的性能特点，在各个领域应用广泛。

（2）产品表面处理工艺

产品表面处理工艺如下：

1）模内装饰工艺。模内装饰（In-Mold Decoration，IMD）工艺是将已印刷好图案的膜片放入金属模具内，将成型用的树脂注入金属模具内并与膜片接合，使有图案的膜片与树脂形成一个整体。模内装饰工艺的特点：精美的装饰图文、标识内藏，不受摩擦或化学腐蚀而消失；图文、标识及颜色设计可随时改变，而无须更换模具；能提供图文、标识背透光性及高透光性的视窗效果；功能按键凸泡均匀、手感好；富有三维变化，可增加设计师对产品设计的自由度；复合成型加工可以达到无缝效果。模内装饰工艺主要应用于通信业（如手机按键、镜片、外壳、其他通信设施的机壳等）、家电业（如洗衣机、微波炉、电饭煲、空调、电冰箱等家电产品的控制装饰面板等）、电子业（如计算机、DVD 等电子产品装饰面壳和标牌等）、汽车业（如仪表盘、空调面板、标志、尾灯等装饰零件）。模内装饰工艺的薄膜层材料具有优异的综合性能，如抗冲性能、耐化学腐蚀性能、耐磨损性、易成型性和高透明性。

模内装饰工艺主要涉及的材料为片材、树脂、油墨三部分。聚甲基丙烯酸甲酯（PMMA）作为薄膜层材料，因脆性大而难以成型为大曲率半径和复杂结构特征的薄膜。具有优异综合性能的聚碳酸酯（PC），由于具有均衡的刚性和韧性、吸水率低、尺寸稳定性好、耐热性、耐低温性的优点，成为这一领域很有应用潜力的材料。为了满足上述目的，透明度高、耐热性高、拉伸性能好、延展率高、阻燃性好的改性聚碳酸酯合金已成为本领域的研究热点。

模内装饰工艺按照制程及产品结构形状的不同，大致分为：模内贴标（IML），无拉伸、曲面小；模内转印（IMR），表面薄膜去掉，只留下油墨在表面；模内热压（IMF），高拉伸产品、3D 产品。

模内贴标的制程：贴标设计印刷、将印好的贴标置入模具中、带贴标一起注塑。模内转印的制程：将薄膜放入模具内并定位、合模后图样转印到产品、打开模具后薄膜剥离、产品顶出。模内热压的制程：薄膜印刷、热压成型、剪裁、注塑充填。

2）模外装饰工艺。模外装饰（Out Mold Decoration，OMD）工艺，是视觉、触觉、功能整合展现，是模内装饰工艺延伸出的装饰工艺，是一种结合印刷、纹理结构及金属化特性的 3D 表面装饰工艺。模外装饰工艺分为 OMF 和 OMR。OMF 是指在 OMD 中，具有包覆膜，需要有后段冲切制程。OMR 是指在 OMD 中，薄膜可撕开，避免冲切制程。

3）喷漆。喷漆是指通过喷枪，借助于空气压力，使油漆分散成均匀而微细的雾滴，涂施于被涂物的表面的一种方法，主要分为空气喷漆、无气喷漆以及静电喷漆等。

4）喷粉。喷粉是利用电晕放电现象使粉末涂料吸附在工件上。喷粉的过程是：一是喷粉枪接负极，工件接地（正极），粉末涂料由供粉系统借压缩空气送入喷枪；二是在喷枪前端加有高压静电发生器产生的高压，由于电晕放电，在其附近产生密集的电荷，而粉末涂料由枪嘴喷出时，构成回路，形成带电涂料粒子；三是电荷受静电力的作用，被吸到与其极性相反的工件上去；四是随着喷上的粉末增多，电荷积聚也越多，当达到一定厚度时，由于产生静电排斥作用，便不继续吸附，从而使整个工件获得一定厚度的粉末涂层；五是经过热使粉末熔融、流平、固化，在工件表面形成坚硬的涂膜。

5）真空不导电电镀。真空不导电电镀（Non Conductive Vacuum Metalization，NCVM）是采用镀出金属及绝缘化合物等薄膜，利用相互不连续之特性，得到最终外观有金属质感且不影响到无线通信传输之效果。首先要实现不导电，满足无线通信产品的正常使用；其次要保证“金属质感”这一重要的外观要求；最后通过 UV 涂料与镀膜层结合，保证产品的物性和耐候性，满足客户需求。

真空不导电电镀又称不连续镀膜技术，是一种起源于普通真空电镀的高新技术。真空不导电电镀可应用于各种塑料材料，如 PC、PC + ABS、ABS、PMMA、NYLON、工程塑料等，它更符合制作工艺的绿色环保要求，是无铬（Non-Chrome）电镀制品的替代技术，适用于所有需要表面处理的塑料类产品，特别适用于有信号收发的 3C 产品，尤其是在天线覆盖附近区域，如手机、GPS 卫星导航器具、蓝牙耳机等。真空不导电电镀在使塑料具有金属质感的同时可实现半透光性，即体现金属质感的同时具备光线可穿透性，所以利用透光或半透光特性，可使产品的设计更富变化，外观更为靓丽多姿。真空不导电电镀以其特殊的不导电、金属质感和优良的物性与耐候性，已成为 3C 企业在电子通信产品上的重点技术，为塑料材料表面镀膜实现新价值。

6）水镀。水镀是一种电化学的过程，通俗的理解就是将需要电镀的产品零件浸泡在电解液中，再通以电流，以电解的方式使金属沉积在零件表面，以形成均匀、致密、结合力良好的金属层表面。

水镀是电镀的一种，而电镀的主要作用如下：装饰表面，如塑料电镀可以让塑料表面产生金属的光泽；防腐蚀，如螺钉表面电镀为了防止生锈；防磨损，如电镀硬铬可加硬电镀件的表面，使电镀件更耐磨；提高电性能，如镀铜与镀金能提高导电性能。

水镀的工艺流程包括镀前处理、电镀、镀后处理三个过程。镀前处理主要作用是清洁产品零件表面，为电镀做准备。镀前处理的工艺流程大致为：去应力→脱脂、水洗→粗化、水洗→中和、还原→浸酸、水洗→敏化、水洗→活化、水洗→化学镀、水洗→电镀。电镀的工艺流程大致为：镀前处理品→活化→镀底层→镀表面层→水洗→烘干。镀后处理的工艺流程一般为钝化处理及除氢处理等。能进行水镀的常用塑料材料不多，最常见的是 ABS，最好的是电镀级别的 ABS，其他的常用塑料材料（如 PP、PC、PE 等）都很难水镀。

水镀常见的镀层有铜、镍、铬。铜，一般用于镀底层，俗称打铜底。镍，银色，主要用于普通表面或者作为镀铬的前道工序。铬，亮银色，用于高亮表面。水镀常见的表面颜色有金色、银色、黑色、枪色。金色，可通过镀真金及镀六价铬（假金）来实现。银色，可通过镀镍、铬、银来实现。黑色，可通过镀黑铬、黑锌来实现。枪色，可通过镀合金来实现。常见的电镀效果有高光、亚光、雾面、混合等。高光是指产品表面形成高亮的效果，常见的是银色，实现前提为：塑胶模具需要进行高抛光处理，注塑出来的胶件通过镀光铬来形成效果。亚光是指产品表面形成一般光亮的效果，实现前提为：塑胶模具进行一般的抛光处理，注塑出来的胶件通过镀亚铬来形成效果。雾面是指产品表面形成朦胧的效果，实现前提为：塑胶模具进行表面蚀纹或者喷砂处理，注塑出来的胶件通过镀亚铬来形成效果。混合是在同一胶件上实现两种不同的效果，如高光与亚光并存等，实现前提为：通过电铸模具注塑出胶件，然后通过电镀来形成效果。

7）纳米喷镀。纳米喷镀是新型的环保电镀工艺，采用喷涂工艺做出电镀效果（镀金、镀银、镀铜、镀铬、镀镍、彩镀等）。纳米喷镀是继电镀、真空镀之后的又一项新兴工艺，只需用喷枪直接喷涂即可，工艺简单而且环保，无三废排放，成本低，不用作导电层。这种技术广泛适用于金属、玻璃、树脂、塑料、陶瓷、石膏等材料。纳米喷镀工艺流程简单，即三喷两烤。纳米喷镀优点在于具有电镀效果，具有耐水性、耐蚀性、耐酸碱性、耐候性和安全性，并且硬度极佳。

8）烤漆。烤漆是指喷漆或刷漆后，不让工件自然固化，而是将工件送入烤漆房，通过电热或远红外线加热，使漆层固化的过程。烤漆的工艺流程大致为：产品清洗→产品除尘→调漆→喷漆→烤漆房烤干→冷却→喷 UV 漆→UV 固化→品质检查→包装→入库。烤漆是喷漆的一种。普通喷漆是喷完漆后自然晾干或者进行低温烤炉烘干。烤漆最重要的是烤，经过烤，让漆层的紧密性加强，不易脱落，且漆膜均匀、色彩饱满。

钢琴烤漆，是烤漆工艺的一种，是非常复杂的烤漆工艺。首先，需要在产品上进行外观清洁，再喷底漆；其次，进高烤炉烘烤，冷却后抛光打磨光滑；再次，反复喷涂 3～5 次底漆，每次喷涂后，都要用水砂纸和抹布抛光；最后，再喷涂 1～3 次亮光型的面漆，然后使用高温烘烤，使漆层固化。钢琴烤漆由于工序复杂，造成工艺成本很高，一般适用于高档产品，如高档手机的外壳、钟表类产品的外壳、木质类产品（如木质工艺品、木制家具）等。与普通的烤漆相比，钢琴烤漆有以下两大特点：钢琴烤漆有很厚的底漆层，实际上，钢琴烤漆的表层，如果用力敲碎，会像搪瓷一样碎裂，而不是像普通的漆层一样剥落；钢琴烤漆是多次烤漆工艺，经过了高温固化过程。由于这种差别，与普通的烤漆相比，钢琴烤漆在亮度、致密性特别是稳定性上要远远高得多，如果不发生机械性的损坏，钢琴烤漆表层经过多年后依然光亮如新。

9）氧化。氧化的本义是指物体与空气中的氧产生化学反应，是自然现象。本书描述的氧化是指五金产品的表面处理工艺，是通过人为控制的一种电氧化反应，应用较多的是阳极氧化。

阳极氧化是指金属或合金的电化学氧化，基本原理是将金属或合金的产品作为阳极，采用电解的方法使其表面形成氧化物薄膜。阳极氧化像电镀的逆向过程，工件为电解电路的阳极，不是将一层材料加到工件表面上，而是在内部进行反应，从而在工件表面形成保护性的薄膜，属于去材料的一种工艺。阳极氧化的工艺流程大致为：碱洗→水洗→漂白→水洗→活化→水洗→铝氧化→水洗→染色→水洗→封闭→水洗→干燥→品质检查→入库。

氧化的作用：氧化会在产品的表面生成一层保护性的氧化薄膜；氧化能提高产品表面耐腐蚀性、增强表面耐磨性及硬度；氧化时可进行着色，从而让产品表面呈现五颜六色；氧化可用于表面绝缘，氧化膜的电绝缘性好，是高电阻的绝缘膜。

氧化适应的材料：氧化属于五金产品的表面处理工艺，塑胶产品不存在氧化的概念。金属材料中，阳极氧化应用最多的是铝，且最好是纯铝。铝阳极氧化能做各种颜色，以及高光及亚光等不同效果。铝镁合金也可以氧化，但表面效果没有纯铝好。压力铸造的铝合金氧化困难，因为材料中含有其他杂质。不锈钢可以氧化，但表面着色没有铝丰富，其氧化最常见的颜色是金色、蓝色、绿色、紫色、黑色五种。

10）印刷。印刷是将文字、图画、照片、防伪等原稿经制版、施墨、加压等工序，使油墨转移到纸张、织品、塑料品、皮革等材料表面上，是批量复制原稿内容的技术。印刷包括丝网印、移印、烫印、水转印、热转印、UMI 印刷等工艺。

丝网印。丝网印作为一种应用范畴很广的印刷工艺，按照印刷质地和材料可以分为：织物印刷、塑料印刷、金属印刷、陶瓷印刷、玻璃印刷、电子产品印刷、不锈钢成品丝印、光反射体丝印、丝网转印电化铝、丝印版画和漆器丝印等。丝网印是孔版印刷技术之一，印刷油墨特别浓厚，最宜制作需要特殊印刷效果，且数量不大的印刷需求。丝网印可以在立体面上印制（如盒体、箱体、圆形瓶、罐等），也可以在多种材料表面印制（如纸张、布料、塑胶、夹板、胶片、金属、玻璃等）。丝网印的灵活性特点是其他印刷工艺所不能比拟的。

移印。移印，属于特种印刷方式之一，是先将印刷内容印在一种媒介物上，再由媒介物转移至承印物上的印刷工艺。它能够在不规则异形对象表面上印刷文字、图形和图像，现在正成为一种重要的特种印刷。例如，手机表面的文字和图案就是采用这种印刷工艺，还有计算机键盘、仪器、仪表等很多电子产品的表面印刷，都以移印完成。

烫印。烫印是指在纸张、纸板、织品、涂布类等物体上，用金属烫印版通过加热、加压的方式将烫印箔转移到承印材料表面，并将烫印材料或烫版图案转移到被烫物上的加工方式。烫印的形式有多种，如单一料的烫印、无烫料的烫印、混合式烫印、套烫等。对于金属基材烫印，则需要通过专有金属烫印膜，或者在基材表面做喷涂后，再进行烫印膜的附着加工。由于烫印箔具备多样性特征，所以同样可将金属基材进行快捷、多样化，并且可更加环保地进行表面烫印处理加工，以达到我们的设计初衷。烫印模和烫印箔是烫印工艺的两个关键组成：烫印模一般由镁、黄铜和钢构成，有的会在金属烫印模表面上使用硅橡胶，烫印模和烫印箔主要包括载体、离型层、保护层和装饰层。烫印过程包含4 个步骤：烫印箔与基材接触；凭借热量和压力，转印层被转印到基材表面上；卸除压力，剥离聚酯薄膜；进给烫印箔，换上将要烫印的承印件。烫印适用于聚合物、木料、皮革、纸张、乙烯基、聚酯薄膜等纺织品，以及不易着色的金属，其装饰抗刮擦、耐磨、耐剥落。烫印多用于产品零售和化妆品包装、汽车装饰、消费品装饰和信息标识等。

水转印。水转印是利用水作溶解媒介将带彩色图案的转印纸或转印膜进行图文转移的一种印刷工艺。随着人们对产品包装与装饰要求的提高，水转印的用途越来越广泛，其间接印刷的原理及完美的印刷效果解决了许多产品表面装饰的难题，主要用于各种形状比较复杂的产品表面的图文转印。

热转印。热转印最先应用于织物热转移印花生产。随着科技发展，热转印的应用越来越广泛。从油墨品种分类，包括热压转印型和热升华转印型；从被转印物分类，包括织物、塑料（板、片、膜）、陶瓷和金属涂装板等；从印刷方式分类，包括网印、平印、凹印、凸印、喷墨和色带打印等；从承印物分类，包括热转印纸和热转印塑料膜等。

UMI 印刷。UMI 印刷是指利用 UMI 技术在玻璃面板上微图刻印超微级金属涂层。

11）退镀。退镀是一种表面处理新技术，可根据设计的需求对图案中某些部分保留金属质感效果。与镭雕、印刷、烫金、转印等工艺不同，退镀能够在保留金属质感效果的同时保持平整度，而其他的工艺会产生凹凸感。退镀应用的是感光油墨固化的原理，将要保留的图案部分遮挡，未遮挡的部分除去，保留的部分得到镀层。退镀实现的图案效果是纳米级的，所以图案效果非常精致，适用于单色和炫色金属图案、标志和花纹。

12）镭雕。镭雕也叫激光雕刻或者激光打标，是一种用光学原理进行表面处理的工艺。镭雕可以用数控机床，以激光为加工媒介，在激光照射下瞬间将金属材料熔化和汽化，从而达到加工的目的。另外，可以通过激光雕刻机使用镭雕技术，将矢量化图文轻松地“打印”到所加工的基材上。镭雕的优点在于：精密（材料表面最细线宽可达到0.015毫米，并且为非接触式加工，不会造成产品变形）、高效率（可在最短时间内得到新产品的实物，加工多品种小批量的产品也只需更改矢量图档即可）、可特殊加工（满足特殊加工需求，可加工内表面或倾斜表面）、环保节能（无污染，不含任何有害物质，高于出口环保要求）。使用激光雕刻和切割的过程非常简单，如同使用计算机和打印机在纸张上打印，唯一的不同之处是，打印将墨粉涂到纸张上，而激光雕刻是将激光射到木制品、亚克力、塑料板、金属板、石材等几乎所有的材料之上。

13）蚀刻。蚀刻也称光化学腐蚀（Photochemical Etching），是通过曝光制版、显影，将要蚀刻纹样区域上的保护膜去除，在金属蚀刻时接触化学溶液，达到溶解腐蚀的作用，形成凹凸或者镂空成型的效果。一般的消费性产品，如铝板上的花纹或文字 LOGO 常常是蚀刻加工所制作。另外，蚀刻也常常用来制作各式金属喇叭网。

14）喷砂。喷砂是利用高速砂流的冲击作用清理和粗化基体表面的过程，其采用压缩空气为动力，以形成高速喷射束，将喷料（铜矿砂、石英砂、金刚砂、铁砂、海南砂）高速喷射到需要处理的工件表面，使工件表面的外表或形状发生变化。由于磨料对工件表面的冲击和切削作用，使工件的表面获得一定的清洁度和不同的粗糙度，并使工件表面的力学性能得到改善，因此提高了工件的抗疲劳性，增加了它和涂层之间的附着力，延长了涂膜的耐久性，也有利于涂料的流平和装饰。例如，铸件的表面通过喷砂能使铸件露出均匀一致的金属本色，使铸件外表更美观；机加工件的表面通过喷砂可以清理毛刺，使工件表面更加平整，在消除了毛刺的危害基础上，提高了工件的档次，并且喷砂能在工件表面交界处打出很小的圆角，使工件显得更加美观、更加精密，也能改善工件的力学性能。机械零件经喷砂后，能在工件表面产生均匀细微的凹凸面，使润滑油得到存储，从而使润滑条件改善，并减少噪声，提高机械使用寿命。除此之外，喷砂可随意实现不同的反光或亚光，例如：不锈钢工件、塑胶的打磨，玉器的磨光，木制家具表面亚光化，磨砂玻璃表面的花纹图案，以及布料表面的毛化加工等。

15）咬花。咬花通过化学药水（如浓硫酸等）与钢材表面发生腐蚀反应，形成蛇皮蚀纹或其他形式的纹路，能够起到装饰作用，应用范围有模具咬花和产品表面图案咬花。

16）机械拉丝。机械拉丝是通过机械加工的方法在产品表面摩擦出痕迹的工艺。机械拉丝包括直纹拉丝、乱纹拉丝、波纹拉丝、太阳纹拉丝、螺纹拉丝等。直纹拉丝是指在金属板材表面用机械摩擦的方法加工出直线纹路，具有刷除板材表面划痕和装饰板材表面的双重作用。直纹拉丝有连续丝纹和断续丝纹两种。连续丝纹可用百洁布或不锈钢刷通过对板材表面进行连续水平直线摩擦获取，改变不锈钢刷的钢丝直径，可获得不同粗细的纹路。断续丝纹一般在刷光机或擦纹机上加工制得，其工作原理：采用两组同向旋转的差动轮（上组为快速旋转的磨辊，下组为慢速转动的胶辊），使铝或铝合金板从两组辊轮中经过，被刷出细腻的断续直纹。乱纹拉丝是在高速运转的铜丝刷下，使铝板前后左右移动摩擦获得的一种无规则、无明显纹路的亚光丝纹，对铝或铝合金板的表面要求较高。波纹拉丝是指通过刷光机或擦纹机，利用上组磨辊的轴向运动，在铝或铝合金板表面磨刷，得出波浪式纹路。太阳纹拉丝也称旋纹拉丝，是将圆柱状毛毡或研石尼龙轮装在钻床上，用煤油调和抛光油膏，对铝或铝合金板表面进行旋转抛磨而获取太阳纹，多用于圆形标牌和小型装饰性表盘的装饰性加工。螺纹拉丝的步骤主要是：用一台在轴上装有圆形毛毡的小电动机，将其固定在桌面上，与桌子边沿呈60°左右的角度；另外做一个装有固定铝板压的拖板，在拖板上贴一条边沿齐直的聚酯薄膜，用来限制螺纹宽度；利用毛毡的旋转与拖板的直线移动，在铝板表面旋擦出宽度一致的螺纹纹路。

机械拉丝属于五金产品的表面处理工艺，塑胶产品不能直接进行机械拉丝。水镀后的塑胶产品可以通过机械拉丝来实现纹路，但镀层不要太薄，否则容易损坏材料。金属材料中，机械拉丝最常见的就是铝和不锈钢，由于铝的表面硬度及强度比不锈钢低，机械拉丝效果比不锈钢好。

## 4.4 产品结构设计基础

在具体的产品设计项目中，当完成产品外观设计后将进入产品结构设计的阶段。但是如果产品设计师对产品的结构一无所知，而只是会做出“好看”的产品造型，那这个产品便是无法落地的“概念设计”，所以一个合格的产品设计师还需要了解基础的产品结构设计知识，从而在项目中更自信地进行产品设计创新。

### 4.4.1 产品结构设计总原则

产品结构设计的总原则包括合理选材、结构合理、简化模具结构和成本控制等。

#### 1. 合理选材

所有的产品都由材料构成，在产品设计阶段，首先要考虑的是材料的选择，因为材料不仅决定产品的功能，还决定了产品的价格。

根据产品的应用场景选择材料。不同的应用场景对产品材料有不同的需求。例如：对于日常消费类电子产品，应选择强度优越、表面易处理、不易氧化生锈、抗磨损、易成型的产品材料（比如塑胶材料可选用PC、ABS、PC + ABS等，金属材料可选用不锈钢、铝、锌合金等）；而在食品行业应用中，则需要选择无毒无味、耐低温、耐高温甚至无添加色的材料（比如饮料瓶可选用 PET，食品包装袋可选用 PP、PE 等，饮水杯材料可选用 PP、PC 等）。

根据产品的市场定位选择材料。在产品设计之前，产品的市场定位也会对材料选择产生影响。产品分为高档、中档和低档，不同档次的产品适应不同的市场。高档产品在材料选择上追求卓越，中档产品的材料性能可接受，而低档产品则在材料选择上尽可能降低成本。例如，在手机产品中，限量版的高端手机可能选用黄金或碳纤维等高档材料，而中低端手机可能采用“PC + ABS”等材料，甚至有些低端手机直接选用 ABS。

根据产品的功能选择材料。产品的功能不同，材料的选择也有所不同。一些带有运动功能的产品必然会经受磨损，因此在材料选择上需要考虑耐磨性。耐磨材料有很多，例如，大部分金属材料通常都具备耐磨性。耐磨的塑料材料有 PA（尼龙料）、POM（赛钢料），橡胶材料有天然橡胶等。

根据公司的要求选择材料。每家公司都有自己的供应商，包括材料供应商。对于同一种产品，有多种材料可满足设计要求，价格也各异，因此在选择材料时需要综合考虑公司的实际情况。

#### 2. 结构合理

产品结构设计并非越复杂越优，相反，在满足产品功能的前提下，结构越简单越为理想。简单的结构在模具制作上更为容易，生产装配更为轻松，同时问题的发生也相对较少。在产品结构设计中，常见的固定方式包括螺钉固定、卡扣固定、双面胶固定、热熔固定、超声波焊接等。在选择这些固定方式时，一般而言：螺钉固定是最可靠且具有较强可拆性的，因此应当优先考虑；卡扣固定虽然方便简单，但可靠性较低，可以与螺钉固定结合使用；双面胶固定、热熔固定等适用于特定场合，可根据需要灵活选择。

产品结构设计时不应存在多余的结构，多余的结构意味着设计时间的浪费、模具加工难度的增加以及材料的浪费。在进行产品结构设计时，必须确保每一个结构都是必需的，不必要的结构应该避免设计，包括每个卡扣、每一条加强筋等都应该有实际用途。

#### 3. 简化模具结构

大多数产品结构设计完成后需要使用模具进行成型。因此，在进行产品结构设计时，必须确保产品能够通过模具制造出来。如果产品的结构设计可靠，但模具无法实现或者实现起来非常困难，那这样的结构就被视为不合格。作为产品设计师，了解模具的基本结构、产品的成型方法以及出模方式是至关重要的。只有具备这些知识，才能在产品结构设计时尽可能地简化模具结构。

举例而言，模具倒扣可能会影响模具的正常出模。解决这一问题的机构通常采用滑块（俗称行位）及斜顶。然而，这样的解决方案会增加模具的复杂程度和制造成本。在进行产品结构设计时，应尽量处理可能存在模具倒扣的部分，以确保产品能够顺利出模。

#### 4. 成本控制

成本是产品最关键的组成部分，其高低在很大程度上决定了产品的利润。成本控制应该从产品设计的早期阶段开始。在产品结构设计时，需要考虑以下几个方面以降低成本：在选择材料时，要在满足功能的前提下尽量选用价格较低的材料；在产品外形建模时，要在满足外观的前提下尽量减少零件的数量；在产品结构设计时，要尽量简化结构以降低模具成本；选择适当的固定方式，以减少生产装配成本；在产品表面处理时，根据产品定位和外观要求，采用适当的表面处理方法以减少加工费用；

在选择供应商时，选择技术强、沟通配合良好、价格最优的厂商。技术强的供应商可避免零件制作出现错误，从而避免反复修改浪费时间，而良好的沟通协调则有助于顺畅地进行工作，这些都能够降低成本。对于新产品的开发进度，需要进行有效的管控，尽可能缩短项目时间，这也是降低成本的一种方式。在产品结构设计时，如果公司有库存料件，应尽量选择共用。库存料件是公司先前产品生产时剩余下来的，如果不使用就会导致浪费。因此，优先选择这些库存料件，并在产品结构设计中将其重新用于生产，也是降低成本的一种途径。

### 4.4.2 产品结构设计特点

产品结构设计的特点主要为：连接、限位、固定。

1. 连接

连接是产品结构设计的主要特点，考虑两个不同零件如何装配在一起是设计中需要关注的关键内容。例如，许多产品都由前壳和底壳组成，如何确保它们装配在一起不会脱落就是产品结构设计的一个重要考虑因素。在这方面，连接前壳和底壳是防止脱落的关键。对于需要翻盖的产品，例如翻盖手机、笔记本式计算机等，在产品结构设计时需要考虑设计一个转动轴，该轴连接两个不同的部分，一个是基座，另一个是翻盖，从而实现翻转的功能。

在产品结构设计中，常用的连接方式主要有三种：机械连接方式、黏结方式和焊接方式。

机械连接方式包括卡扣连接、螺纹连接，以及键、销连接。卡扣连接通常用于对强度要求不高的产品，也常用于螺钉的辅助固定结构。螺纹连接一般用于两个零件之间的连接与固定，是连接与固定的首选方式。键、销连接通常用于轴类和圆盘类零件之间的连接。

黏结方式包括双面胶连接和胶水粘贴等。双面胶连接通常用于小平面的零件之间的连接与固定，而胶水粘贴则适用于各种方面。

焊接方式又分为超声波焊接、机械能焊接和电能焊接等，一般用于不需要拆卸零件的连接与固定。

2. 限位

除了连接，产品结构设计还需要考虑限位，即防止零部件的不必要移动。举例而言，如果要在产品的外壳上贴上一个标签纸，首先需要确定标签纸的精确位置。在产品结构设计中，通常会在壳体上设计一个凹槽，以限制标签纸的粘贴位置，这就是一种限位结构。另外，考虑前壳与后壳的连接结构，若没有适当的限位结构，可能导致装配时的错位问题。因此，在前壳与后壳的左右和上下方向上都需要可靠的限位结构，其中一些常用的限位结构包括止口、反止口等。这些结构的设计有助于确保装配时的正确对位，防止不必要的移动。

3. 固定

产品结构设计的另一个重要特点是固定。在考虑了连接与限位结构后，为了防止松脱，固定结构也显得至关重要。固定和连接密切相关，很多结构不仅具备连接功能，同时还具备固定功能，比如螺纹连接和黏结连接等。对于带有运动状态的产品，同样需要对运动部分与非运动部分的连接部分进行限位并牢固固定，比如笔记本式计算机上的转轴。这确保了产品在运动中能够保持牢固的结构，防止不必要的移动和松脱。

### 4.4.3 产品结构设计的基本原则

阐述钣金类产品、压力铸造类产品、塑料类产品的产品结构设计基本原则。

#### 1. 钣金类产品结构设计的基本原则

在进行产品结构设计时，经常用到五金类零件，常用的金属材料包括不锈钢、铜、铝、锌合金、镁合金、钢和铁等。五金制品根据加工方式的不同通常分为冷加工和热加工类，其中冷加工类（如钣金类）材料，通过模具的冷冲压、折弯、拉深等工艺进行成型，而热加工类（如铸造类）材料，则主要通过将五金原材料熔化成液态并利用模具铸造而成。一般认为，均匀厚度的片材类金属材料被统称为钣金，其中常用的钣金材料包括不锈钢、镀锌钢板、可锻铸铁、铜、铝和铁等。钣金类产品的加工方式通常包括冲裁、折弯、拉伸和成型等。

在进行钣金类产品结构设计时，有一些基本原则需要考虑：

产品厚度均匀的原则：钣金是均匀厚度的板材，在结构设计中要特别注意，在存在较多折弯的地方容易导致厚度不均匀。使用专业的钣金设计模块，如 PRO/E 软件中的专门设计钣金的模块，可以避免产品结构设计中厚度不均匀的情况。

易于展平的原则：钣金件是由片材加工而成，未加工之前，原材料是平整的。在设计钣金件时，所有折弯和斜面都应该能够在同一个平面上展开，以避免彼此之间的干涉。

适当选择钣金件厚度的原则：钣金件的厚度为 0.03～4.00 毫米，各种规格都有，但随着厚度增加，加工难度增加，需要更大的加工设备，不合格率也随之增加。因此，在满足强度和功能的前提下，应该尽量选择较薄的厚度，通常在 1.00 毫米以下为宜。

符合加工工艺的原则：钣金件必须符合加工工艺，易于制造，不符合加工工艺的产品是无法制造的。

#### 2. 压力铸造类产品结构设计的基本原则

压力铸造是一种高效益、高效率的精密铸造方法。在该工艺中，熔融状态或半熔融状态的合金被以极高的速度填充至压铸型的型腔内，并在高压力下使熔融合金冷却凝固成型。高压力和高速度是该过程的两大特点，也是压力铸造与其他铸造方法最本质的区别。常见的压力铸造类材料包括铝合金、锌合金、镁合金和铜合金等，其中铝合金应用非常广泛，根据成分的不同可分为铝硅合金、铝镁合金、铝铜合金、铝锌合金等。

压力铸造产品在结构设计上与塑料产品有许多相似之处，但在以下几个方面有不同的要求：

压铸件的厚度：主要指料厚。料厚太薄会导致压力铸造困难，具体厚度应根据实际情况设计。压力铸造产品不容易因为局部料厚而产生缩水，反而在一些尖钢薄钢处需要加料填充，以避免损坏模具。

压铸件的拔模角：压铸件与塑胶件一样，内外表面都需要拔模角，外表面一般为 1°～3°，内表面稍大一些以便于制品出模。

压铸件的后续加工：一些压力铸造产品可能在出模后不满足设计要求，需要进行后续加工。例如，螺柱中的螺纹通常是后续加工的，在设计时只需留出底孔。有深孔的压铸件可以在设计时只做出浅孔，然后通过后续机械钻孔来完成。对于有高精度表面要求的压铸件，可能需要后续加工，设计时可在需要后续加工的地方留出加工余量，通常约为0.50毫米。

压铸件的连接方式：压力铸造产品一般通过螺纹连接，如果采用扣位连接，则连接的另一件产品必须是能变形的，例如塑胶产品等。

压铸件产品形状的设计：在设计压力铸造产品时，尽量避免复杂的形状，因为复杂的模具难以成型，同时也容易受损。在设计中应尽量避免模具倒扣。产品中加强筋不宜过多，但对于薄壁类零件，应适当设计加强筋，以提高抗弯能力，防止产品变形。

3. 塑料类产品结构设计的基本原则

大部分塑料类产品（以下简称“塑料件”）都是通过注塑成型的塑胶模具制作而成的。在进行塑料件的结构设计时，应当遵循前文提到的产品结构设计总原则。除此之外，塑料件设计还有一些基本要求，如料厚、圆角、加强筋等。

（1）塑料件料厚

料件的料厚是其最基本的设计要求，与产品的外形尺寸紧密相关。一般而言，外形尺寸较大的产品需要较大的料厚。料厚的选择会影响产品的强度、重量、装配等方面。根据材料和产品尺寸的不同，塑料件的料厚范围通常为0.6~6.0毫米，常用的厚度一般在1.5~3.0毫米之间。

塑料件的料厚应尽量保持均匀，否则可能导致充填不均匀，产生变形或局部凹陷等缺陷。如果由于结构需要导致料厚不均匀，应逐渐过渡，以防止厚度变化过大，产生应力集中或局部凹陷，从而影响产品的外观和结构强度。

（2）塑料件的脱模斜度

脱模斜度是指塑料件在出模方向应具有一定的倾斜角度，是确保模具正常脱模的必备条件。在设计塑料件时，无论是外观还是内部结构，都需要考虑脱模斜度。脱模斜度的确定与产品外观、材料、外形尺寸以及功能密切相关。在设计脱模斜度时，需考虑以下几个关键方面：

外观要求高的产品，脱模斜度应较小；精度要求高的产品，脱模斜度应较小；外形尺寸较大的产品，脱模斜度应较小；外表面要求光亮的产品，脱模斜度适当减小；外形较粗糙的产品，脱模斜度应适度增加；外形复杂的产品，脱模斜度应适度增加；注塑流动性差或增强的塑料，脱模斜度应适度增加；产品料厚较大，脱模斜度应适度增加；具有较大收缩率的塑料应选用较大的脱模斜度。

在进行塑料件产品结构设计时，理论上所有的脱模斜度都应考虑，但在实际工作中，对于重要的配合面，必须确定脱模斜度，而对于非重要的面（如筋位），一般不需要确定脱模斜度，模具设计人员会根据公司内部标准确定脱模斜度。

（3）塑料件的圆角设计

在进行塑料件的产品结构设计时，为了提高产品强度、避免产品注塑时应力集中，并便于脱模，产品各面相交之处应考虑设计过渡圆角。当产品结构设计没有特殊要求时，过渡圆角的大小通常由相邻的料厚决定。内侧圆角的半径一般选择在料厚的0.50~1.50倍范围内，但最小圆角半径应尽量不小于0.30毫米。

在设计产品内外表面的圆角处时，应确保过渡圆角保持料厚的均匀性。尤其在进行塑料件产品结构设计时，要注意模具的分型面不应包含圆角，除非产品有特殊要求。分型面包含圆角会增加模具制作难度，并在产品的外表面留下夹线痕迹，从而影响外观。产品的外观面和内表面能接触到的地方不应有尖角利边，必要时应进行倒圆角处理。最小圆角半径应尽量不小于 0. 30 毫米，以防止刮伤手指，特别是在设计玩具类产品结构时，需要格外注意这一点。

（4）塑料件的加强筋设计

有时在不改变料厚的前提下，为了提高塑料件的强度和刚度，需要合理设计加强筋。加强筋在塑料类产品中的作用是提高塑料类产品的强度和刚度，防止产品变形，同时也有利于注塑时原料的流动。如果螺丝柱过高或者需要承受一定的力度，就需要设计加强筋以增强其强度。

（5）塑料件的支撑面设计

在塑料件的支撑面设计中，支撑面是承受产品重量的底面。对于稍大尺寸的产品而言，如果用整个面做支撑面，则不利于底部的平整，因此需要设计一些凸边、凸台或凸点来支撑。支撑面的高度应根据产品的外形尺寸来定，一定取值范围是 0. 30 ~ 2. 00 毫米。

（6）塑料件上文字、图案设计

在塑料件上的文字、图案设计中，文字及图案分为凸出表面和凹下表面两种，加工方式一般有两种：小型文字及图案由模具蚀刻获得，稍大的文字及图案由模具加工直接得到。最好采用凸出表面的方式，这样在模具上就是凹下表面的，模具加工简单很多。如果结构需要表面没有凸起时，可将有文字或者图案的区域凹下表面一定的深度，然后在凹槽内凸出文字或者图案，这样既满足了结构的要求，又便于模具制作。

（7）塑料件上的螺纹设计

塑料件上的螺纹设计用于连接零件，在塑胶产品上也经常用到。与五金产品不同，塑胶产品上的螺纹通过模具注塑成型，精度相对不高，细的螺纹很难成型；而五金产品上的螺纹是通过机械加工而成的，精度高，能加工很细的螺纹。

### 4. 4. 4　模具相关知识

#### 1. 分模面

分模面也称为分型面，在模具上通常表示为 PL 面，是前模和后模的分界面。在开模时，模具沿着分模面打开，留在注塑机上不动的那部分被称为定模，也称为前模；在注塑机滑动的那部分被称为动模，也称为后模。分模面是模具设计中首先需要确定的，其设计至关重要。合理的分模面是判断塑料件能否完好成型的先决条件。分模面的设计除受排位的影响外，还受塑料件的形状、外观、精度、浇口位置、行位、顶出、加工等多种因素的影响。

一般来说，应从以下几个方面进行综合考虑：要符合塑料件脱模的基本要求，即使塑料件能够从模具内取出；分模面的位置应设在塑料件脱模方向最大的投影边缘部位，以确保塑料件留在后模一侧，并有利于顶出，且顶针痕迹不显露于外观面；分模面及分模线不能影响塑料件的外观，应尽量不破坏塑料件光滑的外表面，确保塑料件的质量，例如，将有同轴度要求的塑料件部分放到分模面的同一侧等；分模面的选择应尽量避免形成侧孔、侧凹，若需要行位成型，则力求行位结构简单，尽量避免前模行位；合理安排浇注系统，特别是浇口位置；满足模具的锁紧要求，将塑料件投影面积大的方向放在前、后模的合模方向上，而将投影面积小的方向作为侧向分模面，另外，如果分模面是曲面，应加斜面锁紧。

2. 行位与斜顶

塑料件上凡是阻碍模具开模或者顶出的部位均称为模具倒扣。模具上处理倒扣的方法有行位、斜顶、油缸抽芯、齿轮旋出处理机构，其中最常用的是行位与斜顶。

行位又称滑块，是脱模时侧向抽芯机构，是解决模具倒扣常用的模具机构。从模具前后模来分，行位分为前模行位及后模行位，其中后模行位应用最多。从模具结构来分，行位分为外行位及内行位，其中外行位应用最多。

斜顶也是解决模具倒扣的一种机构，与行位的不同点有以下几个方面：斜顶比行位简单；斜顶一般用在塑料件的内部倒扣，行位一般用在塑料件的外部倒扣；斜顶的驱动力来自顶针板的动作，而行位的驱动力来自前后模开关的动作。

3. 常用塑胶缩水率

热塑性塑料由熔融态到凝固态，都要发生不同程度的体积收缩。结晶形塑料一般比无定形塑料表现出更大的收缩率和收缩范围，且更容易受成型工艺的影响。结晶形塑料的收缩率一般在1.0%～3.0%，而无定形塑料的收缩率在0.4%～0.8%。对于结晶形塑料，还应考虑其后收缩，因为它们脱模以后在室温下还可以结晶而继续收缩。后收缩量随制品厚度和环境温度而定，制品越厚，后收缩越大。

## 小　结

本章对产品造型语言、产品表现技法、CMF设计、产品结构设计基础等进行了详细的介绍，具体涉及产品语义学、设计几何学、产品手绘表现技法、计算机辅助设计等内容，可以帮助产品设计学习者比较全面地了解产品设计的基础内容，为之后的工作打下坚实的基础。

## 习　题

4-1 请简述人机工程学的概念。

4-2 简要说明产品语义学的概念。

4-3 请用仿生设计的手法画出一款消费电子产品手绘图。

4-4 对题4-3画出的消费电子手绘图进行产品建模，并渲染出效果图。

4-5 色彩的三要素是什么？

4-6 产品结构设计总原则是什么？

# 第5章　产品服务系统

一个产品不是孤立存在的。产品的设计、生产、销售、回收等过程涉及服务和系统。本章将从宏观角度进一步阐述服务设计、可持续设计、系统设计、设计管理等基本概念，能够帮助初学者建立产品设计系统观。

## 5.1　服务设计

服务设计是一种创新的设计管理模式。服务设计师在服务创新过程中扮演的角色应该是整个组织创新活动的策动者（Facilitator），而不是传统意义上的管理者（Manager）。以设计研究阶段为例，服务设计师的主要任务包括根据问题需求，对设计创新团队的人员进行领域性选择和组织层级方面的规划，以及制定服务战略计划书。作为创新活动的策动者，服务设计师应具备信息视觉化（例如，概念图等）的能力和良好的会议组织能力。

### 5.1.1　服务设计流程

服务设计流程是非线性和迭代渐进的流程，应遵循如下三个基本法则：关注体验、创新文化的构建、基于系统的创新。

专业化服务设计流程包括三个主要阶段：情景研究（Contextual Study）、服务创新与设计（Service Innovation and Design）、组织实施（Organizational Implementation）。

情景研究：是服务设计研究的主要特征，也是现代设计研究方法的主要发展方向，其主要目的在于界定问题空间，深入探讨人与事物在情境中的关系，形成有利于创新的洞见。情景研究的内容主要分为三部分：问题空间、情境分析和用户研究。

服务创新与设计：服务创新的核心能力在于洞察力、判断力、决策力，而不是表现力。与传统设计师所需的能力有所不同，服务创新能力是组织知识交叉的能力，而非个人天赋。服务设计师通常更像是一位沟通者，而非仅仅是设计者。在服务创新过程中，视觉化的沟通和图形化表达是集体创新的主要手段。质性研究和量化处理并行，理性和感性兼顾，系统和局部同等重要。在服务创新过程中，评估和决策至关重要。该阶段的目标在于实现从洞察到解决方案的转变。

组织实施：与产品设计不同，服务设计的输出不仅仅是效果图和工程图，而是问题解决及实施方案。服务设计的表达无法形成固定的标准，通常为服务提案报告，进一步可能是商业计划书。由于服务价值的实现需要组织内多个因素的协同工作，包括人员在内，因此，服务系统的构建和组织性实施方案是服务设计的必要结果。服务设计需要表达从服务模式到商业模式的可实施性，传递给利益相关人理解的价值。因此，角色扮演（Role-Playing）、服务情境（Service Scenario）、服务原型（Service Prototype）是常用的服务设计表达方式。

### 5.1.2 服务设计方法

服务设计的方法主要借鉴了产品设计和交互设计的方法，并同时吸收了来自营销管理、社会学、心理学、组织行为学等领域的方法。在计算机科学和服务产业蓬勃发展的今天，“用户研究”方面取得的较高的产业认知度，推动了用户研究近几年的长足发展。值得注意的是，致力于研究服务设计方法的参与者早已跨越了行业壁垒，打破了传统设计领域的束缚，在多学科、多行业中进行交叉与融合。

**1. 人物志（Personas）**

人物志，是与服务系统相关的一组虚构的人物档案，是人格化的用户类型（User Type），用来代表某一类具有共同利益和特征的潜在用户群。人物志将传统市场研究的抽象统计信息具体化，赋予用户个性，以便于将一系列真实的、人性化的人物置于情境中去研究用户的需求、愿望与行为预期。

人物志源于戏剧，是服务设计的特征性工具之一。虽然人物志是虚构的，但反映出的动机和行为却是真实的。人物志的创建是基于对调研阶段大量用户行为反馈的整合，因此也反映了服务环境及行为互动的真实性（见图 5-1）。

图 5-1　用户画像

创建人物志通常是将用户调研中的发现结果（如：Stakeholder Maps、Shadowing、Interviews 等）与用户群分类进行对比与综合。一般从三个角度进行描述：

1）人物基本特征（年龄、性别、职业、家庭情况等）。

2）人物心理特征（价值取向、态度、兴趣、生活方式等）。

3）人物行为特征（动机、智力、情感等）。

服务设计中，创建多少个人物志应根据项目具体情况而定，好的人物志的创建应该能在设计进程的多种工具中来使用。

**2. 利益相关者图（Stakeholder Map）**

利益相关者图是一种将服务系统和环境中的用户、员工、合作伙伴（或组织）以及其他相关方（或组织）综合在一起的视觉化工具，通过图形语言进行综合分析。利益相关者的概念打破了传统工业设计思维中“用户-企业”关系的观念，真实体现了服务设计系统中交互的特征。

利益相关者图可以全面展示服务系统中不同参与者（或组织）的关系，并根据重要性和影响力对其进行分类。这不仅有助于企业在服务资源分配和服务拓展方面的决策，同时也能够揭示在复杂服务关系中被忽视的利益相关者。

构建利益相关者图需要全面列出所有利益相关者，这些利益相关者不仅仅限于调研中的访谈对象，还需要进行充分的桌面研究，因为有些利益相关者可能一开始并未被发现。同时，需要明确列出所有利益相关者的动机和利益。完成列表后，将各个利益相关者的关系连接起来，并表示出他们之间的关联。通过利益相关者图，可以发现服务中的问题点和机会。

3. 用户旅程图（Customer Journey Map）

用户旅程图是将整个服务过程按进程进行分解的方法，通常以获知、接近、交互、离开四个阶段进行分解。用户旅程图可以精细、全面地表述服务过程中的用户体验，大多以服务过程中的用户触点（Customer Touchpoints）构成，详细描述了触点交互过程中的体验感受（见图 5-2）。

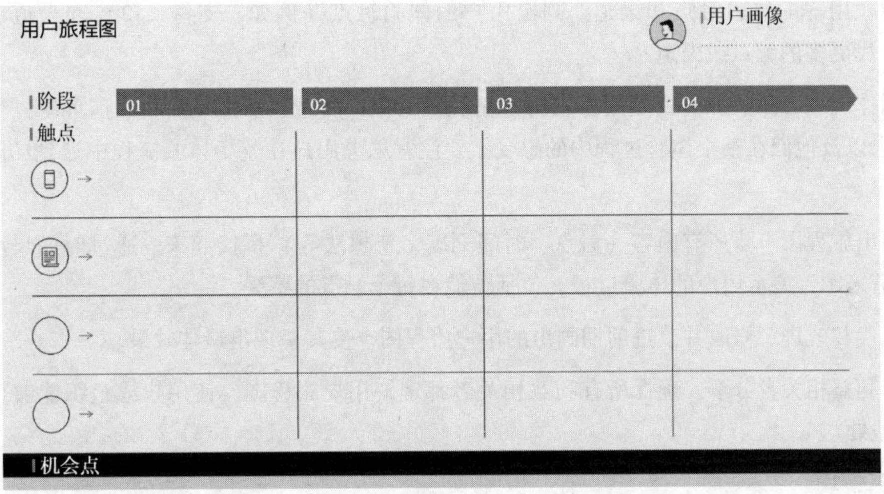


图 5-2　用户旅程图

用户旅程图以用户的视角，整体描述了服务过程中影响用户体验的因素，并配有用户意见（可以直接引用用户语言）的情景图片，可以提供身临其境的效果，也可以将整体旅程作局部分解，来分析服务过程中的问题和发现创新机会。用户旅程图不仅可以用来对比不同用户的体验，也可以用来与竞争对手的服务流程作比较。

建构用户旅程图的关键是识别和定义用户触点，这必须是经过用户研究而具有了一定的洞见之后才能完成的。用户触点可以是人与人、人与物或人与网络等的直接交互，也可以是间接影响服务体验的环境。用户旅程图的建构一般基于访谈分析或用户自己的描述。当触点定义完成后，就可以进行视觉化搭建了，要求既要有足够的细节又要简单，使每个人可以看懂和理解。将人物角色作为流程中的用户主角，可以建立创新过程中的同理心。

4. 用户预期分析

影响服务和服务体验的一个重要因素是用户预期与实际服务之间的冲突。用户预期分析是从用户的角度出发，通过对服务过程中需要关注的特定领域的分析，探讨用户接受服务的预期与实际之间的关系。这一分析工具不仅适用于描述特定服务，还可应用于某一类服务。针对服务过程中某一阶段或方面的预期分析常用于定义和评估客户通常的预期冲突。例如，当面临特定情况时，确定电话服务、现场服务还是电子邮件更符合用户的预期。

用户对公司服务的预期通常受到广告或公共媒体的影响，因此进行用户预期分析可以从平面广告入手。首先了解用户对公司服务的整体外部印象和预期，然后通过用户访谈等方法获取更深入、更详细的用户反馈，以进行特定情境下的用户预期分析。

在建构用户旅程图时，可以从以下七个步骤入手：

1）定义旅程图的业务目标。在创建用户旅程图之前，我们需要明确谁将使用它，它将解决什么样的用户体验。

2）进行研究工作。使用用户研究方法来确定所有接触点的用户体验。获取分析数据、统计数据和二手资料。利用用户访谈、调查、社交媒体等方式获得相关信息。

3）回顾用户的体验触点和渠道。列出用户的体验触点（例如，支付账单）和渠道（例如，在线），并寻找更多的触点或渠道。

4）制作同理心图。准确找到用户在特定情况下所做、所想、所感、所说、所闻等。然后，确定他们的需求以及他们在整个体验过程中的感受。要注意思考用户在整个体验流程中遇到的障碍和烦恼的来源。

5）画出旅程图。将所有内容（触点、时间刻度、新想法等）拼接起来。通过时间尺度上的体验触点和渠道来源，展示用户的体验过程，包括他们在每个触点的感受。

6）迭代和改进。修改并改进前期画出的用户旅程图，使其呈现出最佳效果。

7）与利益相关者分享。确保所有利益相关者都理解用户旅程图，使用户或组织能够理解使用它的方式和益处。

### 5. 服务情境

服务情境是对服务作故事性的假想，是具有充分细节和行为含义的服务情景讲述。服务情境可以用在服务设计过程中的任何阶段：当用在对现存服务的提升分析时，可以帮助促进头脑风暴来激发解决方案；当用来对新的服务原型进行分析时，可以帮助设计团队发现潜在的问题。

服务情境模拟常常作为评估、理解和分析的工具在服务设计中被普遍应用，其形式可以是文字、故事板或视频等。通过调研得来的资料对服务情境的生动性十分重要。服务情境的模拟离不开人物志，在模拟服务情景之前先建立人物角色是必要的，是增强服务情境模拟效果的重要工具。

### 6. 服务原型

服务原型是模拟服务体验以测试服务系统可行性的工具，可以是简单的“角色扮演”（Role Play），也可以是复杂到使用户能够直接参与的，包括所有用户触点的全尺寸真实模拟情景的搭建。如同戏剧舞台的搭建，因目的和设计阶段的不同而采用不同的手段和细节程度。相比于故事板、服务情景等工具，服务原型比所有文字、图像、视频等能更加深入地理解和身临其境地感受服务体验，对服务测试和方案细化具有非常重要的意义。

搭建服务原型的前提是创建好服务系统的模型，具体实施不一而论，原则是根据测试目的尽量接近功能性真实。服务原型是设计过程中的测试工具，并不需要追求外观的完美，这也不是服务设计的最终结果，而常常是循序渐进地搭建起来的。服务系统中的物理触点原型与产品设计中的原型区别在于，前者关注的是其与系统其他对象的外在交互关系与使用方式，而后者关注的是产品内部的功能原理或人机关系。

7. **服务系统图**（Service System Map）

服务系统图用来表述服务系统赖以存在的系统动态机制，其可以清晰地表述各个服务元素、结构以及服务系统的目的性行为，帮助设计者看清和表达服务系统中元素之间的信息流、资金流、物流以及行为交互关系。服务系统图通过链接服务系统中元素之间的动态关系，对系统的可行性、关系的重要性以及交互行为的类型和频繁性等进行检验，同时也是服务提案的重要手段之一。

8. **服务蓝图**（Service Blueprint）

服务蓝图是基于服务系统和服务流程搭建的系统性描述服务的工具。服务蓝图目的在于通过服务流程的时间轴来发现可能的服务失败点，这一描述服务流程中时间与情感的方法对项目管理、软件工程有着很大影响。服务蓝图的提出对量化研究服务元素中的时间、逻辑关系、行为和流程有着重要意义，同时服务蓝图将可见行为和不可见行为联系起来，为服务设计与服务管理开拓了更广阔的视野，是孕育出服务设计思想的标志性工具。

服务蓝图将服务道具、用户、前台服务提供者、后台服务支持者以及技术系统支持等因素通过图形化方式整体进行表述。服务蓝图将隐藏的服务因素显现在服务流程中，揭示了整个服务流程中的系统交互关系。建构最终的服务蓝图需要与提供服务的组织中不同技术领域的人合作。服务蓝图同样需要循序渐进地迭代搭建，需要时刻保持与用户和服务环境变化的联系。

在服务设计方法的理论和实践层面，服务设计已经推动了交互设计和产品设计的发展。无论是在理论研究还是实际产业实践中，交互设计与产品设计所面临的挑战都源于服务设计的需求，而服务设计本身的挑战则来自新经济、新技术的应用以及社会急剧变迁的影响。服务设计不得不迎接日益复杂的问题，表现在对网络化合作的需求以及对急剧变化的经济和社会问题深入研究的需要。服务设计不再局限于传统的交互设计与产品设计范畴：许多交互设计观点的学者将“服务交互”作为服务设计的核心实践和标志性特征，从“单点交互”发展到“多点交互”，从“线性分析”转向“开放系统的分析”；而产品设计观点的学者则将服务设计视为未来经济范式下的新设计方法，一种将产品、环境、信息等设计思想进行发展和融合的新设计范式。

在服务设计将设计版图尺度放大的同时，也试图发展出大量工具和方法，以解决当代设计面临的复杂化、合作化、利益相关者多元化的问题。来自服务营销、交互设计的思想方法和工具常常被服务设计直接采用。例如，叙事、人物志、服务脚本（Service Script）、服务场景、故事板（Storyboard）、角色扮演、服务界面分析（Service Interface Analysis）、流程图（Flow Chart）、使用研究（Use Study）、体验原型（Experience Prototype）等工具和方法。这些工具和方法在支持服务设计实践的同时，也在服务体验验证和可视化方面做出了重要贡献。

## 5.2　可持续设计

“可持续设计”（Design For Sustainability，DFS）源于“可持续发展”的理念，是设计界对人类发展与环境问题之间关系的深刻思考和不断寻求变革的实践历程，其理念的演进可以大致分为四个阶段。

### 5.2.1 绿色设计

第一阶段起源于20世纪八九十年代，被称为早期的“绿色设计”（Green Design）阶段，强调使用低环境影响的材料和能源，例如，3R理念（Reduce，Recycle，Reuse）：减少物质和能源的消耗、材料的回收利用，可重复利用，“无害化设计”“可拆解设计”和“持久性设计”等。这一阶段将环境问题首次纳入设计思考的基本要素，是对设计应发挥作用和社会角色的深刻反思，大大提升了设计的社会价值。然而，“绿色设计”仍然停留在“过程后的干预”。在意识到“问题和危害”后采取的缓解和补救措施，只是在一定程度上缩小危害的强度，延长危害爆发的周期，是一种“治标”行为。

### 5.2.2 生态设计

第二阶段属于“生态设计”（Eco-Design）或“产品生命周期”（Product Life Cycle）设计，不仅关注最终结果，而且全面思考产品设计各个阶段、方面和环节中的环境问题，可称为“过程中的干预”。生态设计具体涉及减少产品生产过程中的能源和材料消耗，避免对水源、空气和土壤的污染排放，减少噪声、振动、放射和电磁场等领域的污染，以及减少废弃物产生和处理。产品“生命周期评估”（Life Cycle Assessment，LCA）是目前推行“生态设计”的重要手段，通过使用系统的方法和量化的指标，指导和规范设计过程。LCA正在成为包括中国在内的世界各国环境政策制定的关键内容。

### 5.2.3 产品服务系统设计

第三阶段可称为基于生态效率的“产品服务系统设计”（Product Service System Design）阶段，即超越只对“物化产品”的关注，进入“系统设计”的领域，是“产品和服务”层面的干预，是从设计器具转变到设计“解决方案”。这种解决方案可能是物质化的产品，也可能是非物质化的服务。具体的服务设计流程和方法在“5.1　服务设计”中已详细介绍。显然，“产品服务系统设计”是力求将处在大的商业环境中与设计相关的诸多因素进行整合，并创造出新型“商业模式”的整体解决方法。正如保罗·霍肯在《商业生态学》中所讲：企业需要将经济、生物和人类的各个系统统一为一个整体，实现企业、消费者和生态环境共生共栖的循环，从而开辟出一条商业可持续发展之路。经济发展要从对“物质化产品”生产与消费的过分依赖中转变过来是个痛苦的历程。但是，这种转变是未来中国经济，乃至全球经济实现可持续发展的必由之路。

### 5.2.4 为社会公平与和谐而设计

第四阶段是当今可持续设计研究的最前沿，关注社会公平与和谐，以及人们的消费观和价值观，是“可持续设计”在内容上的进一步拓展和完善，涉及：本土文化的可持续发展；对文化以及物种多样性的尊重；对弱势群体的关注以及提倡可持续的消费模式等。在此，“可持续设计”的系统观念得以进一步地深化和完善，并向关注全球化浪潮冲击下的社会和谐以及大众的精神层面和情感世界拓展。从根本上讲，实现社会经济的可持续发展有赖于人们的价值观和消费观的变革，因此，对可持续

“消费模式” 和 “生活方式” 的关注是该阶段的核心内容。

以上简单的梳理有助于我们更深入地理解 “可持续设计” 的精神和内涵。但值得注意的是，不同阶段的划分是对 “可持续设计” 发展历程的总体认识和概括，绝不意味着后者替代前者，而是在理念和内容上的不断补充和完善。

## 5.3　系统设计

系统设计是从系统论出发对设计方法进行指导。系统论与控制论、信息论同期产生于 20 世纪中叶。作为一种设计方法，系统设计在工程设计中起到重要的作用。

系统是一个宽泛的概念，一般理解为，一切相互联系、相互影响的事物的集合。随着社会物质文化的提高与丰富，工程设计面对的设计对象也不断复杂化、多样化。以前简单的设计程序和方法在新的社会背景、生产技术和信息技术参与下，需要不断提高和完善。那么需要具有掌控全局信息，以及全面设计条件与需求的系统设计以满足设计的需求。

系统设计要求设计者从设计开始便将设计的对象看作整体系统，进行具体功能分析与信息分析，得出部分结论，然后利用综合的方法将各个部分结论进行系统综合评价和优化。

### 5.3.1　系统设计的特点

系统设计的特点如下：

1）系统具有独立的功能。系统担负特定的功能，承载一定的信息，完成特定的设计诉求。比如，小到一支笔的设计，大到一个关于汽车的设计，乃至一种适应城市环境的新型交通方式设计，系统能够根据系统外的各种信息和条件进行独立的功能运转。

2）系统具有整体性。系统由各种各样的元素组成，各种元素间相互联系、相互作用、共同作用，构成系统整体。比如，一支铅笔，不仅要考虑它实现写字的功能性，还要考虑它的成本、材料，以及它的外观怎样才能吸引铅笔使用者。而对于一个更加庞大系统，如汽车设计，不仅要考虑汽车作为交通运输工具最基本的运载功能，还要考虑其安全性、成本、生产工艺、表面工艺，以及汽车作为一种利用能源进行工作的机器，如何才能降低能耗。同时还要考虑尾气、噪声对环境的污染，以从绿色设计的角度出发进行设计整合和综合。当然，对用户来讲，汽车外观的视觉吸引和汽车内部的舒适、低噪声也是设计中必须要考虑的因素。所以，系统设计不仅需要设计者能够整合各种设计对象内元件、元素之间的关系，同时也需要设计者能够在具体的设计中，对其他设计方法进行整合和协调，包括绿色设计、价值分析、功能分析以及计算机辅助设计等。

3）系统具有相对性。需要明确的是，系统设计中的系统与系统的外部元素也有各种各样的联系和作用。设计世界中也永远不存在完全脱离整体和外部环境的系统。针对不同的设计重点和设计对象，系统设计对系统的界限界定也不同。例如，同样是一辆汽车，在汽车设计中，是一个整体的系统，而在新的城市交通方式开发系统中，它却成为系统中的一个功能元素。除此之外，交通方式还要考虑用户的移动方式和移动地点，以及相应的城市设施等元素。

4）系统设计的普适性。系统设计作为一种设计的指导思想，是从系统出发，全局考虑的方法，具有方法论的特点，在设计指导上具有普适性。但需要明确的是，它并不对特定设计任务的程序和方法进行界定，它的任务是指导设计者要如何做，而不是具体地做什么。

可以将设计的系统看作一个有机的整体。设计内部之间的各部分关系，以及设计与其外部环境的关系，构成整个的设计系统。系统设计则是在遵循这一系统原则的前提下进行整体性方案设计。

设计的系统是一个信息处理的系统：设计的条件和约束是系统的输入端，设计方案、模型等是设计系统的输出端。系统设计依靠以下方面：系统设计阶段及时间、系统设计方法和系统设计思维（包括各个阶段设计信息的收集、分析、综合、评价以及决策）。

### 5.3.2 系统设计的主要步骤

设计系统包含人机系统、环境系统和产品生命周期等要素。在系统设计中首先要分解设计系统，从而分解成若干功能元的功能模型进行分析；其次对各个功能元进行多种方案的尝试；然后组合所有功能元得到系统的多种解决方案；最后通过工艺实验和原理实验进行评价，得出最适合系统的求解方案。

系统设计的主要步骤可以从宏观方面分为：确定设计任务；确定系统整体功能性；子功能的确定；子功能分析与方案解决；整体方案的协调统一。

1）确定设计任务。在设计开始时，要尽可能多地向用户询问设计的基本条件和限制，明确设计的条件信息（设计输入）是什么，设计要达到的结果（设计输出）应该如何，设计接下来的任务（设计功能）是什么。这一步十分重要，通过对用户和消费者的充分调研，不仅可以了解设计的任务，还可以拓宽设计的系统，从宏观上定义设计。系统设计方法不仅可以提高设计的效率，还可以补充其他设计方法的不足，避免在一开始设计就狭隘地界定了功能，以至于新产品在功能上没有太多创新。

2）确定系统整体功能性。功能分析方法提供给设计人员一种列举的重要功能，并将诸设计问题分层次的手段。这里的“重要功能”通常指设备、产品或系统等设计任务，无论它们的物理组成元件如何，问题的层次级别依靠下一级的子问题功能来确定。这就要求我们在开始设计的时候，尽可能多地进行设计条件的询问、界定，并罗列出来。一般这些输入和输出条件信息可以归类为：材料、能源或者信息。在调研和分析罗列时，我们可以针对输入输出的类型进行核对，看是否存在疏漏。

3）子功能的确定。一般要设计的产品功能是很复杂的，将输入信息转换成输出信息的黑箱装置也是很复杂的，所以我们就需要将黑箱装置中的产品总功能分解为一系列简单的子功能。分解总功能的方法多种多样，可以按照机器的工作流程分，可以根据操作方式分，也可以按照特殊功能进行划分。但系统设计最后要求的子功能定义是相似的，每个子功能都可以用“名词 + 动词”的形式，如对洗衣机设计而言，其子功能有“加水”“漂洗衣物”“甩干衣物”等。

4）子功能分析与方案解决。系统设计要建立子功能之间的关系，从而让黑箱装置变得透明。如何清晰形象地表达子功能间的关系十分重要，所以采用合适的表达方式阐明子功能间的真正关系是这个阶段的重要工作。

5）整体方案的协调统一。系统设计的最后环节就是对现有的系统进行限定从而明确设计产品的主要功能，最终使得整体方案协调统一。

## 5.4　设计管理

一个产品是否成功，设计管理在其中发挥着至关重要的作用。尽管两个企业可能拥有相同的技术实力和设备，但管理跟不上的企业，其产品的质量和产量也会受到制约。因此，设计管理的质量直接影响企业的经济效益和市场竞争力。

1）设计管理的定义。关于设计管理的定义存在多种观点，综合而言，设计管理是指明确设计问题与目标，寻找合适的设计师，整合、协调或沟通设计所需的资源，运用计划、组织、监督及控制等管理手段，寻求最合适的解决方法，并通过对设计战略、策略与设计活动的管理，在既定的预算内及时有效地解决问题，实现预定目标。

2）设计管理的功能。首先，设计管理可以使组织行为与企业的价值观或管理战略保持一致，从而使产品设计融入企业文化。其次，设计管理能够体现企业形象，并使通过设计提高竞争力。最后，设计管理能够激发并监督整个设计活动。

3）设计管理的范围和内容。在具体的管理活动中，受企业组织层级结构、特征及设计组织的规模大小等因素影响，不同层次的管理者的管理范围与内容是不同的。一般情况下，企业的高层领导或决策者的主要管理范围和内容是制定企业设计政策，以及提供设计组织运作所需要的支持等。作为设计经理或设计部门的负责人，其主要管理范围和内容是达到某个市场目标或完成某项设计项目而展开各项工作。有时，因企业规模的大小不同，两者之间的管理范围和内容并不十分明确。

4）设计管理的过程。设计管理主要有四个过程，即计划设计、组织设计、监督设计和控制设计。在高水平的设计管理中，计划是设计的关键；而在低水平的设计管理中，监督和控制才是最重要的。

## 小　结

本章对服务设计、可持续设计、系统设计、设计管理等内容进行了概述，希望产品设计初学者能够建立系统思维，而不能局限在实体产品的设计之中。面对一个具体的产品设计项目，我们需要思考这个产品在系统中的作用，从而更好地进行设计创新。

## 习　题

5-1 请简述服务设计的概念。

5-2 请介绍用户旅程图的内容。

5-3 阐述生态设计的概念。

5-4 什么是设计管理？

# 参考文献


［1］凯利，科特曼．创新的艺术［M］.2 版．李煜萍，谢荣华，译．北京：中信出版社，2013.

［2］唐林涛．工业设计方法［M］．北京：中国建筑工业出版社，2006.

［3］代尔夫特理工大学工业设计工程学院．设计方法与策略：代尔夫特设计指南［M］．倪裕伟，译．武汉：华中科技大学出版社，2014.

［4］立德威尔，霍顿，巴特勒．通用设计法则［M］．朱占星，薛江，译．北京：中央编译出版社，2013.

［5］马丁，汉宁顿．通用设计方法［M］．初晓华，译．北京：中央编译出版社，2013.

［6］纳普，泽拉茨基，科维茨．设计冲刺：谷歌风投如何5天完成产品迭代［M］．魏瑞莉，涂岩珺，译．杭州：浙江大学出版社，2016.

［7］贡雨婕，祝帅．交叉学科门类“设计学”一级学科的体系、内涵与定位［J］．美术学报，2023（2）：142-151.

［8］汉娜．设计元素［M］．沈儒雯，译．上海：上海人民美术出版社，2018.

［9］伊拉姆．设计几何学［M］．沈亦楠，赵志勇，译．上海：上海人民美术出版社，2018.

［10］ROBERTSON S，BERTLING T. How to draw［M］. Culver City，CA：Design Studio Press，2013.

［11］ROBERTSON S，BERTLING T. How to render［M］. Culver City，CA：Design Studio Press，2014.

［12］艾森，斯特尔．产品设计手绘技法［M］．陈苏宁，译．北京：中国青年出版社，2009.

［13］艾森，斯特尔．产品手绘与创意表达［M］．王玥然，译．北京：中国青年出版社，2012.

［14］艾森，斯特尔．产品手绘与设计思维［M］．种道玉，译．北京：中国青年出版社，2016.

［15］汤普森．写给设计师的工艺全书［M］．李月恩，赵莹，邓小姝，等译．武汉：华中科技大学出版社，2020.

［16］李亦文，黄明富，刘锐．CMF 设计教程［M］．北京：化学工业出版社，2019.

［17］邹玉清，周鼎，李亦文．产品设计材料与工艺［M］．南京：江苏凤凰美术出版社，2018.

［18］郭嘉琳，黄隆达．一条线建模：Rhino 产品造型进阶教程［M］．北京：人民邮电出版社，2018.

［19］张亚先，刘勇．Rhino 5.0 & KeyShot 产品设计实例教程［M］．北京：人民邮电出版社，2013.

［20］黎恢来．产品结构设计实例教程：入门、提高、精通、求职［M］．北京：电子工业出版社，2013.

［21］SHEDROFF N. 设计反思：可持续设计策略与实践［M］．刘新，覃京燕，译．北京：清华大学出版社，2011.

［22］王国胜．服务设计与创新［M］．北京：中国建筑工业出版社，2015.

［23］鲁晓波，赵超．工业设计程序与方法［M］．北京：清华大学出版社，2005.

［24］张艳平，付治国．产品设计程序与方法［M］．北京：北京理工大学出版社，2018.

［25］赵毅衡．符号学原理与推演［M］.2 版．南京：南京大学出版社，2016.

［26］赵禹平．符号语境运行机制在电影当中的运用［J］．电影文学，2017（3）：11-13，17.

［27］克里彭多夫．设计：语意学转向［M］．胡飞，高飞，黄小南，译．北京：中国建筑工业出版社，2017.

［28］施夫曼．感觉与知觉：第5 版［M］．李乐山，等译．西安：西安交通大学出版社，2014.

［29］王受之．世界现代设计史［M］.2 版．北京：中国青年出版社，2015.

[30] 张夫也. 外国现代设计史 [M]. 2 版. 北京：高等教育出版社，2022.

[31] 张玉花，王树良. 现代设计史：全彩版 [M]. 重庆：重庆大学出版社，2015.

[32] Interaction Design Foundation-IxDF. What are customer journey maps [EB/OL]. (2016-05-25) [2023-01-30]. https：//www. interaction-design. org/literature/topics/customer-journey-map.

# 后　记

经全国高等教育自学考试指导委员会同意，由艺术类专业委员会负责高等教育自学考试“产品设计程序与方法”课程教材的审稿工作。

全国高等教育自学考试指导委员会艺术类专业委员会对本大纲组织审稿，根据审稿会意见由编者做了修改，最后由全国高等教育自学考试指导委员会艺术类专业委员会定稿。

本教材由清华大学唐林涛教授和清华大学博士研究生潘洪凯主编，黄雅琳、魏豪鹏、李静琳参加编写，全书由潘洪凯统稿。参加审稿并提出修改意见的有清华大学杨冬江教授、中央美术学院王选政教授、北京工业大学刘洋教授。

对参与本大纲编写和审稿的各位专家表示感谢。

全国高等教育自学考试指导委员会

艺术类专业委员会

2023 年 12 月